Kommentar für Aerzte

zum

Gewerbe-Unfallversicherungsgesetze

nebst dem

Gesetze, betr. die Abänderung der Unfallversicherungs-Gesetze vom 30. Juni 1900

in der Fassung der Bekanntmachung vom 5. Juli 1900
(R.G.Bl. 1900 S. 573 ff.).

Von

Dr. Otto Mugdan
Arzt in Berlin.

Berlin
Druck und Verlag von Georg Reimer
1902.

Vorwort.

In Folge der, im Jahre 1900 beschlossenen Veränderungen der Unfallversicherungs-Gesetze muß sich die Inanspruchnahme der ärztlichen Thätigkeit für die Zwecke der Unfallversicherung bedeutend steigern, und auch der Kreis der Aerzte, die durch die Unfallversicherung beschäftigt werden, sich wesentlich vergrößern. Schon allein die Bestimmung, daß in der Mehrzahl aller Fälle vor der Feststellung der Unfallentschädigung der behandelnde Arzt des Verletzten gehört werden muß, wird jeden Arzt, der überhaupt in Arbeiterkreisen Praxis ausübt, häufig in die Lage bringen, sich gutachtlich über einen Unfallverletzten äußern zu müssen.

Daher hielt es der Verfasser für nicht ganz werthlos, die nachfolgenden Gesetze so zu erläutern, daß die vielfachen engen Beziehungen zwischen der ärztlichen Thätigkeit und der medicinischen Wissenschaft einerseits und den Unfallversicherungs-Gesetzen andererseits für jeden, auch nicht ärztlichen, Leser klar zu Tage treten, und dem Arzte das, zur Ausübung seiner Thätigkeit in Unfallversicherungs-Angelegenheiten nothwendige Verständniß der Gesetze und der maaßgebenden Rechtsprechung erleichtert wird.

Berlin, Ostern 1902.

Der Verfasser.

Inhaltsangabe.

Anhang.

Abkürzungen.

a. a. O. = am angeführten Orte.
Aerztl. Sachv. Zeit. = Aerztliche Sachverständigen Zeitung.
A.N. = Amtliche Nachrichten des Reichsversicherungsamtes.
Arb.Vers. = Die Arbeiter-Versorgung. Centralorgan für das gesammte Kranken-, Unfall- und Invaliden-Versicherungswesen im Deutschen Reiche.
B.U.V.G. = Bau-Unfallversicherungsgesetz.
Becker = Lehrbuch der ärztlichen Sachverständigen-Thätigkeit für die Unfall- und Invaliditäts-Versicherungs-Gesetzgebung. Bearbeitet von Dr. L. Becker (Berlin 1900).
Begr. = Begründung der verbündeten Regierungen zum Entwurfe eines Gesetzes, betr. die Abänderung der Unfallversicherungsgesetze.
Bek. = Bekanntmachung.
B.G. = Berufsgenossenschaft. (Träger der Versicherung.)
„Berufsgenossenschaft" = Die Berufsgenossenschaft. Organ für die Veröffentlichung des Verbandes der Deutschen Berufsgenossenschaften.
Gew.Ordn. = Reichs-Gewerbe-Ordnung.
G.U.V. = Gewerbe-Unfallversicherung.
G.U.V.G. = Gewerbe-Unfallversicherungsgesetz.
Graef-Kreibel = Kommentar zum Gewerbe-Unfallversicherungsgesetze von E. Graef und J. Kreibel. (Anspach 1901.)
H.B. = Handbuch der Unfallversicherung. Die Reichs-Unfallversicherungsgesetze, dargestellt von Mitgliedern des Reichsversicherungsamts nach den Akten dieser Behörde. (Leipzig 1901.)
H.G. = Hauptgesetz oder Gesetz, betr. die Abänderung der Unfallversicherungsgesetze.
J.V.G. = Invaliden-Versicherungsgesetz.
Komm.Ber. = Bericht der Reichstagskommission.

K.V.G. = Krankenversicherungsgesetz.
L.U.V.G. = Unfallversicherungsgesetz für Land- und Forstwirthschaft.
L.V.A. = Landesversicherungsamt.
Med. Ref. = Medicinische Reform, Wochenschrift für sociale Medicin.
Monatsschr. f. Unf. = Monatsschrift für Unfallheilkunde.
R.E. = Rekursentscheidung.
R.G.Bl. = Reichsgesetzblatt.
R.V.A. = Reichsversicherungsamt.
S.U.V.G. = See-Unfallversicherungsgesetz.
U.V.G. = Unfallversicherungsgesetzgebung.
Woedtke-Caspar = Kommentar zum Gewerbe-Unfallversicherungsgesetze von E. von Woedtke, neu bearbeitet vou F. Caspar. (Berlin 1901.)

Druckfehler-Berichtigung.

1. Seite 6, Zeile 5 von unten anstatt „28" zu setzen „19".
2. Seite 154 „ 13 „ „ „ „Gefahrenkasse" zu setzen „Gefahrenklasse".

Einleitung.

Hand in Hand mit dem in der zweiten Hälfte des vorigen Jahrhunderts beginnenden, ungeahnten Aufschwunge der Industrie, der durch die allgemeine Verwendung der Dampfkraft und die vielfache Verdrängung des Handbetriebes durch maschinelle Einrichtungen hervorgerufen wurde, machte sich als sehr unerwünschte Begleiterscheinung eine außerordentliche Vermehrung der durch die Betriebsarbeit bei gewerblichen Arbeitern verursachten Betriebsunfälle bemerkbar. Diese Thatsache und der Wunsch, der Noth einigermaßen vorzubeugen, die fast unausbleiblich über den verunglückten Arbeiter und seine Familie hereinbricht, führte in unserem Vaterlande zu dem Erlasse des Reichsgesetzes vom 7. Juni 1871 „betreffend die Verbindlichkeit zum Schadenersatz für die bei dem Betriebe von Eisenbahnen, Bergwerken ꝛc. herbeigeführte Tödtung und Körperverletzungen" (des Haftpflichtgesetzes). Nach dem §. 2 dieses Gesetzes*) haftet für Unfälle bei dem Betriebe eines Bergwerks, Steinbruchs, einer Gräberei oder einer Fabrik der Unternehmer, jedoch nur dann, wenn der Verunglückte (oder seine Hinterbliebenen und dergl.) ein Verschulden des Unternehmers (oder eines seiner Bevollmächtigten oder eines Repräsentanten oder einer zur Leitung oder Beaufsichtigung des Betriebes oder der Arbeiter angenommenen Person) nachweist. Diese den Verunglückten auferlegte schwierige

*) Der §. 1 des Gesetzes handelt von Eisenbahnunfällen und bestimmt, daß, wenn bei dem Betriebe einer Eisenbahn ein Mensch getödtet oder körperlich verletzt wird, der Betriebsunternehmer haftet, sofern er nicht beweist, daß der Unfall durch höhere Gewalt oder durch eigenes Verschulden des Getödteten oder Verletzten verursacht worden ist.

Beweislast war es, die von vorn herein den Mißerfolg des Haftpflichtgesetzes entschied, soweit es die durch Betriebsunfälle geschädigten gewerblichen Arbeiter entschädigen wollte; sie verursachte es, daß es zu den größten Seltenheiten gehörte, wenn ein verunglückter Arbeiter eine Entschädigung erhielt, ohne den Weg eines schwierigen, kostspieligen Prozesses gegangen zu sein. Diese Prozesse waren schon deswegen die Regel, weil die Unternehmer, welche nicht nur für ihr Verschulden, sondern auch für das ihrer Betriebsbeamten hafteten, sich für das ihnen auferlegte Risiko bei Privatversicherungsgesellschaften versicherten, und die letzteren sich zur Zahlung von Entschädigung in den meisten Fällen nur dann verstanden, wenn der Unternehmer durch rechtskräftiges Urtheil zur Zahlung dieser Entschädigung verurtheilt war. Es kam aber auch vor, daß wenn der Verunglückte von seinem Arbeitgeber eine Entschädigung erstritten hatte, er dennoch leer ausging, weil der Arbeitgeber zahlungsunfähig war, und schließlich blieb der Verunglückte in den zahlreichen Fällen ohne jeden Anspruch auf Entschädigung, in denen der Unfall durch Zufall, durch sein Verschulden oder das seiner Mitarbeiter hervorgerufen war.

Unter diesen Umständen mußte die Gesetzgebung versuchen, auf eine andere Weise die Arbeiter gegen die wirthschaftlichen Folgen der bei der Arbeit eintretenden Unfälle in möglichst weitem Umfange sicherzustellen. Dies ist durch die deutschen Unfallversicherungsgesetze geschehen, die den Entschädigungsanspruch des verunglückten Arbeiters nicht mehr nach dem Grundsatze des Schadenersatzes beurtheilen, sondern dafür eine auf dem Boden des öffentlichen Rechts beruhende Fürsorge für die durch Betriebsunfälle Verletzten und für die Hinterbliebenen der durch solche Unfälle Getödteten geschaffen haben.

Am 1. Oktober 1885 ist das erste Unfallversicherungsgesetz in Kraft getreten, das auf die Angestellten der Industrie beschränkte und deshalb „Gewerbe-Unfallversicherungsgesetz" genannte Gesetz vom 6. Juli 1884. In den Jahren 1885 bis 1887 kamen die anderen Unfallversicherungsgesetze — für die Angestellten der öffentlichen Betriebe des Reiches und des Staates, der Eisenbahnen und der Land- und Forstwirthschaft und bei Bauten — zu Stande. Im letzten Jahrzehnt des vorigen Jahrhunderts hat sich die Nothwendigkeit, diese Gesetze gemäß den bei ihrer Durchführung gemachten Erfahrungen zu ändern, herausgestellt, und so sind denn nach langjährigen Vorbereitungen und eingehenden Berathungen — ein Abänderungsentwurf gelangte 1897 an den Reichstag und wurde auch in der Kommission durchberaten, kam aber nicht zu endgültiger Beschlußfassung — im Jahre 1900 die Unfallversicherungsgesetze durchgreifend verändert worden.

Diese neuen Unfallversicherungsgesetze bestehen

1. aus einem Gesetze, das die hauptsächlichsten und für den ganzen Umfang der Unfallversicherung gleichmäßig geltenden Aenderungen, vor Allem die Bestimmungen über Schiedsgerichte und Reichsversicherungsamt, enthält und das Hauptgesetz genannt wird.
2. aus dem Gewerbe-Unfall-Versicherungsgesetz,
3. aus dem Unfall-Versicherungsgesetz für Land- und Forstwirthschaft,
4. aus dem Bau-Unfallversicherungsgesetz,
5. aus dem See-Unfallversicherungsgesetz.

Durch das Gewerbe-Unfallversicherungsgesetz ist für alle Arbeiter und unteren Betriebsbeamten — letztere soweit ihr Jahresarbeitsverdienst an Lohn oder Gehalt 3000 M. nicht übersteigt —, welche in der Industrie, als Bauarbeiter, in den Betrieben der Eisenbahn, Post, Telegraphie, Heeres- und Marineverwaltung, in bestimmten, mit besonderer Gefährlichkeit verbundenen Handwerksbetrieben und in einzelnen anderen Betrieben, bei denen eine hohe Unfallsgefahr besteht, beschäftigt sind, der gesetzliche Zwang zur Versicherung gegen die Folgen der bei dem Betriebe sich ereignenden Unfälle eingeführt worden (§. 1*)); durch Statut kann dieser Zwang auch erstreckt werden auf Betriebsbeamte mit einem 3000 M. übersteigenden Jahresarbeitsverdienst, auf Hausgewerbetreibende und auch auf Betriebsunternehmer, deren Jahresarbeitsverdienst 3000 M. nicht übersteigt, oder die nicht regelmäßig 2 Lohnarbeiter beschäftigen; derartige Betriebsunternehmer können auch freiwillig der Versicherung beitreten, ebenso wie auch für Betriebsunternehmer mit einem höheren Jahresarbeitsverdienst statutarisch diese Selbstversicherung zugelassen werden kann (§. 5). Nur für solche Unfälle, die den Tod oder eine Gesundheitsstörung herbeigeführt haben, welche noch bei Beginn der 14. Woche nach Eintritt des Unfalls nicht beseitigt ist, besteht ein gesetzlicher Entschädigungsanspruch (§. 9); Unfälle, deren Folgen schon während

*) Die Paragraphen, bei denen ein Hinweis auf ein Gesetz fehlt, gehören zum Gewerbe-Unfall-Versicherungsgesetz.

der ersten 13 Wochen ohne Beeinträchtigung der Erwerbsfähigkeit beseitigt sind, werden nach dem G.U.V.G. nicht entschädigt (doch vergl. §. 13 Abs. II). Für diese Zeit haben, wenn nicht der Tod des Verletzten eingetreten ist, die Krankenkassen (oder Gemeindekrankenversicherung) einzutreten (§. 25) oder der Betriebsunternehmer, falls der Verletzte einer Krankenkasse nicht angehörte (§. 12 Abs. II); dabei wird vom Beginne der 5. Woche ab ein erhöhtes Krankengeld gewährt (§. 12 Abs. I); doch können auch die Träger der Unfallversicherung, die Berufsgenossenschaften, in den ersten 13 Wochen nach Eintritt des Unfalls die Behandlung des Verletzten übernehmen (§. 76c K.V.G.) und sie können auch nach Ablauf der 13 Wochen die Behandlung des Verletzten der Krankenkasse, der er angehört oder angehört hat, übertragen (§. 11).

Die Versicherung erfolgt durch die Berufsgenossenschaften, welche Vereinigungen der Unternehmer der versicherungspflichtigen Betriebe darstellen. Die B.Gn. sind für bestimmte Bezirke gebildet — entweder für das ganze Reichsgebiet oder Theile desselben — und umfassen innerhalb derselben alle Betriebe derjenigen, nach Möglichkeit verwandten Gewerbszweige, für die sie errichtet sind (§. 28). Mitglied der B.G. muß jeder Unternehmer eines versicherungspflichtigen Betriebes werden, der seiner Eigenart und seinem Sitze nach zu dem Bereich der B.G. gehört (§. 55). Die B.Gn. können, behufs Dezentralisation der Verwaltung und Vertheilung des Risikos, Sektionen mit Sektionsvorständen und Sektionsversammlungen einrichten, auch als örtliche Organe der Genossenschaft Vertrauensmänner bestellen (§. 38). Die letzteren sowohl, als auch die Mitglieder der Vorstände verwalten ihr Amt als unentgeltliches Ehrenamt und dürfen nur eine Entschädigung für den ihnen durch Wahrnehmung der Genossenschaftsgeschäfte erwachsenen Zeitverlust erhalten (§. 44). Außerdem dürfen besoldete Beamte angestellt werden, von denen der Geschäftsführer bestimmte, sonst dem Vorstande obliegende Geschäfte wahrnehmen darf (§§. 42, 48). Die B.Gn. erledigen ihre Angelegenheiten unter voller Selbstverwaltung, sie regeln ihre innere Verwaltung sowie ihre Geschäftsordnung durch ein von der Genossenschaftsversammlung zu beschließendes Statut. An der Spitze der B.G. steht der Vorstand, der von der Genossenschaftsversammlung gewählt wird; die letztere besteht entweder aus sämmtlichen Mitgliedern oder aus Delegirten derselben (§§. 38, 41, 42). Die Aufsicht über die B.Gn.

übt das Reichsversicherungsamt (§. 125) aus. Diese Behörde besteht aus einem Präsidenten, zwei Direktoren und einer Anzahl sonstiger ständiger, vom Kaiser auf Lebenszeit ernannter Mitglieder, außerdem aber aus nichtständigen Mitgliedern, von denen sechs vom Bundesrathe, und zwar mindestens vier aus seiner Mitte, und je sechs als Vertreter der Arbeitgeber und als Vertreter der Versicherten gewählt werden (§. 11 H.G.), für die auch in genügender Zahl Stellvertreter zu wählen sind. Neben dem Reichsversicherungsamte können für diejenigen B.Gn., deren Bezirk über die Grenzen eines Bundesstaates nicht hinausgeht, auf Kosten und unter der Aufsicht dieses Bundesstaates Landes-Versicherungsämter errichtet werden, die ähnlich wie das Reichs-Versicherungsamt organisirt sind (§. 21 H.G. und §. 127). An die Stelle der Genossenschaftsorgane treten für die Betriebe des Reiches und des Staates sogenannte Ausführungsbehörden (§. 128).

Die Aufbringung der Mittel erfolgt bei den, dem G.U.V.G. unterstehenden B.Gn. durch eine Umlage, nach Bedarf der Ausgaben des abgelaufenen Kalenderjahres (§§. 29, 99). Die Umlage wird auf die Betriebe vertheilt und zwar nach den in diesen verdienten Löhnen und nach der Durchschnittsgefahr des betreffenden Gewerbezweiges (§. 29). Diese Durchschnittsgefährlichkeit wird innerhalb jeder B.G. nicht für den einzelnen Betrieb, sondern für die in der B.G. vertretenen Gewerbezweige, berechnet und durch sogenannte Gefahrenziffern ausgedrückt, die in Gefahrentarifen zusammengestellt werden (§. 49). Da die Verschiedenheit der Gefährlichkeit für die Belastung der B.Gn. eine große Rolle spielt, so haben die B.Gn. die Befugniß, Unfallverhütungsvorschriften zu erlassen (§. 112). Die versicherten Arbeiter ꝛc. sind niemals Mitglieder der B.G. und tragen zu den Ausgaben der letzteren nichts bei. Diese Ausgaben bestehen aus den Verwaltungskosten, den Kosten für die Feststellung der Entschädigung, den Entschädigungsbeträgen und den gesetzlich (§. 34) festgestellten Einlagen in den Reservefonds.

Der von der B.G. zu leistende Schadenersatz umfaßt 1. die Gewährung freier ärztlicher Behandlung, Arznei, sonstiger Heilmittel, Krücken, Stützapparate u. dergl.; 2. eine Rente für die Dauer der Erwerbsunfähigkeit (§. 9). Im Falle der Tödtung wird Sterbegeld und Hinterbliebenenrente gewährt (§§. 15 bis 21). Die Höhe der Unfallrente richtet sich nach dem Grade der, durch den Unfall herbeigeführten Erwerbsunfähigkeit und wird in Prozenten der Vollrente, die bei völliger Erwerbsunfähigkeit zu gewähren ist, gewöhnlich ausgedrückt. Die Vollrente wird nach dem Jahresarbeitsverdienst berechnet, als welcher zumeist das 300fache des durchschnittlichen täglichen Arbeitsverdienstes des Verletzten im letzten Jahre vor dem Unfalle gilt (§. 10). Die Vollrente beträgt $^2/_3$ des ermittelten Jahresarbeitsverdienstes; übersteigt der letztere die Höhe von 1500 Mark, so wird der übersteigende Betrag nur mit $^1/_3$ angerechnet. Die Rente für die Wittwe und jedes hinterbliebene Kind, bis zum 15. Lebensjahre des letzteren, beträgt 20 pCt. des anrechnungspflichtigen Jahresarbeitsverdienstes, zusammen aber nicht mehr als 60 pCt. desselben (§. 16, 20). Die Höhe des Schadenersatzes wird von den Organen der B.G. festgestellt (§. 69), nachdem in der Regel eine ortspolizeiliche Untersuchung des Unfalls vorangegangen ist (§. 64). In den Fällen, in denen die Bewilligung einer Entschädigung abgelehnt oder nur eine Theilrente festgestellt werden soll, ist vorher der behandelnde Arzt des Verletzten zu hören (§. 69 Abs. III). Gegen die Feststellung kann der Entschädigungsberechtigte Berufung an das Schiedsgericht einlegen (§. 76 ff.). Jedes dieser Schiedsgerichte besteht aus einem Vorsitzenden und je zwei Beisitzern aus dem Stande der Arbeitgeber und der Versicherten. Bei seinen Verhandlungen sollen in der Regel ärztliche Sachverständige zugezogen werden, die von dem Schiedsgerichte zu Beginn des Jahres nach Anhörung der zuständigen Aerztevertretung gewählt werden (§§. 3—10 H.G.). Gegen die Entscheidung des Schiedsgerichts steht der B.G. und dem Entschädigungsberechtigten der Rekurs an das Reichsversicherungsamt (oder Landesversicherungsamt) zu (§. 80). Die Entscheidung des letzteren ist endgültig; sie erfolgt in der Besetzung von fünf Mitgliedern, unter denen sich je ein Vertreter der Arbeitgeber und der Versicherten befinden muß und unter Zuziehung von zwei richterlichen Beamten (§. 16 H.G.). Weder aus der Berufung noch aus dem Rekurs erwachsen dem Versicherten Kosten; nur dann ist das Schiedsgericht und R.V.A. (L.V.A.) befugt, ihm Kosten des Verfahrens zur Last zu legen, wenn er dieselben durch Muthwillen oder durch ein auf Verschleppung oder Irreführung berechnetes Verhalten veranlaßt hat (§§. 10 u. 28 H.G.). Die Kosten des Schiedsgerichts werden von den B.Gn. (Ausführungsbehörden), die des R.V.A. und des Verfahrens vor demselben, durch das Reich, die der Landesversicherungsämter und des Verfahrens vor denselben, durch den betreffenden Bundesstaat bestritten (§§. 10, 19, 21 H.G.).

Die Auszahlung der Entschädigungen erfolgt auf Anweisung der Genossenschaftsvorstände durch die Postanstalten (§. 97); binnen acht Wochen nach Ablauf jedes Rechnungsjahres haben die Postbehörden den einzelnen Genossenschaftsvorständen Nachweisungen dieser geleisteten Zahlungen zuzustellen und die Kassen zu bezeichnen, an welche die Rückerstattung zu erfolgen hat (§. 98).

Von diesen hier kurz skizzirten wichtigsten Bestimmungen des G.U.V.G. weichen die anderen Unfallversicherungsgesetze in einigen Punkten, die sich zumeist auf die Organisation und Aufbringung der Mittel beziehen, ab. Diese Abweichungen sind durch die Verschiedenheit des Geltungsbereiches der einzelnen Gesetze bedingt; für den Arzt sind sie von geringerer Bedeutung.

Die Bestimmungen des G.U.V.G., die den Arzt vorzüglich angehen, insbesondere die Bestimmungen der §§. 8, 9, 11, 13, 22, 23, 63, 64, 65, 69, 76, 80, 88, 112 und 125 sind auch in den anderen Unfallversicherungsgesetzen enthalten; im See-Unfallversicherungsgesetze, soweit sie sich auf die Anzeige und Untersuchung der Unfälle beziehen, mit den aus der Eigenheit des See-Schifffahrtsbetriebes sich ergebenden Veränderungen.

I.

Gesetz,

betreffend

die Abänderung der Unfallversicherungsgesetze,

vom 30. Juni 1900,

in der

Fassung der Bekanntmachung vom 5. Juli 1900.

(R.G.Bl. S. 573.)

Abänderung der bisherigen Gesetze.

§. 1.

I. Das Unfallversicherungsgesetz vom 6. Juli 1884 (Reichs-Gesetzbl. S. 69), der Abschnitt A des Gesetzes, betreffend die Unfall- und Krankenversicherung der in land- und forstwirthschaftlichen Betrieben beschäftigten Personen, vom 5. Mai 1886 (Reichs-Gesetzbl. S. 132), das Gesetz, betreffend die Unfallversicherung der bei Bauten beschäftigten Personen, vom 11. Juli 1887 (Reichs-Gesetzbl. S. 287) und das Gesetz, betreffend die Unfallversicherung der Seeleute und anderer bei der Seeschifffahrt betheiligter Personen, vom 13. Juli 1887 (Reichs-Gesetzbl. S. 329) erhalten die aus den Anlagen ersichtliche Fassung.

II. Das Gesetz über die Ausdehnung der Unfall- und Krankenversicherung vom 28. Mai 1885 (Reichs-Gesetzbl. S. 159) wird aufgehoben.

III. Wo in Gesetzen auf Bestimmungen Bezug genommen wird, welche hiernach abgeändert oder aufgehoben werden, sind darunter die an deren Stelle getretenen Bestimmungen zu verstehen.

Errichtung neuer Berufsgenossenschaften.

§. 2.

I. Die Errichtung von Berufsgenossenschaften für die durch §. 1 des Gewerbe-Unfallversicherungsgesetzes der Unfallversicherung neu unterstellten Gewerbszweige oder deren Zutheilung zu bestehenden Berufsgenossenschaften erfolgt durch den Bundesrath nach Anhörung von Vertretern der betheiligten Gewerbszweige und Genossenschaften.[1])

II. Bis zur Genehmigung der Statuten der auf Grund dieses Gesetzes errichteten Berufsgenossenschaften können durch Beschluß des Bundesraths aus den auf Grund der Gesetze vom 6. Juli 1884 (Reichs-Gesetzbl. S. 69), vom 28. Mai 1885 (Reichs-Gesetzbl. S. 159), vom 11. Juli 1887 (Reichs-Gesetzbl. S. 287) und vom 13. Juli 1887 (Reichs-Gesetzbl. S. 329) errichteten Berufsgenossenschaften, ohne Rücksicht auf die in diesen Gesetzen vorgeschriebenen Voraussetzungen, nach Anhörung der betheiligten Genossenschaftsvorstände Gewerbszweige ausgeschieden und einer anderen Berufsgenossenschaft zugetheilt werden.

III. In den neu errichteten Berufsgenossenschaften wird das Statut durch eine konstituirende Genossenschaftsversammlung beschlossen. Diese besteht aus Delegirten von Handelskammern, Gewerbekammern oder ähnlichen wirthschaftlichen Vertretungen, welchen die Unternehmer der betreffenden Gewerbszweige angehören. Die Landes-Zentralbehörden bezeichnen diejenigen Stellen, welche zur Entsendung von Delegirten befugt sein sollen, und bestimmen für jede derselben unter Berücksichtigung ihrer wirthschaftlichen Bedeutung die Zahl der Delegirten. Erstreckt sich der Bezirk der Berufsgenossenschaft über das Gebiet eines Bundesstaates hinaus, so werden die zur Entsendung von Delegirten befugten Stellen und die Zahl der einer jeden derselben zustehenden Delegirten nach Benehmen mit den betheiligten Landesregierungen vom Reichskanzler bestimmt.[2])

IV. Die Berufung der konstituirenden Genossenschaftsversammlung und die Leitung ihrer Verhandlungen erfolgt bis zur Wahl eines provisorischen Vorstandes durch das Reichs-Versicherungsamt.

V. Bei den neu errichteten Genossenschaften endet die erste Wahlperiode der Vertreter der Arbeiter mit dem 1. Januar 1906.[3])

[1]) Die Berufsgenossenschaften, die auf Grund des Unfallversicherungsgesetzes vom 6. Juli 1884 entstanden sind, sind fast alle durch freie Verein-

barung der Betriebsunternehmer, für welche eine Berufsgenossenschaft gebildet werden sollte, zu Stande gekommen. Die bei der Bildung zu beobachtenden Vorschriften sind in den §§. 12—15 des Gesetzes vom 6. Juli 1884 enthalten; dieselben sind, als entbehrlich, aufgehoben worden (vergl. Anm. 1 zu § 28 G.U.V.G.). Es kann sich überhaupt nur um die Errichtung sehr wenig neuer Berufsgenossenschaften handeln. Bis zum 15. November 1901 ist nur eine einzige neue errichtet worden, nämlich am 9. November 1901 die „Schmiede-Berufsgenossenschaft".

²) Bei der neuerrichteten „Schmiede-Berufsgenossenschaft" bestand die constituirende Genossenschaftsversammlung aus 43 dem Schmiedehandwerk angehörenden Delegirten der Handwerkerkammern, der Gewerbekammern, des Innungsverbandes, „Bund deutscher Schmiede-Innungen", der sechs Eisen- und Stahl-Berufsgenossenschaften und der Rheinisch-Westfälischen Maschinenbau- und Heimindustrie-Berufsgenossenschaft.

³) Vergl. §. 114 G.U.V.G. Abs. III.

Schiedsgerichte.

§. 3.

I. Die Entscheidung von Streitigkeiten über Entschädigungen auf Grund der Unfallversicherungsgesetze¹) wird den gemäß §§. 103 ff. des Invalidenversicherungsgesetzes errichteten Schiedsgerichten übertragen.²) Diese führen fortan die Bezeichnung: „Schiedsgericht für Arbeiterversicherung" mit Angabe des Bezirkes und des Sitzes. Bei Streitigkeiten über Entschädigungen für die Folgen von Unfällen in Betrieben, für welche zugelassene besondere Kasseneinrichtungen bestehen (§§. 8, 10, 11 des Invalidenversicherungsgesetzes), treten die für diese errichteten Schiedsgerichte an die Stelle der Schiedsgerichte für Arbeiterversicherung.³)

II. Die bisherigen Schiedsgerichte für die einzelnen Berufsgenossenschaften und Ausführungsbehörden⁴) werden aufgehoben.⁵) Die bei diesen Gerichten schwebenden Streitigkeiten gehen in der Lage, in welcher sie sich zu dem im §. 25 Abs. 1 bezeichneten Zeitpunkte befinden, auf die nach diesem Gesetze zuständigen Schiedsgerichte über und sind von diesen zu erledigen.⁶)

¹) Vergl. §. 76 Abs. 1 G.U.V.G. Diese Bestimmung ist gleichlautend mit §. 82 Abs. 1 L.U.V.G. und §. 80 Abs. 1 S.U.V.G., sie gilt auch nach §. 37 Abs. 1 B.U.V.G. für das letztere.

²) Für den Bezirk jeder Landes-Versicherungsanstalt ist mindestens ein Schiedsgericht zu errichten, das aus einem, aus der Zahl der öffentlichen

Beamten von der Centralbehörde des Bundesstaates, in dem der Sitz des Schiedsgerichtes sich befindet, zu ernennenden Vorsitzenden und aus Beisitzern besteht. Für den Vorsitzenden ist in gleicher Weise mindestens ein Stellvertreter zu ernennen; die Beisitzer werden in der durch das Statut der Versicherungsanstalt bestimmten Zahl von dem Ausschusse der Versicherungsanstalt, und zwar zu gleichen Theilen in getrennter Wahlhandlung von den Arbeitgebern und den Versicherten nach einfacher Stimmenmehrheit gewählt. (§§. 103, 104 JVG.) Die Zuziehung der Beisitzer erfolgt in der Regel nach einer im voraus aufgestellten Reihenfolge, doch darf der Vorsitzende des Schiedsgerichts aus besonderen, aktenkundig festzustellenden Gründen hiervon abgehen. Das Schiedsgericht entscheidet in der Besetzung von fünf Mitgliedern, unter denen sich je zwei Arbeitgeber und zwei Versicherte befinden müssen; es fällt seine Entscheidungen mit Stimmenmehrheit. Das Schiedsgericht ist befugt, Zeugen und Sachverständige zu vernehmen und zu vereidigen. (§. 106 J.V.G.) Hinsichtlich der Verpflichtung, sich als Zeuge oder Sachverständiger vernehmen zu lassen und die Aussagen eidlich zu erhärten, finden die Bestimmungen Anwendung, die für das Verfahren vor den ordentlichen Gerichten durch die Civilprozeßordnung festgesetzt sind. Das Schiedsgericht kann also gegen Zeugen und Sachverständige, welche sich nicht rechtzeitig in den Sitzungen einfinden oder ihre Aussagen oder ihre Eidesleistung grundlos verweigern, eine Geldstrafe bis zu 300 M. festsetzen. Für die Gebühren der Aerzte als Zeugen oder Sachverständige ist die für das Reich geltende „Gebührenordnung für Zeugen und Sachverständige vom 20. Mai 1898" maßgebend, aber nach §. 13 dieser Gebührenordnung nur dann, wenn in dem betreffenden Bundesstaate keine besonderen Taxvorschriften für ärztliche Sachverständige bestehen, was nur in sehr wenigen Bundesstaaten, in Lübeck und Oldenburg, der Fall ist. Die landesgesetzlichen Taxvorschriften hierüber weichen sehr erheblich von einander ab (vergl. Anhang Nr. 4).

Die Entscheidung des Schiedsgerichts erfolgt auf Grund mündlicher Verhandlung und zwar in öffentlicher Sitzung; die Oeffentlichkeit kann nur aus Gründen des öffentlichen Wohles oder der Sittlichkeit ausgeschlossen werden. Die Verhandlung erfolgt in der Regel an dem Orte, an dem das Schiedsgericht seinen Sitz hat, indeß ist der Vorsitzende des Schiedsgerichtes befugt, das letztere zu einer Sitzung an einem anderen Orte seines Bezirkes zu berufen, wenn dies zur Ersparniß an Kosten oder Reisen, zur Aufklärung des Sachverhalts oder zur Erleichterung der Beweisaufnahme zweckmäßig erscheint. (Kaiserl. Verordnung vom 6. December 1899.)

Bisher sind in Deutschland 94 „Schiedsgerichte für Arbeiterversicherung" eingerichtet, sodaß in dem Bezirk einer Landesversicherungsanstalt fast immer mehr als ein Schiedsgericht besteht, in Preußen eines für jeden Regierungsbezirk und die Stadt Berlin.

[3]) Zugelassene Kasseneinrichtungen, d. h. solche, bei denen versicherungspflichtige Personen der gesetzlichen Versicherungspflicht gegen Invalidität genügen können, sind 1. die Pensionskasse für die Arbeiter der preußischen Staatseisenbahnverwaltung, 2. die Arbeiterpensionskasse der bayr. Staatseisenbahnverwaltung, 3. die Pensionskasse für die Arbeiter der sächs. Staatseisenbahnverwaltung, 4. die Arbeiterpensionskasse für den Bereich der badischen Staatseisenbahn- und Bodensee-Dampfschifffahrts- und der Großherzogl. Salinen-Verwaltung, 5. die Pensionskasse für die Arbeiter der Reichseisenbahnverwaltung in Elsaß-Lothringen, 6. Norddeutsche Knappschafts-Pensionskasse in Halle a. S., 7. die Knappschaftskasse des Saarbrücker Knappschaftsvereins zu St. Johann-Saarbrücken, 8. der Allgemeine Knappschaftsverein zu Bochum, 9. Allgemeine Knappschafts-Pensionskasse für das Königreich Sachsen in Freiberg i. S. Für die Arbeiter ꝛc. der Preuß. Staatseisenbahnverwaltung sind 21 Schiedsgerichte, für jede Eisenbahndirection eins, errichtet worden, für die Arbeiter ꝛc. in den Betrieben der Nordd. Knappschaftspensionskasse zwei, für die Arbeiter ꝛc. in Betrieben der übrigen zugelassenen Kasseneinrichtungen je eins, so daß es im Ganzen 30 derartige Schiedsgerichte giebt, deren Einrichtung genau derjenigen der allgemeinen Schiedsgerichte entspricht*).

[4]) Bei den fiskalischen Betrieben für die Post-, Telegraphen-, Marine- und Heeresverwaltung tritt an Stelle der Berufsgenossenschaft eine Ausführungsbehörde (vergl. §. 128 G.U.V.G.) und ebenso bei Bauarbeiten des Reiches und eines Bundesstaates, sowie bei solchen eines Kommunalverbandes oder einer anderen öffentlichen Korporation, wenn die Landescentralbehörde den Verband oder die Korporation zur Uebernahme der durch die Versicherung entstehenden Lasten für leistungsfähig erklärt hat (§. 42 B.U.V.G.); das Gleiche ist bei landwirthschaftlichen Betrieben der Fall, welche auf Rechnung des Reichs oder eines Bundesstaates verwaltet werden (§. 134 L.U.V.G.) und im Bereiche des S.U.V.G. nach §. 129 dieses Gesetzes.

[5]) Früher bestand auf dem Gebiete der Unfallversicherung der Grundsatz, daß für jede Berufsgenossenschaft, oder sofern dieselbe in Sektionen eingetheilt war, für jede Sektion, ferner für jede Ausführungsbehörde bei Staatsbetrieben, welche den Berufsgenossenschaften nicht angeschlossen waren, sowie bei den Aufsichtsbehörden der für leistungsfähig erklärten Kommunalverbände je ein Schiedsgericht errichtet werden mußte, und daß der Bundesrath nur innerhalb der einzelnen Berufsgenossenschaft Schiedsgerichte nach engeren örtlichen Bezirken zulassen (aber nicht anordnen) konnte. Die Bezirke der Schiedsgerichte fielen hiernach mit den Bezirken der Berufsgenossenschaften, Sektionen und Ausführungsbehörden fast immer zusammen. Daher

---

*) Nach §. 11 J.V.G. ist auch die See-Berufsgenossenschaft zur Errichtung einer eignen Kasseneinrichtung behufs Durchführung der Invalidenversicherung ermächtigt; sie hat aber bisher von dieser Einrichtung keinen Gebrauch gemacht.

waren namentlich die Bezirke der Schiedsgerichte bei den gewerblichen Berufsgenossenschaften oft übermäßig groß, sie umfaßten oft mehrere Bundesstaaten oder mehrere preußische Provinzen; das Schiedsgericht der Reichspostverwaltung umfaßte gar das Gebiet des gesammten Reiches, mit Ausnahme von Bayern und Württemberg. Die zu große Ausdehnung der Bezirke der Schiedsgerichte hatte zur Folge, daß die Rechtsuchenden nur mit Mühe in der Lage waren und oft darauf verzichten mußten, ihre Sache persönlich zu vertreten, und daß die Kosten für die Beisitzer und die Sachverständigen sehr hohe waren, da sie oft weite Reisen zurücklegen mußten, um an den Ort des Gerichtes zu kommen. Andrerseits waren Schiedsgerichte für die Arbeiter schwach entwickelter Industriezweige sehr gering beschäftigt, so daß regelmäßige Sitzungen in kürzeren Zwischenräumen nicht abgehalten, sondern die Termine der Kostenersparniß wegen oft sehr lange hinausgeschoben wurden. Ein regelmäßiger Geschäftsgang entwickelte sich auch nicht bei den, in der Regel kleinen und mit den Bezirken einer Gemeinde oder eines Kreises zusammenfallenden Schiedsgerichten für Ausführungsbehörden der für leistungsfähig erklärten Kommunalverbände. In Folge der geschilderten Mißstände war es auch meist sehr schwer, für die Schiedsgerichte geeignete Vorsitzende zu finden: waren die Geschäfte sehr umfangreich, konnten sie von einem Beamten im Nebenamte nicht wahrgenommen werden, und waren sie geringfügig, so erlangten die Beamten schwer die für diese besondere Art der Rechtsprechung notwendige Erfahrung und hatten sich zu jeder Sitzung aufs Neue hineinzuarbeiten. Eine gründliche Abhilfe aller dieser Mängel war nur durch die Errichtung territorialer Schiedsgerichte zu erreichen. Bei diesen ist den Rechtsuchenden das persönliche Erscheinen im Termin sehr leicht, die Ausgabe für die Beisitzer und Sachverständigen, die nun nur kürzere Strecken zurückzulegen haben, weit geringer, und vor Allem ist der Geschäftsgang ein regelmäßiger, wodurch die Streitfälle rascher erledigt werden. (Begr. 1900 S. 18—20.) Diese neuen Schiedsgerichte für Arbeiterversicherung sind fast alle reich beschäftigte, große Specialgerichte, deren Vorsitz die Arbeitskraft eines Beamten vollauf ausfüllt. Man hat gegen diese territorialen Schiedsgerichte eingewandt, daß über Entschädigungsansprüche der Arbeiter bei Betriebsunfällen nur Arbeiter und Arbeitgeber des gleichen Gewerbes ein richtiges Urtheil haben können; als stichhaltig kann dieser Einwand schon um deswillen nicht gehalten werden, da nur für einen sehr kleinen Theil der die Berufsgenossenschaft zur Entschädigung verpflichtenden Unfälle eine specielle Kenntniß des betreffenden Berufszweiges zur richtigen Entscheidung erforderlich ist, und auch in diesen Fällen diese Kenntniß von einem Sachverständigen den Richtern verschafft werden kann. Würde der Einwand richtig sein, so müßte man logischerweise fordern müssen, daß dem Vorsitzenden des Schiedsgerichts, der immer nur juristische oder verwaltungsrechtliche Vorbildung hat, bei dem Urtheile über die Höhe der Entschädigung kein Stimmrecht zusteht, ganz abgesehen davon, daß die Berufsgenossenschaften sich oft aus sehr verschieden gearteten Betrieben zusammensetzen — so gehören zur Nahrungsmittel-Industrie-Berufsgenossenschaft unter anderen die Bäckereien, die Konservenfabrikationen, die Schaum- und Obstweinfabrikationen, die Badeanstalten — so daß auch oft bei den berufsgenossenschaftlichen Schiedsgerichten die Beisitzer durch ihre Beschäftigung nicht immer als Sachverständige für Streitfälle der verschiedenen zu ihrer Berufsgenossenschaft gehörenden Betriebe gelten konnten (vergl. auch §. 7 Abs. II dieses Gesetzes).

Von anderer Seite, die an und für sich territorial organisirte Schiedsgerichte für die Rechtsprechung bei der Unfallversicherung befürwortet, wird es als ein Mangel angesehen, daß die neuen Schiedsgerichte für Arbeiterversicherung ein Adnexum der Landes-Versicherungsanstalten geblieben sind. Zweifellos wird ihre Thätigkeit in der Unfallversicherung diejenige im Vollzuge der Invalidenversicherung weit überschreiten; in einzelnen Schiedsgerichten sollen sogar die Unfallversicherungssachen 80 pCt. aller zur Verhandlung kommenden Fälle bilden. Man wird es auch nicht gutheißen können, daß nach Lage der Gesetzgebung (§. 104 Abs. IV, §. 107 Abs. III J.V.G. und §. 2 der Kais. Verordn. vom 22. November 1900) der Vorsitzende des Schiedsgerichts in gewisser Abhängigkeit von dem Vorstande der Landesversicherungsanstalt steht: die Unterbeamten des Schiedsgerichts werden von dem Vorstande der Landesversicherungsanstalt ernannt, dem letzteren stehen die Disciplinarbefugnisse über die Unterbeamten zu, auch die Entscheidung darüber, ob mehr Bureaukräfte anzustellen sind; ja auch über die Beschaffung der Geschäftsräume und Geschäftsbedürfnisse des Schiedsgerichts, wozu z. B. die Anschaffung von Büchern gehört, muß sich der Vorsitzende des Schiedsgerichts mit dem Vorstande der Landesversicherungsanstalt in Einvernehmen setzen. Es scheint, daß hierbei doch schon im ersten Jahre des Bestehens der „Schiedsgerichte für Arbeiterversicherung" häufig Differenzen zwischen den Vorsitzenden der Schiedsgerichte und den Vorständen der Landesversicherungsanstalten vorgekommen sind. (Arb.Vers. XVIII S. 8, 41, 658, 699; Bericht über den XV. ordentlichen Berufsgenossenschaftstag S. 20ff.) Indeß kommen diese Mißverhältnisse gegenüber den großen Vorzügen der neuen Schiedsgerichte kaum in Betracht. Da das Reichsversicherungsamt die Aufsicht über die Landesversicherungsanstalten hat, so kann es durch Verordnungen die Möglichkeit einer Abhülfe bieten, so lange die Reichsgesetzgebung sich nicht zu Aenderungen entschließt. Andrerseits bedeuten die neuen „Schiedsgerichte für Arbeiterversicherung den Beginn einer Verschmelzung der Organisationen verschiedener Zweige der deutschen Arbeiterversicherung, und dieser Beginn läßt die Hoffnung zu, daß es mit der Zeit gelingen werde, die gesammte Arbeiterversicherung einheitlich zu gestalten. Vielleicht gelingt es, bei der erwarteten Novelle zum Krankenversicherungsgesetz, den „Schiedsgerichten für Arbeiterversicherung" auch die Rechtsprechung auf dem Gebiete der Krankenversicherung zu verschaffen, und auch hier dem Reichsversicherungsamte die endgültige Entscheidung zu geben, während jetzt die Streitigkeiten aus der Krankenversicherung vor der Aufsichtsbehörde oder den ordentlichen Gerichten, oder im Verwaltungsstreitverfahren, oder durch das Gewerbegericht, das Innungsschiedsgericht, den Vorstand der Innung erledigt werden. (§§. 53a. 57b. 58. 73 K.V.G.) Wäre das Verfahren und die Rechtsprechung in der gesammten deutschen Arbeiterversicherung gleich, so wäre damit ein großer Fortschritt gewonnen.

[6]) Durch Kaiserl. Verordn. vom 22. November 1900 sind die Schiedsgerichte für Arbeiterversicherung am 1. Januar 1901 an die Stelle der bisherigen Schiedsgerichte für die einzelnen Berufsgenossenschaften und Ausführungsbehörden getreten.

§. 4.

I. Die Zahl der Beisitzer der Schiedsgerichte (§. 104 Abs. 3 des Invalidenversicherungsgesetzes) kann von der Centralbehörde des Bundesstaats, in welchem der Sitz des Schiedsgerichts belegen ist, oder von der durch sie bestimmten anderen Behörde erhöht werden; dabei kann zugleich bestimmt werden, wieviel Beisitzer am Sitze des Schiedsgerichts oder in dessen naher Umgebung wohnen oder beschäftigt sein müssen. Erstreckt sich der Bezirk des Schiedsgerichts über Gebiete oder Gebietstheile mehrerer Bundesstaaten, so wird die Bestimmung, sofern ein Einverständniß unter den betheiligten Landesregierungen nicht erzielt wird, vom Reichskanzler getroffen. Die Zahl der Beisitzer muß aus der Klasse der Arbeitgeber und der Versicherten mindestens je 20 betragen.[1])

II. In den Schiedsgerichten, deren Bezirk Theile der Seeküste umfaßt, sind zu Vertretern der Versicherten (§. 88 Abs. 2 a. a. O.) auch erfahrene Schifffahrtskundige, die nicht Rheder, Korrespondentrheder oder Bevollmächtigte (§. 33 des See-Unfallversicherungsgesetzes) sind, wählbar.[2])

[1]) Nach §. 104 Abs. 3 J.V.G. werden die Beisitzer der Schiedsgerichte in der durch das Statut bestimmten Zahl von dem Ausschusse der Versicherungsanstalt, und zwar zu gleichen Theilen in getrennter Wahlhandlung von den Arbeitgebern und den Versicherten, nach einfacher Stimmenmehrheit gewählt. Die Zahl der Beisitzer muß mindestens je vier aus der Klasse der Arbeitgeber und der Versicherten betragen (§. 70 Ziffer 4 J.V.G.) Bei jeder Versicherungsanstalt besteht ein Ausschuß, der aus mindestens je fünf Ver-

tretern der Arbeitgeber und der Versicherten besteht. Diese Vertreter werden von den Vertretern der Arbeitgeber und der Versicherten bei den unteren Verwaltungsbehörden (vergl. Anm. 2 zu §. 152 G.U.V.G.) gewählt (§ 76 IV.G). Die letztgenannten Vertreter werden von den Vorständen der im Bezirke der unteren Verwaltungsbehörde vorhandenen Orts-, Betriebs-(Fabrik-), Bau- und Innungs-Krankenkassen, Knappschaftskassen, Seemannskassen und anderen zur Wahrung von Interessen der Seeleute bestimmten, obrigkeitlich genehmigten Vereinigungen von Seeleuten, sowie von den Vorständen derjenigen eingeschriebenen oder auf Grund landesgesetzlicher Vorschriften errichteten Hülfskassen gewählt, welche die, im §. 75a K.V.G. vorgesehene Bescheinigung besitzen, und deren Bezirk sich über den Bezirk der unteren Verwaltungsbehörde nicht hinaus erstreckt. Auch kann, sofern eine große Zahl, der zur activen Wahl berechtigten, auf Grund des §. 1 J.V.G. Versicherten, solchen Kassen nicht angehört, den Vertretungen der Kreisverbände (weiteren Communalverbänden) und den Verwaltungen der Gemeinde-Krankenversicherungen (Gemeindekrankenkassen 2c.) eine der Zahl dieser Personen entsprechende Betheiligung an der Wahl eingeräumt werden (§. 62 Abs. I J.V.G.)

Diese Bestimmungen, die nur für ein Schiedsgericht auf dem Gebiete der Invalidenversicherung getroffen sind, genügen nun nicht, wo die Aufgaben dieser Schiedsgerichte bedeutend erweitert worden sind, was naturgemäß zur Abhaltung viel zahlreicherer Sitzungen führen muß.

²) §. 33 S.U.V.G. lautet:

„Für jedes Fahrzeug hat der Rheder in dem Heimathshafen einen Bevollmächtigten zu bestellen, falls er nicht an diesem Orte seinen Wohnsitz hat. Mitrheder sind zur Bestellung eines gemeinschaftlichen Bevollmächtigten auch dann verpflichtet, wenn sie sämmtlich in dem Heimathshafen des Fahrzeugs ihren Wohnsitz haben. Der Name des Bevollmächtigten sowie etwaige Veränderungen in der Person desselben sind der Berufsgenossenschaft mitzutheilen.

Der Bevollmächtigte ist befugt und verpflichtet, den Rheder in dessen Eigenschaft als Mitglied der Genossenschaft dieser letzteren gegenüber gerichtlich und außergerichtlich zu vertreten. Diese Befugniß und Verpflichtung erstreckt sich auch auf die Geschäfte und Rechtshandlungen, für welche nach den Gesetzen eine Spezialvollmacht erforderlich ist. Zustellungen in Angelegenheiten der Genossenschaft erfolgen an den Bevollmächtigten mit gleicher Wirkung wie an den Rheder selbst. Eine Beschränkung der Befugnisse des Bevollmächtigten hat der Genossenschaft gegenüber keine rechtliche Wirkung.

Bis zur Mittheilung des Namens des Bevollmächtigten oder im Falle eines Wegfalls des letzteren, bis zur Mittheilung des Namens des anderweit bestellten Bevollmächtigten ruhen das Stimmrecht und die Wählbarkeit des Rheders. Bis dahin wird derselbe zu der Generalversammlung und den Genossenschaftsversammlungen nicht geladen; auch können Zustellungen an ihn in Angelegenheiten der Genossenschaft durch öffentlichen Aushang während einer Woche in den Geschäftsräumen der zustellenden Genossenschaftsorgane oder Behörden bewirkt werden. In dem Aushange kann der Name des Rheders, sofern derselbe nicht bekannt sein sollte, durch Bezeichnung des Fahrzeugs ersetzt werden. Durch das Statut können weitere Beschränkungen des Rheders in der Ausübung derjenigen Rechte vorgeschrieben werden, welche ihm als Mitglied der Genossenschaft im Verhältnisse zu dieser zustehen.

Ein von den Mitrhedern bestellter Korrespondentrheder (§§. 492ff. des Handelsgesetzbuchs) gilt, solange kein besonderer Bevollmächtigter bestellt ist, der Genossenschaft gegenüber als Bevollmächtigter im Sinne der vorstehenden Bestimmungen. Insbesondere hat derselbe alle dem Bevollmächtigten im Verhältnisse zu der Genossenschaft vorstehend beigelegten Rechte und Pflichten."

§. 5.

I. Die für den Sitz des Schiedsgerichts zuständige Landes-Centralbehörde oder die durch sie bestimmte andere Behörde entscheidet, wieviel Beisitzer von dem Ausschusse der Versicherungsanstalt (§. 104 Abs. 3 des Invalidenversicherungsgesetzes) aus solchen Berufsgenossenschaften oder Ausführungsbehörden zu wählen sind, die im Bezirke des Schiedsgerichts vertreten sind. Die Bestimmung des § 4 Abs. 1 Satz 2 findet Anwendung.

II. Wird eine solche Anordnung getroffen, so sind die zur Vertretung der Arbeitgeber bestimmten Beisitzer für die Berufsgenossenschaften aus den stimmberechtigten Mitgliedern der Genossenschaften, deren gesetzlichen Vertretern und bevollmächtigten Leitern ihrer Betriebe, für die Ausführungsbehörden aus den Beamten der Betriebe, für welche die Ausführungsbehörde bestellt ist, zu wählen. Den Vorständen der Berufsgenossenschaften aus den Ausführungsbehörden ist Gelegenheit zu geben, geeignete Personen in Vorschlag zu bringen. Ausgeschlossen sind Personen, welche dem Vorstand einer für den Bezirk in Betracht kommenden Berufsgenossenschaft oder Section oder einer für den Bezirk in Betracht kommenden Ausführungsbehörde angehören, sowie die Vertrauensmänner. Die zur Vertretung der Versicherten bestimmten Beisitzer sind aus den Personen zu wählen, welche in einem der Genossenschaft zugehörenden oder der Ausführungsbehörde unterstehenden Betriebe beschäftigt sind.

III. Wird die im Abs. 1 bezeichnete Anordnung für eine Knappschafts-Berufsgenossenschaft getroffen, so kann durch deren Statut bestimmt werden, daß die zur Vertretung der Versicherten bestimmten Beisitzer von den Knappschaftsältesten zu wählen sind.

§. 6.

Solange und soweit die festgesetzte Zahl von Beisitzern nicht gewählt ist oder die Gewählten ihre Dienstleistung verweigern, hat die untere Verwaltungsbehörde[1]), in deren Bezirke sich der Sitz des Schiedsgerichts befindet, die fehlenden Beisitzer aus der Zahl der wählbaren Personen zu berufen.

[1]) vergl. Anm. 2 zu §. 152 G.U.V.G.

§. 7.

I. Bei der Verhandlung sind, soweit es sich um Unfälle in der Land- und Forstwirthschaft oder im Bergbaubetriebe handelt, Beisitzer aus diesen Berufszweigen, im Uebrigen Beisitzer aus den sonstigen der Versicherung unterliegenden Betrieben zuzuziehen. Ausnahmen sind nur in einzelnen Fällen aus besonderen Gründen zulässig.

II. Im Uebrigen kann der Vorsitzende des Schiedsgerichts auf Antrag der Berufsgenossenschaft, der Ausführungsbehörde oder eines Entschädigungsberechtigten zur Verhandlung und Entscheidung in einem einzelnen Falle, abweichend von der festgesetzten Reihenfolge[1]), Beisitzer aus den Betrieben derjenigen Berufsgenossenschaft oder Ausführungsbehörde zuziehen, welcher der Betrieb, in dem sich der Unfall ereignet hat, angehört.[2]) Sofern solche Beisitzer nicht vorhanden sind, können Beisitzer aus anderen Betrieben bestimmt werden, die dem Betrieb, in welchem sich der Unfall ereignet hat, wirthschaftlich nahe stehen. Hat der Vorsitzende einen solchen Antrag abgelehnt, so kann vor Beginn der Verhandlung eine Entscheidung des Schiedsgerichts über den Antrag beansprucht werden, welche endgültig ist.

[1]) Nach §. 70 Ziffer 4 J.V.G. bestimmt das Statut der Versicherungsanstalt, in welcher Reihenfolge die Beisitzer zu den Verhandlungen zuzuziehen sind.

[2]) Nach §. 10 Abs. II dieses Gesetzes trägt die Kosten hierfür die Berufsgenossenschaft oder Ausführungsbehörde, gegen deren Bescheid die Berufung eingelegt ist, nie der Entschädigungsberechtigte.

§. 8.

I. Das Schiedsgericht wählt bei Beginn eines jeden Geschäftsjahrs [1]) in seiner ersten Spruchsitzung, in der Regel nach Anhörung der für den betreffenden Bezirk oder Bundesstaat zuständigen Aerztevertretung [2]), aus der Zahl der am Sitze des Schiedsgerichts wohnenden [3]) approbirten Aerzte [4]) diejenigen aus, welche als Sachverständige bei den Verhandlungen vor dem Schiedsgericht in der Regel [5]) nach Bedarf [6]) zuzuziehen sind. Den zugezogenen Sachverständigen ist zur Abgabe ihres Gutachtens [7]) Einsicht in die Acten des Schiedsgerichts und der Berufsgenossenschaft [8]) zu gewähren [9]). Die Namen der gewählten Aerzte sind öffentlich bekannt zu machen [10]).

II. Im Uebrigen wird die Durchführung dieser Bestimmung durch die Landes-Centralbehörde geregelt [11]).

[1]) das Geschäftsjahr ist das Kalenderjahr.

[2]) unter „der für den betreffenden Bezirk oder Bundesstaat zuständigen Aerztevertretung" hat man die, auf Grund von Landesgesetzen oder landesherrlichen Verordnungen errichteten Aerztevertretungen zu verstehen, also in Preußen, Bayern, Oldenburg, Anhalt, Braunschweig, Hamburg und Elsaß-Lothringen die Aerztekammern, in Kgr. Sachsen, Württemberg, Baden und Hessen-Darmstadt die Aerztevereine.

Diese Aerztevertretung soll gehört werden! Hierzu wird der Vorsitzende des Schiedsgerichts zuerst versuchen müssen, festzustellen, wieviel Sachverständige für den Geschäftsumfang des Schiedsgerichts nothwendig sind; dann wird er die zuständige Aerztevertretung oder ihren Vorstand ersuchen müssen, doppelt oder dreifach so viel Aerzte, als nach seiner Meinung als Sachverständige zu wählen sind, zu bezeichnen, die zu diesem Amte geeignet erscheinen, und er wird dann unter diesen das Schiedsgericht die Auswahl treffen lassen. Dies Verfahren ist entschieden besser, als wenn der Vorsitzende des Schiedsgerichts der Aerztevertretung die Namen der Aerzte mittheilt, welche nach seiner Meinung als Sachverständige in Betracht kommen, unter diesen die geeignetesten bezeichnen, und dann das Schiedsgericht unter allen von ihm mitgetheilten Aerzten, nach Kenntnißgabe der gutachtlichen Aeußerung der Aerztevertretung, die Auswahl treffen läßt. — Beide Verfahren werden geübt.

In denjenigen Bundesstaaten, in denen eine staatlich anerkannte Standesvertretung der Aerzte nicht besteht — es sind dies Mecklenburg-Schwerin, Mecklenburg-Strelitz, Sachsen-Weimar, Sachsen-Altenburg, Sachsen-Coburg, Sachsen-Meiningen, Reuß ä. und j. L., Lippe-Detmold, Schaumburg-Lippe, Lübeck und Bremen — wird man entweder die, auf freier „Vereinbarung der Aerzte entstandenen Aerztevereine" anhören müssen oder die in diesen Staaten bestehenden Medicinal-Kommissionen (Medicinal-Kollegien und dergl.), die dem Ministerium als berathende Behörde zur Seite stehen, und deren Mitglieder in der Mehrzahl Praxis ausübende Aerzte sind.

Die Wahl der ärztlichen Sachverständigen durch das Schiedsgericht, darf nur ausnahmsweise ohne vorherige Anhörung der zuständigen Aerztevertretung — in dieser oder jener Form — stattfinden; die Unterlassung ist zweifellos in dem Protocoll der Wahlhandlung zu begründen. Die Worte „in der Regel" setzen es etwa nicht in das Belieben des Schiedsgerichtes, die „Anhörung" nach eignem Gutdünken vorzunehmen oder auf sie zu verzichten. Das folgt aus der Entstehung der Bestimmung. Dieselbe wurde in der Kommissionsverhandlung von einem Vertreter der verbündeten Regierungen damit bekämpft, daß das Schiedsgericht nicht die richtige Stelle für die Auswahl derartiger ständiger Aerzte sei. Hierauf wurde erwidert: „Der Wahl in der ersten Spruchsitzung gehe eine Vorbereitung derselben durch den Vorsitzenden voraus. Dieser werde an sachkundiger und autoritativer Stelle sich die nöthige Orientierung beschaffen, wie denn auch der Antrag eine Anhörung der zuständigen Aerztevertretung als Regel vorsehe." (Komm.-Ber. 1900 S. 12.) In Preußen ist diese Regel in Folge einer — nicht publicirten — Anordnung des Handelsministers an die Vorsitzenden der Schiedsgerichte im ersten Jahre des Bestehens der Schiedsgerichte vollständig vernachlässigt worden; ohne jede weitere Begründung sollte nach dieser Bestimmung des Handelsministers für die erste Wahl von Sachverständigen von einer Anhörung der Aerztekammer abgesehen werden können. (Mittheil. des Oberpräsidenten der Provinz Brandenburg an den Vorstand der Aerztekammer für die Provinz Brandenburg und den Stadtkreis Berlin vom 12. April 1901); dasselbe scheint auch in Hamburg der Fall gewesen zu sein. (Amts-Blatt der freien und Hansestadt Hamburg 1901 S. 54). Da die Gesetzgebung zweifellos vor der Wahl der ärztlichen Sachverständigen die Anhörung der Aerztevertretung gewollt hat, so wird man, wenn dieser Willen grundlos unbeachtet bleibt, darin einen wesentlichen Mangel des Verfahrens erblicken dürfen, der unter Umständen die Aufhebung eines Urtheils des Schiedsgerichts rechtfertigen kann.

[3]) Nach der Anweisung des preuß. Handelsministers vom 29. Dezember 1900 ist auch die Wahl von Aerzten zulässig, die in den Vororten des Sitzes des Schiedsgerichtes wohnen. Es ist in der That nicht einzusehen, warum z. B. ein in Barmen wohnender Arzt, der sich zum Sachverständigen vorzüglich eignet, dem in Elberfeld befindlichen Schiedsgerichte nicht vorgeschlagen werden soll, oder ein in Schöneberg oder in Charlottenburg wohnender nicht den Berliner Schiedsgerichten. In diesen und ähnlichen Nachbargemeinden gehört oft die eine Seite einer Straße zu der einen, die andere Seite zu der anderen Gemeinde; und der in einem Vorort wohnende

Arzt kann oft in näherer Umgebung des Schiedsgerichts wohnen, als ein am Sitz des Schiedsgerichts, in einem entfernten Stadttheil wohnender.

4) andere, als in Deutschland gemäß §. 29 Gew.-Ord. approbirte Aerzte dürfen nicht gewählt werden. Es ist ausdrücklich abgelehnt worden (Komm.-Ber. 1900 S. 13) in der Schweiz approbirte Aerztinnen zuzulassen; dagegen werden unbedenklich Aerztinnen gewählt werden dürfen, die in Deutschland die Approbation als Arzt erlangt haben.

5) sind besondere Gründe vorhanden, so kann das Schiedsgericht auf das Gutachten des ständigen Sachverständigen verzichten und das Gutachten eines für den betreffenden Fall besonders geeigneten Arztes z. B. bei Nervenkrankheiten das Gutachten eines Nervenarztes einziehen.

6) liegt der Fall medicinisch ganz klar, braucht der ständige Sachverständige auch nicht zugezogen zu werden. Es kann ja auch die Berufung eingelegt worden sein, obwohl über das Vorhandensein der Erwersunfähigkeit oder über den Grad derselben (vergl. Anm. 10 zu §. 9 G.U.V.G.) Meinungsverschiedenheit zwischen dem Verletzten und der B.G. garnicht besteht, sondern z. B. nur über die Höhe der Rente, weil der Jahresarbeitsverdienst von den Parteien verschieden berechnet wird. (Vergl. §. 10 G.U.V.G.)

7) Das Gutachten wird meist ein mündliches sein. Ueber die Abmessung des Procentsatzes der verlorenen Erwerbsfähigkeit vergl. Anm. 10 zu §. 9 G.U.V.G.

8) „oder der Landesversicherungsanstalt". Auch bei den Verhandlungen vor dem Schiedsgerichte, die wegen Streitigkeiten aus der Invalidenversicherung stattfinden, sind die Sachverständigen in der Regel nach Bedarf zuzuziehen. Es ist dies bei der Kommissionsberathung als nothwendig erachtet worden. „In weitaus den meisten Unfallsachen, so wurde ausgeführt, aber auch in zahlreichen Streitfällen aus der Invalidenversicherung sei die Beurtheilung der ärztlichen Seite der Sache von entscheidender Bedeutung." (Komm.-Ber. 1900 S. 12.)

9) aus diesem Satze geht die Annahme hervor, daß der Sachverständige die Akten der Berufsgenossenschaft (oder der Landesversicherungsanstalt) nicht kennen darf. Es werden deshalb Vertrauensärzte der Berufsgenossenschaft (oder der Landesversicherungsanstalt) sowie der Ausführungsbehörden (oder der zugelassenen besonderen Kasseneinrichtungen) als ständige Sachverständige des Schiedsgerichts nicht gewählt werden dürfen; Aerzte, die als ständige Sachverständige des Schiedsgerichts gewählt sind, und während des Kalenderjahrs Vertrauensärzte einer der genannten Organisationen werden, müssen ihr Amt bei dem Schiedsgerichte niederlegen.

10) Dieser Paragraph verdankt den Beschlüssen der Reichstagskommission seine Entstehung, die sich damit auf den, schon von der Reichtagskommission

d. J. 1897 eingenommenen Standpunkte stellte. Man hielt es für nothwendig, daß es dem Entschädigungforderndem ermöglicht wird, dem Gutachten, das von Seiten der Berufsgenossenschaft dem Schiedsgerichte vorgelegt wird, seinerseits ein vertrauenswürdiges ärztliches Gegengutachten auf der Stelle gegenüberzusetzen. Mit dieser Begründung hat man nicht die Unparteilichkeit der, von den Vertrauensärzten der Berufsgenossenschaft abgegebenen Gutachten angezweifelt, man hat nur anerkannt, daß es verständlich ist, wenn der Entschädigungfordernde annimmt, daß der Vertrauensarzt der beklagten Berufsgenossenschaft in seinem Gutachten die Interessen seiner Auftraggeberin berücksichtigt. Dieses Mißtrauen ist wohl zum Glück in der überwiegenden Mehrzahl der Fälle durchaus ungerechtfertigt, aber trotzdem verdient es, im Interesse der sozialen Wirkung der Arbeiterversicherung auf die Arbeiterklasse, Billigung, daß nun der Entschädigungfordernde nicht den geringsten Argwohn mehr haben kann, daß nur auf die, von der Berufsgenossenschaft seiner Meinung nach beeinflußten Ausführungen hin geurtheilt werde. Nun muß zwar in Folge der, ebenfalls von der Kommission eingefügten Bestimmung des §. 69 Abs. III G.U.V.G. — dieselbe ist in allen Unfallversicherungsgesetzen enthalten — der behandelnde Arzt des Verletzten, und falls dieser zu der Berufsgenossenschaft in einem Vertragsverhältnisse steht, auf Antrag ein anderer Arzt gehört werden, wenn auf Grund eines ärztlichen Gutachtens die Bewilligung einer Entschädigung von der Berufsgenossenschaft abgelehnt oder nur eine Theilrente festgestellt werden soll, sodaß also die Interessen des Verletzten schon im Feststellungsverfahren gewahrt werden; trotzdem ist aber die Anwesenheit eines Arztes bei der Verhandlung eines Gerichtes, das zumeist körperliche Schäden und ihre Folgen für die Erwerbsthätigkeit feststellen will, von außerordentlichem Werthe, nicht nur für den klagenden Versicherten, sondern auch für die Berufsgenossenschaft und das Gericht selbst: sie giebt die Möglichkeit, in jedem Momente der Verhandlung ein sachverständiges Urtheil einzuholen, augenfällige Beobachtungen erklären zu lassen, Einwürfe medizinischer Natur sofort bestätigt oder widerlegt zu erhalten; oft wird auch der Arzt Beobachtungen machen, die einem Nichtmediziner garnicht auffallen und deshalb entgehen. Aus diesen Gründen hatten schon früher einzelne größere Schiedsgerichte die Anwesenheit des ständigen Vertrauensarztes der Berufsgenossenschaft in der Sitzung vorgeschrieben.

Es scheint aber, daß im ersten Jahre seines Bestehens der „ständige" Sachverständige des Schiedsgerichtes ein recht „unständiges" Leben geführt hat; bei einigen, noch dazu recht beschäftigten Schiedsgerichten Preußens ist er überhaupt niemals in Wirksamkeit getreten, während z. B. nach den Mittheilungen von Haag (Monatsschr. f. Unf. 1901 Nr. 8) bei allen bayrischen Schiedsgerichten, mit einer einzigen Ausnahme, der Sachverständige regelmäßig der ganzen Schiedsgerichtsverhandlung beiwohnte. Nur auf letztere

Weise kann das erreicht werden, was die Gesetzgebung mit der Bestimmung gewollt hat, und es ist daher dringend zu wünschen, daß die Vorsitzenden der Schiedsgerichte von ihrer Aufsichtsbehörde angehalten werden, die geforderte Regel der Zuziehung ständiger Sachverständiger nicht zur Ausnahme zu gestalten. Es ist auch vielfach darüber geklagt worden (z. B. von Thiem auf den 29. deutschen Aerztetag in Hildesheim 1901), daß bei vielen Schiedsgerichten zu ärztlichen Sachverständigen ausschließlich Kreisärzte (Amtsärzte) gewählt worden sind. Diese Klasse von Aerzten von der Wahl zum ärztlichen Sachverständigen ohne weiteres auszuschließen, wäre durchaus ungerechtfertigt, denn es giebt unter ihnen nicht wenige — es sei nur an die Herausgeber der Aerztl. Sachverst.-Zeitung erinnert —, die sich gerade zu diesem Amte vorzüglich eignen; allerdings wird ja die häufige Wahl der Kreisärzte durch die Schiedsgerichte oft darin seinen Grund haben, daß sie den Vorsitzenden der Gerichte ihrer Beamten-Qualität wegen recht passend erscheinen, und weil sie der Mehrzahl der praktischen Aerzte in der Stylisirung und formalen Behandlung von Gutachten überlegen sind. Diese Gründe können als ausschlaggebend für die Wahl nicht erachtet werden. Es ist garnicht die Aufgabe der ärztlichen Sachverständigen, vor dem Schiedsgerichte formell unanfechtbare Gutachten über den körperlichen Befund zu geben, sondern sie sollen vielmehr durch einmalige Untersuchung des Entschädigungfordernden und Berücksichtigung aller sonstigen bei dem Streitfalle vorgebrachten Momente sich ein Urtheil über das Resultat der bisherigen Behandlung, über die vorhandenen Funktionsstörungen und vor allem darüber sich bilden, ob die letzteren bleibende oder vorübergehende sind, und wie sie die Erwerbsthätigkeit des Verletzten auf dem gesammten Gebiete des Erwerbslebens beeinflussen werden; sie sollen im Stande sein, den Richtern, unter denen sich immer ein Arbeiter befindet, anschaulich und kurz zu schildern, worauf sich ihr Urtheil gründet. Das kann nur ein Arzt, der mitten in der Praxis steht und durch seine Thätigkeit fortwährend Fühlung mit den Arbeiterkreisen hat. Ein solcher Arzt wird auch am sichersten das Vertrauen des Entschädigungfordernden erwerben. Ein Kreisarzt (Amtsarzt) wird also allein durch seine amtliche Thätigkeit zum ärztlichen Sachverständigen vor dem Schiedsgerichte nicht besonders geeignet, er ist aber dann, genau wie ein nichtbeamteter Arzt, am Platze, wenn er, was er in großen Städten allerdings sehr selten vermag, eine ausgedehnte ärztliche Thätigkeit in Arbeiterkreisen ausübt.

[11]) In Preußen durch Anweisuug des Handelsministers vom 29. December 1900; in Bayern durch Entschl. des k. Staatsministeriums des Innern vom 26. December 1900; in Württemberg durch Verfügung des Ministeriums des Innern vom 7. December 1900; in Kgr. Sachsen durch Verordnung der Minister des Innern und der Finanzen vom 18. December 1900; in Baden durch Verordnung des Ministeriums

des Innern vom 10. Januar 1901 (§. 7 der badischen Vollzugsverordnung vom 27. September 1900); in Hessen durch Verfügung des Ministeriums des Innern an die Vorsitzenden der Schiedsgerichte vom 29. December 1900; in Sachsen-Weimar durch die Ministerialverordnung vom 3. December 1900. Die beiden letztgenannten und die württembergische Anweisung überlassen die Ausführung der Wahl (vergl. Anm. 2 Abs. 2) den Schiedsgerichten, sie bestimmen nur, daß der Ausschuß des ärztlichen Landesvereins (in Württemberg), die ärztlichen Kreisvereine (in Hessen) und die Sächsische Medicinal-Kommission (in Sachsen-Weimar) gehört werden sollen.

Die übrigen Anweisungen sind ausführlicher und unterscheiden sich vielfach. Nach der sächsischen Verordnung soll der Vorsitzende der Schiedsgerichte die Liste der Aerzte, welche er als Sachverständige oder Stellvertreter vorzuschlagen gedenkt, dem Ausschusse des für den Bezirk des Schiedsgerichtes zuständigen ärztlichen Kreisvereins zur gutachtlichen Aeußerung übersenden, und soweit er eine Ergänzung dieser Liste für nothwendig hält, den Ausschuß des ärztlichen Kreisvereins um weitere Vorschläge ersuchen. In Preußen und Bayern wird den Aerzte-Vertretungen nur die Zahl der nothwendigen Sachverständigen mitgetheilt und ihnen überlassen, doppelt so viel Aerzte, die sie für geeignet halten, vorzuschlagen. In Baden steht den Vorsitzenden die Wahl zwischen diesen beiden Verfahren frei. In Preußen gilt als Aerztevertretung der Vorstand der Aerztekammer, nicht — wie sonst allgemein — die Aerztekammer selbst. Die bayrische Verfügung bringt am klarsten die bei den Verhandlungen der Reichstagskommission und des Reichstags geäußerten Absichten der Gesetzgebung zum Ausdruck. Im Anhang sind unter Nr. 1 die preußische, bayrische, sächsische und badische Verfügung abgedruckt.

§. 9.

I. Das Schiedsgericht ist befugt, denjenigen Theil des Betriebs, in welchem der Unfall vorgekommen ist, in Augenschein zu nehmen. Weigert sich der Betriebsunternehmer oder dessen Stellvertreter, die Einnahme des Augenscheins zu gestatten, so ist er hierzu auf Antrag des Schiedsgerichtsvorsitzenden durch die Ortspolizeibehörde anzuhalten.

II. Soll die Augenscheinseinnahme in einem Dienstraum einer Behörde oder in einem Fahrzeuge der Kaiserlichen Marine stattfinden, so ist die zuständige Dienst- beziehungsweise Commandobehörde um Gestattung derselben zu ersuchen.

III. Die Beisitzer haben über die Thatsachen, welche durch die Besichtigung des Betriebs zu ihrer Kenntniß kommen, Verschwiegenheit zu beobachten und sich der Nachahmung der von dem Betriebsunternehmer geheim gehaltenen, zu ihrer Kenntniß gelangten Betriebseinrichtungen und Betriebsweisen, solange als diese Betriebsgeheimnisse sind, zu enthalten.[1])

IV. Dem Schiedsgericht eingereichte Urkunden sind sowohl der Berufsgenossenschaft als auch dem Verletzten rechtzeitig mitzutheilen; inwieweit ärztliche Zeugnisse in gleicher Weise mitzutheilen sind, unterliegt zunächst der Entscheidung des Vorsitzenden. Das Schiedsgericht ist befugt, anzuordnen, daß die unterlassene Mittheilung nachzuholen ist.[2])

V. Das Schiedsgericht ist befugt, den Verletzten, deren Erscheinen bei der Verhandlung als erforderlich bezeichnet ist oder angesehen wird, eine Reiseentschädigung zuzubilligen.[3])

[1]) vergl. §§. 150. 151 G.U.V.G.

[2]) Es handelt sich hier vor allem um die ärztlichen Gutachten, die im Feststellungsverfahren (vergl. §§. 69 und 70 G.U.V.G.) ergangen sind.

Die Reichstagskommission von 1897 hatte sich, allerdings mit einer sehr geringen Mehrheit (Komm.-Ber. 1897 S. 144ff.) für die unverkürzte Mittheilung der ärztlichen Gutachten entschieden, sobald der Entschädigungforderude es beantragt. Die Kommission von 1900 hat sich auf den Standpunkt gestellt, wie es in Abs. IV zum Ausdrucke kommt, und die Entscheidung hierüber zunächst dem Schiedsgerichts-Vorsitzenden überlassen, aber das Schiedsgericht für befugt erklärt, die Mittheilung veranlassen zu können, wenn es die Ansicht hat, daß durch ihre Unterlassung oder Einschränkung das Interesse des Entschädigungfordernden leiden würde.

Auch während des Gebrauches der alten Unfallversicherungsgesetze mußten die ärztlichen Gutachten ihrem wesentlichen Inhalte nach wenigstens insoweit zur Kenntniß des Verletzten gebracht werden, als sie für die Entschließung der, die Entschädigung feststellenden Organe von Einfluß waren.

Das Reichsversicherungsamt empfahl, solche Bemerkungen im Gutachten, die einen für den Verletzten beunruhigenden Inhalt haben, sachlich aber entbehrlich sind (z. B. wenn gesagt ist, der Verletzte habe nur noch kurze Zeit zu leben) oder Wendungen, welche den Rentenbewerber verletzen können (z. B. wenn Simulation oder Uebertreibung in besonders starken Ausdrücken geschildert wird) in den für ihn bestimmten Abschriften fortzulassen (H.B.; S. 340). Die Aerztekammer für die Provinz Brandenburg und den Stadtkreis Berlin hat im Jahre 1893 das Reichsversicherungsamt ersucht, zu verfügen, daß dem Rentenbewerber nicht das gesammte Gutachten, sondern nur das Endgutachten bekannt werde. (Berl. Aerztl. Correspondenzbl. 1893 S. 210ff.) Dieses Ersuchen hat das Reichsversicherungsamt in einer sehr eingehenden Antwort (a. a. O. S. 261) abgelehnt und hat es für rechtlich bedenklich erklärt, diejenigen Theile ärztlicher Gutachten, auf welche das erkennende Gericht bei der Entscheidung Gewicht legt, und welche bei der Absetzung der Urtheilsgründe verwerthet werden müssen, von der Mittheilung an die Parteien auszuschließen. „Es könne auch in der Regel die Mittheilung desjenigen Theiles des Gutachtens, welcher dem Kläger Uebertreibung oder Simulation vorwerfe, nicht vermieden werden, wenn diese Thatsachen für die Beurtheilung von Bedeutung seien. Nur das Endgutachten mitzutheilen, erscheine nicht zulässig, weil dieses in der Regel nur einen logischen Schluß enthalte, während gesetzlich die Mittheilung der vorhergehenden Thatsachen verlangt werden könnten."

Durch die Novelle ist hieran eigentlich garnichts geändert worden; denn wenn in dem früheren Verfahren die beiden Beisitzer des Schiedsgerichts, entgegen der Ansicht des Vorsitzenden, die ganze oder theilweise Mittheilung der ärztlichen Gutachten an den Rentenbewerber für nothwendig hielten, so mußte sie auch erfolgen, und daß die Fälle, in denen jetzt schon der Vorsitzende allein die Mittheilung der ärztlichen Gutachten verfügt, ausnahmslos zu denjenigen gehören, bei denen die Mittheilung sonst von den Beisitzern gefordert worden wäre, ist wohl unbestreitbar.

Trotzdem hat dieser Abs. IV in ärztlichen Kreisen eine lebhafte Discussion hervorgerufen. So nennt ihn Placzek (Aerztl. Sachv.-Zeit. 1900 Nr. 23) verhängnißvoll für die Grundforderung jedes ärztlichen Gutachtens, die Zuverlässigkeit und Objectivität; und der ärztliche Bezirksverein Schwarzenberg i./S. hat sogar den Kreisvereinsausschuß des Königsreichs Sachsen ersucht, dahin zu wirken, daß der Abs. IV dahin abgeändert wird, daß ärztliche Zeugnisse nur nach Einwilligung des begutachtenden Arztes dem Verletzten bekannt gegeben werden. (Korresp.-Bl. der ärzl. Kreis- und Bez.-Vereine im Königreich Sachsen, Band 51 Nr. 3.) Es kann zugegeben werden, daß aus der Mittheilung ärztlicher Gutachten an den Verletzten, den betheiligten Aerzten Widerwärtigkeiten und Unannehmlichkeiten entstehen können; daß aber dadurch ihre Existenz bedroht werden könnte, ist übertrieben, und ganz entschieden muß man die Vermuthung zurückweisen, daß die Aerzte aus Furcht vor dieser Gefährdung nun in der Beurtheilung des Falles mit der nothwendigen Offenheit zurückhalten würden. Die Aufstelluug derartiger, noch dazu von Aerzten gemachten Behauptungen kann nur dazu führen, die gesammte Attest- und Gutachter-Thätigkeit noch mehr als es leider schon jetzt geschieht, zu einem Privilegium der beamteten Aerzte zu machen!

Man denke nur, wie oft von Privatärzten Atteste für Schulbehörden und Gerichtsbehörden verlangt werden, und daß es auch hier zu Meinungsdifferenzen zwischen dem Arzte und Familien kommen kann, an deren Praxis ihm außerordentlich viel gelegen ist! Daß der Arzt in Folge der Möglichkeit, daß der Verletzte von seinem Gutachten Kenntniß erhält, zur größten

Vorsicht bei der Stellung der Diagnose auf Simulation angehalten wird, ist sogar ein großer Vorzug. Es sind, wie Becker (S. 69) ganz richtig bemerkt, in der Regel die wenig kenntnißreichen Kollegen, welche am meisten „Simulanten" finden. „Es ist ja auch außerordentlich bequem, einen Untersuchten, für dessen Leiden man kein Verständniß hat, einfach mit der Behauptung, daß er ein Simulant sei, abzufinden. Jeder ärztliche Sachverständige sollte aller „Simulantenriecherei" abhold sein."

Man führt auch gegen die hier besprochene Bestimmung das Interesse des Unfallverletzten an: derselbe könnte aus der Kenntniß des ärztlichen Gutachtens mit all' seinen Begründungen und Schlußfolgerungen schwere Schädigungen körperlicher und seelischer Natur erleiden, entweder durch Autosuggestion (Seiffert, Berl. kl. Wochenschrift 1900 Nr. 37) oder durch die quälende ungeahnte Erkenntniß, daß sein Leben verloren oder in Zukunft mit unheilbarem Siechthum verbunden sei. Zuzugeben ist, daß Personen durch das Lesen ausführlicher ärztlicher Gutachten veranlaßt werden können, Krankheitssymptome, die in dem Berichte geschildert, vielleicht gerade bei ihnen vermißt worden sind, sich einzubilden; es handelt sich aber hierbei fast immer um Personen, deren Nervensystem schon krankhaft erregt ist. Und wegen dieser Gefahr kann man doch nicht allen Unfallverletzten jedes ärztliche Gutachten verheimlichen, dessen Inhalt sie zur Wahrung ihrer Interessen dringendst brauchen! Was nun den zweiten Grund anbetrifft, so ist es doch bei Berücksichtigung der meist höchst ungünstigen Vermögensverhältnisse der hier in Betracht kommenden Personen, zum mindesten zweifelhaft, ob man ihnen nicht mit der Kenntniß der vollen Wahrheit über ihren Gesundheitszustand, mag dieselbe auch noch so traurig sein, am besten dient. Unvermuthetes Siechthum und unvorbereiteter Tod des Arbeiters führt fast mit voller Sicherheit seine Familie in tiefstes Elend!

Und wären selbst alle diese Einwände zutreffender, als sie es thatsächlich sind, so dürften dennoch nicht die ärztlichen Gutachten dem Rentenbewerber verschwiegen oder nur mit Einwilligung des Arztes mitgetheilt werden; dies verbietet das auf allen Gebieten des Rechtes geltende Gesetz, daß keiner Partei in einem Rechtsstreit ein für die Entscheidung wichtiger Beweisgrund verheimlicht werden darf.

³) Diese Bestimmung soll (Komm.-Ber. 1900 S. 15) zum Ausdruck bringen, daß eine Reiseentschädigung dann zugebilligt werden kann, wenn das Schiedsgericht das Erscheinen des Verletzten vor dem Gericht als erforderlich erachtet, gleichgültig ob der Verletzte auf Ladung oder aus eigener Entschließung erschienen ist.

§. 10.

I. Die Kosten des Schiedsgerichts¹) sind nach Ablauf des Rechnungsjahrs der Versicherungsanstalt von den betheiligten Berufsgenossenschaften und Ausführungsbehörden antheilig zu erstatten. Dabei wird das Verhältniß zu Grunde gelegt, in welchem die Zahl derjenigen gegen ihre Bescheide eingelegten Berufungen, welche in diesem Jahre erledigt worden sind, zur Gesammtzahl der vor dem Schiedsgericht in demselben Zeitraum erledigten Berufungen steht.[2]) Die Vertheilung der Kosten auf die Versicherungsanstalten, die Berufsgenossenschaften und Ausführungsbehörden erfolgt durch den Vorsitzenden des Schiedsgerichts.

II. Die Kosten des Verfahrens[3]), welche durch die einzelnen Streitfälle erwachsen, sowie solche besondere Kosten, welche durch die ausnahmsweise Zuziehung von Beisitzern gemäß §. 7 Abs. 2 entstehen, sind von demjenigen Träger der Versicherung zu zahlen, gegen dessen Bescheid die Berufung eingelegt ist.

III. Das Reichs-Versicherungsamt ist befugt, hierüber nähere Bestimmungen zu erlassen.

IV. Das Schiedsgericht ist befugt, den Betheiligten solche Kosten des Verfahrens zur Last zu legen, welche durch Muthwillen oder durch ein auf Verschleppung oder Irreführung berechnetes Verhalten derselben veranlaßt worden sind.

[1]) Gehalt der Büreaubeamten, Entschädigung der Beisitzer, Kosten für Geschäftsräume und Geschäftsbedürfnisse. Das Gehalt des Vorsitzenden (und seiner Stellvertreter) gehört nicht hierzu; dieser wird als öffentlicher Beamter von dem Bundesstaate, in dem der Sitz des Schiedsgerichts ist, besoldet.

[2]) Jedes vom Schiedsgerichte gesprochene Urtheil wird also gezählt, gleichgültig, ob die Berufung erfolgreich war oder nicht.

[3]) Kosten der Beweiserhebung, wie Gebühren für Zeugen und Sachverständige (Aerzte) oder die Kosten für eine Augenscheinseinnahme und dergl.; hierher gehört auch die Reiseentschädigung des Verletzten nach §. 9 Abs. V H.G., auch die Kosten einer Reise des Verletzten zum Zwecke einer ärztlichen Untersuchung, die vom Schiedsgericht angeordnet worden ist, auch Krankenhauskosten, sofern das Schiedsgericht zum Zwecke der Klarstellung die Ueberführung des Verletzten in ein Krankenhaus für nothwendig hält.

Reichs-Versicherungsamt.

§. 11.

I. Das Reichs-Versicherungsamt hat seinen Sitz in Berlin[1]) und besteht aus ständigen und nichtständigen Mitgliedern.

II. Der Präsident und die übrigen ständigen Mitglieder werden auf Vorschlag des Bundesraths vom Kaiser auf Lebenszeit ernannt. Aus den ständigen Mitgliedern werden vom Kaiser die Directoren und die Vorsitzenden der Senate ernannt. Die übrigen Beamten des Reichs-Versicherungsamts werden vom Reichskanzler ernannt.[2])

III. Von den nichtständigen Mitgliedern werden sechs vom Bundesrath, und zwar mindestens vier aus seiner Mitte[3]), sechs als Vertreter der Arbeitgeber von den Vorständen der Berufsgenossenschaften und den Ausführungsbehörden sowie sechs als Vertreter der Versicherten von den dem Arbeiterstand angehörenden Beisitzern der Schiedsgerichte gewählt.[4])

IV. Die Vertreter der Arbeitgeber und der Versicherten werden auf die Berufsgenossenschaften und Ausführungsbehörden in der Weise vertheilt, daß

a) für den Bereich des Gewerbe- und des Bau-Unfallversicherungsgesetzes,
b) für den Bereich des Unfallversicherungsgesetzes für Land- und Forstwirthschaft,
c) für den Bereich des See-Unfallversicherungsgesetzes

je zwei Vertreter der Arbeitgeber und je zwei Vertreter der Versicherten gewählt werden.

V. Bei der Wahl der Vertreter der Versicherten sind wahlberechtigt

a) für die Land- und Forstwirthschaft nur die land- und forstwirthschaftlichen Beisitzer der Schiedsgerichte,
b) für die See-Unfallversicherung nur die auf Grund des See-Unfallversicherungsgesetzes versicherten oder auf Grund des §. 4 Abs. 2 berufenen Beisitzer der Schiedsgerichte,
c) für die gewerbliche und die Bau-Unfallversicherung die sonstigen Beisitzer der Schiedsgerichte einschließlich der Beisitzer der auf Grund der §§ 8, 10 des Invalidenversicherungsgesetzes errichteten Schiedsgerichte.

[1]) Das Reichsversicherungsamt ist eine mit selbständigen Entscheidungs- und Zwangsbefugnissen ausgerüstete Reichsbehörde, die die Durchführung der Gesetze in organisatorischer, administrativer, verwaltungsgerichtlicher und disciplinarischer Beziehung in letzter Instanz in der Hand hat. Das Reichsversicherungsamt gehört zum Ressort des Reichsamts des Innern, dessen

geschäftlicher Aufsicht es untersteht. Niemand, auch die erwähnte Aufsichtsbehörde nicht, darf in die Instanzentscheidungen des Reichsversicherungsamts eingreifen.

Das Reichsversicherungsamt ist auch berufen, die vom Bundesrath in Ausführung des Gesetzes zu fassenden Beschlüsse vorzubereiten (nach dem Komm.-Ber. 1884 S. 52).

²) Im December 1901 waren einschließlich des Präsidenten und der beiden Directoren fünfzig ständige Mitglieder und sieben Hilfsarbeiter vorhanden. Von diesen ist ein ständiges Mitglied ein Techniker, während die übrigen alle Juristen sind. Ein Arzt ist niemals als ständiges Mitglied in das Reichsversicherungsamt berufen worden, obwohl dies von allen Aerztevertretungen wiederholt auf das dringendste gewünscht wurde. Die Berechtigung dieses, leider bisher unerfüllt gebliebenen Wunsches, ist nicht zu bestreiten. Ganz abgesehen davon, daß der Erfolg der Unfallversicherung zum großen Theile auf ärztlicher Thätigkeit beruht, daß die Rechtsprechung auf diesem Gebiete wesentlich durch ärztliche Gutachten beeinflußt wird, hat das Reichsversicherungsamt als Aufsichtsbehörde fortwährend mit ärztlichen Dingen zu thun; es sei nur hier — unter Außerachtlassung der Invalidenversicherung — an die Unfallverhütungsvorschriften erinnert, die zumeist auf Erfahrungen der Gewerbe-Hygiene begründet sind, an die Anweisungen des Reichsversicherungsamtes (Rundschreiben, Verfügungen), über die erste Hülfeleistung bei Unfällen, über die Uebernahme des Heilverfahrens durch die Berufsgenossenschaften, über das Formular für die Unfall-Anzeigen, über die Feststellung der Entschädigungen, über die Bedeutung der ärztlichen Gutachten bei Abschätzung der Erwerbsfähigkeit. Daß trotzdem der ärztliche Stand unter den ständigen Mitgliedern des Reichsversicherungsamtes nicht vertreten ist, muß von ihm, dessen Mitglieder die neuen, mühevollen Pflichten, die die Unfallversicherungsgesetzgebung ihnen auferlegte, mit größter Hingebung erfüllt haben, als zurücksetzende Kränkung empfunden werden, um so mehr, als alle anderen bei dieser Gesetzgebung betheiligten Stände in den nichtständigen Mitgliedern des Reichsversicherungsamtes vertreten sind und also in der höchsten Instanz ihre berechtigten, mit den Zwecken der Gesetzgebung vereinbarten Interessen wahrnehmen können.

Viele Mängel, die den Unfallversicherungsgesetzen auch in ihrer neuesten Gestaltung anhaften, und die in diesem Buche zum Theil schon besprochen sind, zum Theil noch zur Besprechung kommen werden, wären vielleicht vermieden worden, wenn das Reichsversicherungsamt unter seinen ständigen Mitgliedern Aerzte gehabt hätte.

³) Von diesen sechs sind zwei von Preußen, je einer von Bayern, Württemberg und Baden gewählt; die Wahl des sechsten ist abwechselnd dem Königreich Sachsen und dem Großherzogthum Sachsen-Weimar über-

lassen und ist gegenwärtig von dem letzteren Bundesstaate ausgeübt worden.

[4]) Ueber die Wahl der Beisitzer der Schiedsgerichte aus dem Kreise der Versicherten und des Ausschusses der Landesversicherungsanstalten vergl. Anm. 1 zu §. 4 H.G.

§. 12.

I. Wählbar sind deutsche, männliche, volljährige, im Reichsgebiete wohnende Personen. Nicht wählbar ist, wer zum Amte eines Schöffen unfähig ist (§. 32 des Gerichtsverfassungsgesetzes).[1])

II. Wählbar zu Vertretern der Arbeitgeber sind die stimmberechtigten Mitglieder der Genossenschaften, deren gesetzliche Vertreter sowie die bevollmächtigten Leiter ihrer Betriebe, außerdem für Ausführungsbehörden die die Geschäfte der Genossenschaftsvorstände führenden Beamten sowie die sonstigen Beamten der Betriebe, für welche die Ausführungsbehörde bestellt ist.

II. Wählbar zu Vertretern der Versicherten sind Personen, die auf Grund der betreffenden Unfallversicherungsgesetze versichert sind, für den Bereich der See-Unfallversicherung auch befahrene Schifffahrtskundige, welche nicht Rheder, Mitrheder, Korrespondentrheder oder Bevollmächtigte (§. 33 des See-Unfallversicherungsgesetzes) sind.[2])

[1]) Unfähig zum Amte eines Schöffen ist, wer die Befähigung in Folge strafrechtlichen Verurtheilung verloren hat, wer in Folge gerichtlicher Anordnung in der Verfügung über sein Vermögen beschränkt ist, gegen wen das Hauptverfahren wegen eines Verbrechens oder Vergehens eröffnet ist, das die Aberkennung der bürgerlichen Ehrenrechte oder der Fähigkeit zur Bekleidung öffentlicher Aemter zur Folge haben kann.

[2]) Vergl. Anmerkung 2 zu §. 4 H.G.

§. 13.

Für die Vertreter der Arbeitgeber und der Versicherten sind in der gleichen Weise nach Bedürfniß Stellvertreter zu wählen, welche die Mitglieder in Behinderungsfällen zu vertreten haben.[1]) Scheidet ein solches Mitglied während der Wahlperiode aus, so haben für den Rest derselben die Stellvertreter in der Reihenfolge ihrer Wahl als Mitglied einzutreten.

[1]) Für die Wahlperiode vom 1. Januar 1902 bis zum 31. December 1906 sind je 48 Stellvertreter der nichtständigen Mitglieder des R.V.A. aus

dem Stande der Arbeitgeber und der Versicherten für die gewerbliche, und ebenso viel für die landwirthschaftliche, und je 2 für die See-Unfallversicherung gewählt worden.

§. 14.

I. Die Wahl der Vertreter der Arbeitgeber und der Versicherten erfolgt unter Leitung des Reichs-Versicherungsamts in getrennter Wahlhandlung mittelst schriftlicher Abstimmung nach relativer Mehrheit der Stimmen; bei Stimmengleichheit entscheidet das Loos. Das Stimmenverhältniß der einzelnen Wahlkörper bestimmt der Bundesrath unter Berücksichtigung der Zahl der versicherten Personen. Der Bundesrath kann bestimmen, daß und in welcher Weise die Wahlen nach Bezirken zu erfolgen haben und wie die zu wählenden Personen auf einzelne Bezirke zu vertheilen sind. Das Ergebniß der Wahl ist öffentlich bekannt zu machen.

II. Die Amtsdauer der nichtständigen Mitglieder und ihrer Stellvertreter währt fünf Jahre. Die Gewählten bleiben nach Ablauf dieser Zeit solange im Amte, bis ihre Nachfolger ihr Amt angetreten haben. Die Ausscheidenden sind wieder wählbar.

III. Werden hinsichtlich eines Gewählten Thatsachen bekannt, welche dessen Wählbarkeit nach Maßgabe dieses Gesetzes ausschließen, oder welche sich als grobe Verletzungen der Amtspflicht darstellen, so ist der Gewählte, nachdem ihm Gelegenheit zur Aeußerung gegeben worden ist, durch Beschluß des Reichs-Versicherungsamts seines Amtes zu entheben.

§. 15.

Die Entscheidungen des Reichs-Versicherungsamts sind endgültig,[1]) soweit in den Gesetzen nicht ein Anderes bestimmt ist.[2])

[1]) Der Reichskanzler (Staatssecretair des Innern) hat nur den Geschäftsgang zu überwachen.

[2]) Gegen die Versagung der Genehmigung eines Genossenschaftsstatuts durch das Reichsversicherungsamt ist Beschwerde an den Bundesrath zulässig, (§. 39 G.U.V.G., §. 40 L.U.V.G., §. 39 S.U.V.G., ebenso nach §. 22 B.U.V.G.).

§. 16.

I. Die Entscheidungen des Reichs-Versicherungsamts erfolgen in der Besetzung von fünf Mitgliedern einschließlich des Vorsitzenden, unter denen sich je ein Vertreter der Arbeitgeber und der Versicherten befinden muß, und unter Zuziehung von zwei richterlichen Beamten,[1]) wenn es sich handelt

1. um die Entscheidung auf Rekurse gegen die Entscheidungen der Schiedsgerichte;[2])
2. um die Entscheidung vermögensrechtlicher Streitigkeit bei Veränderung des Bestandes der Berufsgenossenschaften;
3. um die Entscheidung in den Fällen des §. 73 Abs. 2, §§. 82, 83 Abs. 1, 2, §§. 85, 116, 124 Abs. 3 des Gewerbe-Unfallversicherungsgesetzes, §. 79 Abs. 2, §§. 88, 89 Abs. 1, 2, §§. 91, 124, 130 Abs. 3 des Unfallversicherungsgesetzes für Land- und Forstwirthschaft, §. 78 Abs. 2, §§. 86, 87 Abs. 1, 2, §§. 89, 122 Abs. 1, §. 126 Abs. 3 des See-Unfallversicherungsgesetzes.

II. Beschlüsse, durch welche Rekurse ohne mündliche Verhandlung zurückgewiesen werden (Gewerbe-Unfallversicherungsgesetz §. 81 Abs. 1, Unfallversicherungsgesetz für Land- und Forstwirthschaft §. 87 Abs. 1, See-Unfallversicherungsgesetz §. 85 Abs. 1), erfolgen in der Besetzung mit drei Mitgliedern, unter denen sich je ein Vertreter der Arbeitgeber und der Versicherten befinden muß.

III. Die Vertreter der Arbeitgeber und der Versicherten sind, sofern es sich nicht um allgemeine Angelegenheiten handelt, nur zu denjenigen Verhandlungen zuzuziehen, bei denen es sich um Angelegenheiten der Berufsgenossenschaften handelt, für welche sie gewählt sind.[3])

[1]) also entscheiden 7 Personen; es sind gegenwärtig über 50 ständige richterliche Beisitzer vorhanden. Bei Revisionsentscheidungen auf dem Gebiete der Invalidenversicherung wirken nur 5 Personen mit, nämlich 2 ständige Mitglieder des Reichsversicherungsamtes, von denen einer den Vorsitz führt, je ein Vertreter der Arbeitgeber und der Versicherten und ein Richter. (§. 110 J.V.G.)

[2]) Im Jahre 1900 sind bei dem Reichsversicherungsamt 11048 Recurse gegen Entscheidungen der (damals noch berufsgenossenschaftlich organisirten) Schiedsgerichte anhängig gemacht worden, und zwar 8612 seitens der Versicherten und 2436 seitens der Berufsgenossenschaften. Von den eingegangenen Rekursen waren 70,6 % auf Grund des G.U.V.G. und 29,4 % auf Grund des L.U.V.G. eingelegt. Es wurden 10254 Recurse durch Urtheil erledigt, einschließlich der aus 1899 unerledigt übernommenen. In

1358 Fällen lag die Streitfrage vor, ob ein Zusammenhang zwischen dem Betriebsunfall und der Erwerbsunfähigkeit anzunehmen war, in 2039 Fällen, welcher Grad der Erwerbsunfähigkeit anzunehmen war, in 3948 Fällen, ob und in welchem Umfange eine wesentliche Besserung oder Verschlechterung im Unfallzustande eingetreten war, in 81 Fällen, ob der Verletzte verpflichtet war, sich in einem Krankenhause unterbringen zu lassen oder ob das Heilverfahren als beendigt anzusehen war. Diesen Fällen, deren Erledigung ohne Aerzte garnicht möglich war, reihen sich noch 896 Fälle an, bei denen die Streitfrage vorlag, ob ein Betriebsunfall vorhanden war — zum Theil auch nur durch ärztliches Gutachten zu entscheiden — und noch 1992 Streitfälle anderer Art. Eine weitere Aufklärung des Sachverhalts hat das R.V.A. in 3107 Fällen für nothwendig erachtet; in 2067 Fällen bestand sie theils allein, theils neben anderen Beweismitteln in der Einholung eines ärztlichen Gutachtens. (Aus der Arb.Vers. XVIII N. 28.)

³) In den Angelegenheiten der Unfallversicherung (vor allem für die Spruchsitzungen) sind die Vertreter der Arbeitgeber und der Versicherten aus den, im einzelnen Falle betheiligten Gruppen von Berufsgenossenschaften zu entnehmen, für die nach §. 11 Abs. IV H.G. immer besondere Vertreter gewählt werden.

§. 17.

I. Will ein Senat des Reichsversicherungsamts in einer grundsätzlichen Rechtsfrage von der Entscheidung eines anderen Senats abweichen, so ist die Sache zur Entscheidung an einen erweiterten Senat zu verweisen. Dieser entscheidet unter dem Vorsitze des Präsidenten des Reichs-Versicherungsamts in der Besetzung mit zwei nichtständigen Mitgliedern des Reichs-Versicherungsamts aus den vom Bundesrathe gewählten Mitgliedern, zwei ständigen Mitgliedern, zwei richterlichen Beamten und je zwei Vertretern der Arbeitgeber und der Arbeitnehmer. An Stelle der vom Bundesrathe gewählten Mitglieder können ständige Mitglieder des Reichs-Versicherungsamts zugezogen werden.

II. Das Gleiche gilt, wenn ein Senat von der Entscheidung des erweiterten Senats abweichen will.

§. 18.

In folgenden Angelegenheiten:

1. bei der Vorbereitung der Beschlußfassung des Bundesraths über die Bestimmung, welche Betriebe mit besonderer Un-

fallgefahr nicht verbunden und deshalb nicht versicherungspflichtig sind (§. 1 Abs. 3 des Gewerbe-Unfallversicherungsgesetzes);

2. bei der Vorbereitung der Beschlußfassung des Bundesraths über die Genehmigung von Veränderungen des Bestandes der Berufsgenossenschaften (§. 52 a. a. O., §. 62 des Unfallversicherungsgesetzes für Land- und Forstwirthschaft, über die Auflösung einer leistungsunfähigen Genossenschaft (§. 54 des Gewerbe-Unfallversicherungsgesetzes, §. 64 des Unfallversicherungsgesetzes für Land- und Forstwirthschaft, §. 57 des See-Unfallversicherungsgesetzes);

3. bei der Beschlußfassung über die Genehmigung von Vorschriften zur Verhütung von Unfällen (§ 112 des Gewerbe-Unfallversicherungsgesetzes, §. 120 des Unfallversicherungsgesetzes für Land- und Forstwirthschaft, § 118 des See-Unfallversicherungsgesetzes)

ist mindestens je ein nichtständiges Mitglied aus den Vertretern der Arbeitgeber und der Versicherten zuzuziehen.

§. 19.

I. Die Kosten des Reichsversicherungsamts und des Verfahrens vor demselben trägt das Reich.

II. Das Reichs-Versicherungsamt ist befugt, den Betheiligten solche Kosten des Verfahrens zur Last zu legen, welche durch Muthwillen oder durch ein auf Verschleppung oder Irreführung berechnetes Verhalten derselben veranlaßt worden sind.

III. Die nichtständigen Mitglieder erhalten für die Theilnahme an den Arbeiten und Sitzungen des Reichs-Versicherungsamts eine nach dem Jahresbetrage festzusetzende Vergütung, und diejenigen, welche außerhalb Berlins wohnen, außerdem Ersatz der Kosten der Hin- und Rückreise nach den für die vortragenden Räthe der obersten Reichsbehörden geltenden Sätzen (Verordnung vom 21. Juni 1875, Reichs-Gesetzbl. S. 249). Die Bestimmungen im §. 16 des Gesetzes, betr. die Rechtsverhältnisse der Reichsbeamten, vom 31. März 1873 (Reichsgesetzbl. S. 61)[1]) finden auf sie keine Anwendung.

IV. Im Uebrigen werden die Formen des Verfahrens und der Geschäftsgang des Reichs-Versicherungsamts durch Kaiserliche Verordnung[2]) unter Zustimmung des Bundesraths geregelt.

[1]) §. 16 des Gesetzes vom 31. März 1873 verbietet Reichsbeamten ohne vorherige Genehmigung der obersten Reichsbehörde die Uebernahme eines Nebenamtes oder eine Nebenbeschäftigung, mit welcher eine fortlaufende Renumeration verbunden ist sowie das Betreiben eines Gewerbe und den Eintritt in den Vorstand, Verwaltungsrath oder Aufsichtsrath einer jeden, auf Erwerb gerichteten Gesellschaft.

[2]) dieselbe ist unter dem 19. October 1900 erlassen worden.

Regelung des Gebührenwesens.

§. 20.

I. Die Gebühren der Rechtsanwälte im Verfahren vor den Schiedsgerichten und dem Reichs-Versicherungsamte werden durch Kaiserliche Verodnung mit Zustimmung des Bundesraths[1]), die Gebühren im Verfahren vor den Landes-Versicherungsämtern von den Landesregierungen festgesetzt.

II. Eine Vereinbarung über höhere Beträge ist nichtig.

[1]) dies ist durch kaiserl. Verordnung vom 22. December 1901 geschehen. Die Gebühren der Rechtsanwälte im Verfahren vor dem Schiedsgerichte bemessen sich hiernach auf den Betrag von 3 bis 30 Mk., in dem Verfahren vor dem R.V.A. auf 5 bis 50 Mk.

Landes-Versicherungsämter.

§. 21.

I. In den einzelnen Bundesstaaten können für das Gebiet und auf Kosten derselben Landes-Versicherungsämter errichtet werden.[1])

II. Die Wirksamkeit des Landes-Versicherungsamts[2]) beschränkt sich auf Berufsgenossenschaften, welche nur solche Betriebe umfassen, deren Sitz im Gebiete des betreffenden Bundesstaats belegen ist.

[1]) Landesversicherungsämter bestehen in Bayern, Kgr. Sachsen, Württemberg, Baden, Hessen, Mecklenburg-Schwerin, Mecklenburg-Strelitz und Reuß ä. L.

[2]) vergl. §. 127 G.U.V.G., der die Zuständigkeit der Landesversicherungsämter auf dem Gebiete des G.U.V.G. feststellt und Anm. 3 daselbst.

§. 22.

I. Das Landes-Versicherungsamt besteht aus ständigen und nichtständigen Mitgliedern.

II. Die ständigen Mitglieder werden von dem Landesherrn des betreffenden Bundesstaats auf Lebenszeit ernannt. Von den nichtständigen Mitgliedern werden in getrennter Wahlhandlung unter Leitung des Landes-Versicherungsamts mittelst schriftlicher Abstimmung vier als Vertreter der Arbeitgeber und vier als Vertreter der Vertreter der Versicherten und zwar in der Art gewählt, daß aus jeder Kategorie mindestens zwei auf die Land- und Forstwirthschaft und, soweit sonstige Träger der Unfallversicherung unter der Aufsicht des Landes-Versicherungsamts stehen, auf diese Träger mindestens je einer entfallen.

III. Die Wahl erfolgt unter entsprechender Anwendung der Vorschriften des §. 11 Abs. 5, der §§. 12, 13, 14 Abs. 1, 2 mit der Maßgabe, daß an die Stelle des Bundesraths die Landes-Zentralbehörde tritt. Jedoch nehmen an der Wahl der Vertreter der Arbeitgeber nur die Vorstände derjenigen Berufsgenossenschaften Theil, welche Betriebe, deren Sitz im Gebiet eines anderen Bundesstaats belegen ist, nicht umfassen, sowie die auf das Gebiet des Bundesstaats beschränkten Ausführungsbehörden, und an der Wahl der Vertreter der Versicherten nehmen nur die Beisitzer derjenigen Schiedsgerichte Theil, deren Sitz im Gebiete des Bundesstaats belegen ist.

IV. Umfaßt der Wirkungskreis des Landes-Versicherungsamts außer land- und forstwirthschaftlichen Betrieben nur noch Ausführungsbehörden für Bauarbeiten, so brauchen demselben als nichtständige Mitglieder nur je zwei Vertreter der Land- und Forstwirthschaft anzugehören.

V. Das Stimmenverhältniß der einzelnen Wahlkörper bestimmt die Landesregierung unter Berücksichtigung der Zahl der bei den betreffenden Genossenschaften und Ausführungsbehörden versicherten Personen.

VI. Die Enthebung eines Vertreters der Arbeitgeber oder der Versicherten (§. 14 Abs. 3) erfolgt durch das Landes-Versicherungsamt.

VII. Die Bestimmungen der §§. 16, 18, 19 Abs. 2 finden auf das Landes-Versicherungsamt entsprechende Anwendung.

VIII. Im Uebrigen regelt die Landesregierung die Formen des Verfahrens und den Geschäftsgang bei dem Landes-Versicherungsamte sowie die den nichtständigen Mitgliedern zu gewährende Vergütung.

Weitere Einrichtungen der Berufsgenossenschaften.

§. 23.

I. Die Berufsgenossenschaften sind berechtigt, Einrichtungen zu treffen

1. zur Versicherung der Betriebsunternehmer und der ihnen in Bezug auf Haftpflicht gleichgestellten Personen gegen Haftpflicht; [1])
2. zur Errichtung von Rentenzuschuß- und Pensionskassen für Betriebsbeamte sowie für die Mitglieder der Berufsgenossenschaft, die bei ihr versicherten Personen und die Beamten der Berufsgenossenschaft sowie für die Angehörigen dieser Personen.

II. Die Theilnahme an diesen Einrichtungen ist freiwillig. Soweit es sich um Haftpflichtansprüche aus der reichsgesetzlichen Unfallversicherung handelt, darf bei der Einrichtung unter 1 nicht mehr als zwei Drittel durch Versicherung gedeckt werden. [2])

III. Beschlüsse der Genossenschaftsversammlung, durch welche Einrichtungen der im Abs. 1 bezeichneten Art getroffen werden, sowie die hierfür erlassenen Statuten und deren Abänderung bedürfen der Genehmigung des Bundesraths. [3])

IV. Die Berufsgenossenschaften unterliegen auch in Bezug auf diese Einrichtungen der Aufsicht des Reichs-Versicherungsamts. [4])

[1]) vergl. §§. 135 ff. G.U.V.G.

[2]) dadurch soll ein auf Grund der Abs. I Ziffer 1 versicherter Unternehmer durch Furcht vor dem letzten, nicht durch Versicherung gedeckten Drittel, für das er haftet, abgeschreckt werden, zu nachlässig in Bezug auf Unfallverhütungsvorschriften zu sein.

[3]) Nach §§. 135 u. 136 G.U.V.G. haften die Betriebsunternehmer und die ihnen in Bezug auf Haftpflicht gleichgestellten Bevollmächtigten oder Repräsentanten, Betriebs- oder Arbeiteraufseher für vorsätzliche oder grob fahrlässige Herbeiführung eines Unfalls. Nach der Fassung des Abs. I Ziffer 1 würde demnach auch eine Haftpflichtversicherung gegen die Haftung aus vorsätzlich herbeigeführten Unfällen möglich sein. Eine solche Versicherung würde der allgemeinen Rechtsanschauung zweifellos als anstößig gelten, und es ist wohl anzunehmen, daß ihrer Einrichtung die Genehmigung des Bundesrathes versagt werden würde. Voraussichtlich würde sie auch rechtsunwirksam sein, da der §. 138 B.G.B. bestimmt: „Ein Rechtsgeschäft, das gegen die guten Sitten verstößt, ist nichtig."

Es ist bisher noch nicht bekannt geworden, ob überhaupt schon eine gewerbliche B.G. von dem §. 23 Abs. I Gebrauch gemacht hat.

4) oder des L.V.A. (vergl. §. 127 G.U.V.G.).

Uebergangsbestimmung.

§. 24.

Die Wahlperiode der nach den bisherigen Bestimmungen gewählten Vertreter der Versicherten und nichtständigen Mitglieder des Reichs-Versicherungsamts sowie der Landes-Versicherungsämter und die Wahlperiode ihrer Stellvertreter endet mit dem 1. Januar 1902. Die Ausscheidenden bleiben jedoch solange im Amte, bis die nach den neuen Bestimmungen an deren Stelle Gewählten ihr Amt angetreten haben.

Gesetzeskraft.

§. 25.

I. Der Zeitpunkt, von welchem ab

1. die im §. 3 bezeichneten Schiedsgerichte an die Stelle der bisherigen nach Berufsgenossenschaften errichteten Schiedsgerichte treten;
2. die Unfallversicherung für solche Betriebszweige in Kraft tritt, welche durch §§. 1, 2 des Gewerbe-Unfallversicherungsgesetzes und durch §§. 152 ff. des See-Unfallversicherungsgesetzes der Unfallversicherung neu unterstellt sind,

wird mit Zustimmung des Bundesraths durch Kaiserliche Verordnung bestimmt.1)

II. Die Bestimmungen des §. 20 dieses Gesetzes, der §§. 25 bis 27 des Gewerbe-Unfallversicherungsgesetzes, der §§. 30 bis 32, 51, 53 Abs. 3, §§. 57, 107, 108, 109 des Unfallversicherungsgesetzes für Land- und Forstwirthschaft sowie der §§. 29 bis 31, 49, 104 des See-Unfallversicherungsgesetzes treten erst am 1. Januar 1902 an die Stelle der bisherigen Bestimmungen.

III. Im Uebrigen tritt dieses Gesetz am 1. October 1900 in Kraft.

1) nach der Kaiserl. Verordn. vom 22. November 1900 sind die Schiedsgerichte für Arbeiterversicherung am 1. Januar 1901 in Kraft getreten; nach

der Kaiserl. Verordn. vom 2. December 1901 tritt die Unfallversicherung für die in Abs. 1 Ziffer 2 erwähnten Betriebszweige am 1. Januar 1902 in Kraft.

§. 26.

Sofern bis zum 1. Januar 1902 die Statuten einer Berufsgenossenschaft die nach dem gegenwärtigen Gesetz erforderlichen Aenderungen nicht rechtzeitig erfahren sollten, werden diese Abänderungen durch das Reichs-Versicherungsamt[1]) von Aufsichtswegen vollzogen.

[1]) oder L.V.A. (§. 127 G.U.V.G.).

§. 27.

Die Bestimmungen dieses Gesetzes, insoweit sie für die Berechtigten günstiger sind, finden auch Anwendung auf die erste Feststellung von Entschädigungsansprüchen aus Unfällen, welche sich vor dem Inkrafttreten dieses Gesetzes ereignet haben, sofern diese Ansprüche bereits nach den bisherigen Unfallversicherungsgesetzen begründet waren und zu jenem Zeitpunkt über dieselben noch nicht rechtskräftig entschieden ist.[1])

[1]) Das Ges., betr. die Abänderung der Unfallversicherungsgesetze vom 30. Juni 1900 (R.G.Bl. S. 335) enthielt noch den folgenden §. 28: „Der Reichskanzler wird ermächtigt, den Text der Unfallversicherungsgesetze unter fortlaufender Nummernfolge der Paragraphen jedes einzelnen dieser Gesetze durch das Reichs-Gesetzblatt bekannt zu machen."

II.

Gewerbe-Unfallversicherungsgesetz,

vom 30. Juni 1900,

in der

Fassung der Bekanntmachung vom 5. Juli 1900.

(RGBl. S. 585.)

I. Allgemeine Bestimmungen.

Umfang der Versicherung.

§. 1.*)

I. Alle Arbeiter[1]) und Betriebsbeamte[2]), letztere sofern ihr Jahresarbeitsverdienst an Lohn oder Gehalt dreitausend Mark nicht übersteigt[3]), werden nach Maßgabe dieses Gesetzes gegen die Folgen der bei dem Betriebe[4]) sich ereignenden Unfälle[5]) versichert, wenn sie beschäftigt sind:

1. in Bergwerken[6]), Salinen[7]), Aufbereitungsanstalten[8]), Steinbrüchen[9]), Gräbereien (Gruben)[10]), auf Werften und Bauhöfen[11]), sowie in Fabriken[12]), **gewerblichen Brauereien**[13]) und Hüttenwerken[14]);
2. in Gewerbebetrieben, welche sich auf die Ausführung von Maurer-, Zimmer-, Dachdecker- oder sonstigen durch Beschluß des Bundesraths für versicherungspflichtig erklärten Bauarbeiten[15]) oder von Steinhauer-[16]), **Schlosser-, Schmiede-**[17])

*) die durch die Novelle der Unfallversicherungspflicht neu unterstellten Betriebe sind fett gedruckt.

oder Brunnenarbeiten erstrecken, sowie im Schornsteinfeger-, **Fensterputzer-**[18]) und **Fleischergewerbe**[19]);

3. im gesammten Betriebe der Post-, Telegraphen- und Eisenbahnverwaltungen, sowie in Betrieben der Marine- und Heeresverwaltungen, und zwar einschließlich der Bauten, welche von diesen Verwaltungen auf eigene Rechnung ausgeführt werden[20]);
4. im gewerbsmäßigen Fuhrwerks-, Binnenschifffahrts-[21]), Flößerei-, Prahm-, und Fährbetriebe, im Gewerbebetriebe des Schiffsziehens (Treidelei), sowie im Baggereibetriebe[22]);
5. im gewerbsmäßigen Speditions-, Speicher-, **Lagerei-** und Kellereibetriebe[23]);
6. im Gewerbebetriebe der Güterpacker, Güterlader, Schaffer, Bracker[24]), Wäger, Messer, Schauer und Stauer[25]);
7. **in Lagerungs-, Holzfällungs- oder der Beförderung von Personen oder Gütern dienenden Betrieben, wenn sie mit einem Handelsgewerbe, dessen Inhaber im Handelsregister eingetragen steht, verbunden sind.**[26])

II. Auf Personen in land- und forstwirthschaftlichen Nebenbetrieben (§ 1 Abs. 2, 3 des Unfallversicherungsgesetzes für Land- und Forstwirthschaft) findet dieses Gesetz keine Anwendung.[27])

III. Für Betriebe, welche mit besonderer Unfallgefahr für die darin beschäftigten Personen nicht verknüpft sind, kann durch Beschluß des Bundesraths die Versicherungspflicht ausgeschlossen werden.[28])

[1]) Hierunter fallen alle Personen, welche in den in Abs. I Ziffer 1—7 genannten Unternehmungen für die Zwecke des Unternehmens als Gesellen, Gehülfen, Lehrlinge, Fabrikarbeiter oder in ähnlichen Stellungen beschäftigt sind. Der Abschluß eines formalen Arbeitsvertrages ist für den Begriff nicht unumgänglich nothwendig, auch bildet der Bezug von Lohn oder die Art der Lohnung (Accordlohn, Stücklohn) kein entscheidendes Merkmal (Woedtke-Caspar S. 144). Ebenso ist es für den Begriff des Arbeiters nicht erforderlich, daß die Beschäftigung im Betriebe eine regelmäßige oder eine längere Zeit andauernde sei; es kann auch eine ganz vorübergehende Hülfeleistung den, diese Leistenden, während derselben zu einem Arbeiter im Betriebe machen, sei es, daß er vom Unternehmer selbst, oder z. B. in dessen Abwesenheit von dessen Betriebsbeamten oder Arbeitern dazu herangezogen wird (H.B.; S. 26). Es wird also z. B. ein, sonst als selbstständiger Ge-

werbetreibender aufzufassender Dienstmann als Arbeiter zu gelten haben, wenn er auf Anordnung eines Schutzmannes ein Gespann, dessen Führer verunglückt ist, zur Polizeiwache führt, und er wird einen Anspruch auf Grund des G.U.V.G. haben, wenn er dabei einen Betriebsunfall erleidet. Niemals als Arbeiter gelten die Hausgewerbetreibenden, d. h. Personen, die für Rechnung anderer Gewerbetreibender mit der Herstellung oder Bearbeitung gewerblicher Erzeugnisse beschäftigt werden, entweder von ihrem Auftraggeber die Roh- und Hülfsstoffe zur Verarbeitung erhalten, oder dieselben auch selbst beschaffen. Für diese Klasse von Personen kann nach §. 5*) die Versicherungspflicht statutarisch erstreckt werden.

Das Geschlecht, Alter, Staatsangehörigkeit sind gleichgültig; selbst schulpflichtige Kinder können versicherungspflichtig sein, wenn sie in einem versicherungspflichtigen Betriebe beschäftigt sind, was in der Landwirthschaft allerdings weit häufiger vorkommen wird, als in den im §. 1 aufgeführten Gewerben. In Fabriken dürfen Kinder unter 13 Jahren nicht beschäftigt werden, in ihrem 14. Lebensjahre nur dann, wenn sie nicht mehr (wie z. B. in Bayern) zum Besuche der Volksschule verpflichtet sind. (Gew.-Ord. §. 135.) Die Verwendung von Arbeiterinnen, Kindern und jugendlichen Arbeitern (bis zum 16. Jahre) kann für gewisse Fabrikationszweige, welche mit besonderen Gefahren für Gesundheit oder Sittlichkeit verbunden sind, gänzlich untersagt oder von besonderen Bedingungen abhängig gemacht werden. (Gew.-Ordn. §. 139a.) Für Ausländer, die versicherungspflichtig sind, und ihre etwaigen Hinterbliebenen sind durch die §§. 21, 94, 95 besondere Bestimmungen über ihre Entschädigungsansprüche getroffen.

Auch die Familienangehörigen des Unternehmers (Eltern, Geschwister, Kinder, niemals aber ein Ehegatte) sind versicherungspflichtig, wenn sie regelmäßig eine bestimmte Arbeit ausführen, zu deren Ausführung sonst ein Arbeiter angenommen werden müßte.

Auch geistig anormale Personen sind als versicherungspflichtige Arbeiter angesehen worden: so z. B. ein, im Auftrage einer Irrenanstalt bei einem Gewerbetreibenden beschäftigter Geistesschwacher, ebenso die nicht normal veranlagten Pfleglinge in der Möbel- und Holzwaarenfabrik eines sogenannten Bruderhauses, obwohl ihre sehr untergeordneten Leistungen nur selten dem Aufwande für ihre Versorgung entsprochen haben dürften, auch taubstumme Insassen einer Taubstummenanstalt, die außerhalb der Anstalt in gewerblichen Betrieben beschäftigt wurden. Dagegen sind die in einer Anstalt für Epileptische aufgenommenen und innerhalb der Anstalt des *Heilzwecks wegen* mit Tischler- Schlosser- Buchbinder- u. s. w. Arbeiten beschäftigten Kranken nicht als Arbeiter im Sinne des G.U.V.G. anzusehen, und eben-

---

*) Die Paragraphen, bei denen der Hinweis auf ein Gesetz fehlt, gehören zum Gewerbe-Unfallversicherungsgesetz.

sowenig die in einer Irrenanstalt untergebrachten und innerhalb desselben mit dergleichen oder landwirthschaftlichen Arbeiten beschäftigten Irren. (H.B., S. 14) Auch sind niemals Straf- oder Besserungsgefangene, Korrigenden, Häftlinge u. dergl. als Arbeiter anzusehen. Für Gefangene u. s. w. ist die Unfallfürsorge durch das Gesetz betr. die Unfallfürsorge für Gefangene vom 30. Juni 1900 geregelt. Der Zeitpunkt, mit welchem dieses Gesetz in Kraft tritt, soll, mit Zustimmung des Bundesrathes, durch Kaiserliche Verordnung, die bisher noch nicht erlassen ist, bestimmt werden.

²) Wer als Arbeiter, wer als Betriebsbeamter anzusehen ist, geht aus dem Gesetze nicht hervor. Die Unterscheidung zwischen dem Arbeiter und Betriebsbeamten fordert zunächst ein Zurücktreten der Handarbeitsthätigkeit bei dem letzteren. Der Schwerpunkt seiner Beschäftigung darf nicht im persönlichen Mitwirken bei den Herstellungs- und Gewinnungsvorgängen liegen; von diesem negativen Merkmal abgesehen, erfordert der Begriff des Betriebsbeamten eine gewisse Betheiligung bei der Betriebsleitung und eine gewisse Aufsichtsstellung gegenüber den Arbeitern. Der Betriebsbeamte steht als solcher nicht an der Spitze der Arbeiter oder einer Arbeitergruppe des Betriebes — das ist bei dem Vorarbeiter der Fall — sondern als Vertreter der Betriebsleitung den Arbeitern, die er anweist und beaufsichtigt, gegenüber (nach H.B.; S. 19.). Betriebsbeamte aber sind nur solche Beamte eines Unternehmens, die im Allgemeinen in dem technischen Betriebe beschäftigt sind. Kaufmännische Beamte, die im Allgemeinen mit der Buchhaltung, Correspondenz ꝛc. betraut sind, werden nicht schon dadurch zu „Betriebsbeamten", daß sie gelegentlich mündlich innerhalb der Fabrikräume einen Auftrag auszurichten haben. (Woedtke-Caspar S. 146. H.B.; S. 23.) Den Betriebsbeamten sind durch §. 2 Abs. I die Werkmeister und Techniker gleichgestellt.

Die Unfallfürsorge für die Betriebsbeamten, die Beamte der Reichscivilverwaltung, des Reichsheeres und der Kaiserlichen Marine sind und in Betrieben beschäftigt werden, welche der Unfallversicherung unterliegen, regelt sich nach dem Unfallfürsorgegesetz für Beamte und für Personen des Soldatenstandes vom 18. Juni 1901.

³) Arbeiter sind also auch dann versicherungspflichtig, wenn ihr Lohn mehr als 3000 Mk. pro Jahr beträgt, was wohl nur in den seltensten Fällen vorkommen dürfte. Das Gesetz vom 6. Juli 1884 setzte als Grenze der gesetzlichen Versicherungspflicht der Betriebsbeamten einen Jahresverdienst von 2000 Mk. fest, und auch der Entwurf der verbündeten Regierungen zum Gesetze von 1900 änderte hieran nichts. Erst in der zweiten Lesung der Kommission von 1900 wurde die Grenze der Versicherungspflicht der Betriebsbeamten auf 3000 Mk. erhöht und dieser Beschluß später vom Reichstage bestätigt; für die Gewerbe-Unfallversicherung ist diese Veränderung ziemlich unerheblich, da schon unter dem alten Gesetz nur vier Berufsgenossenschaften von der

Befugniß nicht Gebrauch gemacht hatten, statutarisch die Versicherung derjenigen Betriebsbeamten vorzusehen, deren Jahresgehalt mehr als 2000 M. betrug. Jetzt kann die Versicherungspflicht durch das Genossenschaftsstatut auch auf Betriebsbeamte mit einem 3000 M. übersteigenden Jahresgehalte erstreckt werden (§. 5 Abs. I Ziffer c). Es besteht aber durch die Veränderung die Gefahr (Stenogr. Ber. des Reichstags 1899 S. 2225) daß bei einer Novelle zum Krankenversicherungsgesetze auch für die Grenze der Krankenversicherungspflicht der Betriebsbeamten, Werkführer und Techniker ein Jahresarbeitsverdienst von 3000 Mk., anstatt wie jetzt von 2000 Mk. eingeführt wird; dies würde für die Aerzte eine neue, social ganz ungerechtfertigte, Verminderung ihrer privatärztlichen Thätigkeit bedeuten, obwohl dabei nicht übersehen werden darf, daß schon jetzt in allen Krankenkassen, auf Grund der §§. 4 Abs. IV, 11, 19 Abs. VI, 27 Abs. I K.V.G., sich Mitglieder mit einem 2000 Mk. übersteigenden Jahresarbeitsverdienst befinden, und daß schon jetzt dadurch den Aerzten großer Schaden erwächst. (Vergl. des Verfassers Kommentar zum K.V.G. Anm. 2 zu §. 11 und Anm. 1 zu §. 27.) Auch den Arbeitern würde durch ein Erhöhen der Grenze des Jahreseinkommens für die Versicherung der Betriebsbeamten u. s. w. ein schweres Unrecht zugefügt werden, da die Leistungen der Krankenkassen zu $^2/_3$ von den Versicherten aufgebracht werden, und diese also zu $^2/_3$ für die Folgen der Krankheit der in Rede stehenden, social und financiell weit besser dastehenden Personen aufkommen müßten.

[4]) Es findet eine Versicherung nur gegen die Folgen derjenigen Unfälle statt, die sich **bei dem Betriebe** ereignen, gegen die Folgen der Betriebsunfälle. Außerdem sind die Versicherten auch gegen die Folgen der Unfälle versichert, die sie sich bei häuslichen und anderen Diensten, welche ihnen von ihren Arbeitgebern oder deren Beauftragten befohlen worden sind, zugezogen haben (vergl. §. 3).

Das Reichsversicherungsamt definirt den „Betrieb" als den Inbegriff der Verrichtungen, welche sich auf die Vorbereitung, die Durchführung und den Abschluß eines Unternehmens beziehen (H.B., S. 22). Daher ist die erste Bedingung für die Annahme eines Betriebsunfalles, daß die Thätigkeit des vom Unfalle Betroffenen zur Zeit des Unfalles durch eine diese Verrichtungen veranlaßt worden ist, oder ihrer Zweckbestimmung nach, einer dieser Verrichtungen diente. Es wird sich deshalb ein Betriebsunfall sehr wohl außerhalb der Betriebsstätte ereignen können, wie z. B. ein solcher bei einem Arbeiter einer Pianofabrik angenommen wurde, der bei der Fortschaffung eines Piano auf der Straße hinfiel und mit dem Hinterkopf auf das Steinpflaster aufschlug (H.B., S. 53); andererseits ist nicht jeder Unfall, der einen Versicherten zur Zeit und am Orte des Betriebes oder bei Gelegenheit einer Verrichtung für den Betrieb betrifft, damit ohne weiteres als Betriebsunfall aufzufassen. Alle diejenigen Unglücksfälle sind keine

Betriebsunfälle, welchen an der betreffenden Stelle oder zu der betreffenden Zeit auch jeder andere, nicht in dem Betriebe Beschäftigte hätte ausgesetzt sein können, und welche den im Betriebe Beschäftigten in gleicher Weise auch anderswo und zu jeder anderen Zeit außerhalb des Betriebes hätten erreichen können: um als Betriebsunfall zu gelten, muß der Unfall in ursächlichen Zusammenhang mit dem Betriebe und dessen Gefahren gebracht werden können. Es ist nicht nothwendig, daß der Betrieb die alleinige Ursache des Unfalls bildet, es genügt, wenn er sich als mitwirkende Ursache darstellt. Der letztere Fall wird sogar im Allgemeinen die Regel bilden, da bei einem Unfall meistens gewisse, durch den Betrieb nicht ohne Weiteres gegebene Umstände mitwirken: so höhere Gewalt, eignes Verschulden oder andere in der Person des Verletzten, z. B. in seiner körperlichen Veranlagung, liegende Umstände, Verschulden von Mitarbeitern oder von dritten Personen, vielfach auch mehrere dieser Umstände zusammen. (H.B., S. 33.)

Ob ein „Unfall" als „Betriebsunfall" anzusehen ist, wird sich in sehr vielen Fällen nur auf Grund von Ueberlegungen entscheiden lassen, die außerhalb der medicinischen Wissenschaft und ärztlichen Thätigkeit liegen, so in den Fällen, in denen geprüft werden muß, ob der Zweck der Thätigkeit, bei der sich der Unfall ereignete, allein auf den Betrieb oder auf die Eigenwirthschaft des Arbeiters oder auf diese und den Betrieb zugleich (z. B. bei dem Gange nach oder von der Fabrik), oder auf die wirthschaftlichen Interessen dritter, betriebsfremder Personen bezw. fremder Betriebe oder auf diese und den Betrieb zugleich gerichtet ist; ferner da, wo Naturereignisse, außergewöhnliche Witterungsverhältnisse, u. dergl. den Unfall herbeiführten und untersucht werden muß, ob der vom Unfalle Betroffene durch seine Thätigkeit im Betriebe den Gefahren dieser Naturereignisse im erhöhten Maaße ausgesetzt war (wie z. B. bei Blitzschlag, Hitzschlag, Erfrieren); wo Einwirkung eignen Verschuldens oder verbotswidriges Handeln des vom Unfall Betroffenen in Frage kommt oder die Einwirkung des Verschuldens von Mitarbeitern oder anderen Personen.

5) Unter „Unfall" hat man eine körperliche Schädigung (§. 8 Abs. I) eines Menschen zu verstehen, die auf ein plötzliches oder wenigstens zeitlich genau bestimmbares, von ihm nicht beabsichtigtes (§. 8 Abs. II Satz 1) Ereigniß zurückzuführen ist.

„Nicht das schädigende äußere Ereigniß, das in der Sprache des gewöhnlichen Lebens als Unfall bezeichnet wird, sondern der dadurch herbeigeführte Schaden stellt den Unfall im versicherungsrechtlichen Sinne dar." (R.E. 1832; A.N. 1901 S. 171).

Die körperliche Schädigung braucht nicht sofort erkennbar zu sein, sie kann erst nach geraumer Zeit zum Ausdrucke kommen; es können dabei an der äußeren Haut auch nicht die geringsten Verletzungen sichtbar sein, weder

Contusion, noch Sugillation, noch Kontinuitäts-Trennung; in diesen Fällen wird — von dem Arzte in erster Linie — erwogen werden müssen, ob die körperliche Schädigung allein oder wenigstens hauptsächlich als Folge des, als ihre Ursache angenommenen Ereignisses angesehen werden darf, z. B. bei einer pleuritis (Brustfellentzündung), die in Folge Schlages, Stoßes oder Falles entstanden sein soll, oder bei einer endocarditis (Herzklappenentzündung).

Die körperliche Schädigung braucht nicht allein durch das „äußere Ereigniß" herbeigeführt zu sein; es genügt, daß die letztere eine von mehreren Ursachen ist und als solche ins Gewicht fällt: ein Steinsetzer, der an Gallensteinen litt, hob ungewöhnlich schwere Bordsteine auf und zog sich dadurch einen tödtlich verlaufenen Darmdurchbruch zu. Das R.V.A. nahm einen „Unfall" an, obwohl ärztlicherseits es für wahrscheinlich erklärt wurde, daß die Gallensteine vor dem Heben sich in dem Darmfortsatz festgekeilt hätten. Das Gericht schloß mit den Aerzten, daß bei der großen Anstrengung die Bauchpresse stark in Anwendung gebracht, dadurch ein erheblicher Druck auf die Eingeweide ausgeübt worden sei, und in Folge dessen die Gallensteine, welche bereits an der Stelle, wo sie lagen, eine Verdünnung der Darmwand bewirkt hätten, durch letztere hindurchgetrieben worden seien. (A.N. 1899 S. 596).

Ein Unfall kann ohne jede äußere Verletzung zu Stande kommen, ja sogar ohne jede Berührung des vom Unfall Betroffenen mit einem Naturkörper, also ohne Berührung mit der Erde, einer anderen Person, einem Thiere, einem festen Gegenstand, mit Wasser oder einer anderen Flüssigkeit oder mit einem Gase: ein Unfall liegt vor, wenn jemand aus Furcht vor einer ihm unabwendbar erscheinenden, sichtbaren Gefahr — vor einem persönlichen Angriffe oder vor Ueberfahrenwerden und dergl. oder in der Aufregung bei einem Streite — einen Herzschlag erleidet. Hier ist durch das äußere Ereigniß — den sichtbaren Gegner, die entgegenkommende Eisenbahn — eine hochgradige seelische Erregung entstanden, der Unfall, und diese führt als weitere Folge bei dem, vielleicht an Gefäßverkalkung leidenden Menschen den Tod herbei.

Immer muß aber die Einwirkung eine äußere sein: ein Unfall liegt nicht vor, wenn ein Tuberculöser während seiner gewöhnlichen Beschäftigung, ohne jeden äußeren Grund, eine Hämoptoe (Lungenblutung) bekommt.

Ferner ist für den Begriff „Unfall" unbedingt erforderlich, daß das als Ursache der körperlichen Schädigung geltende Ereigniß ein plötzliches ist oder wenigstens zeitlich genau bestimmt werden kann. Die Zeitgrenze kann sich auf Stunden, ja Tage ausdehnen. So ist ein Unfall anerkannt worden, als ein Angestellter eines Gutsbesitzers, bei einer Jagd sich die Füße erfror, weil er, einem ihm gegebenen Befehle zufolge, stundenlang, bei sehr kalter Witterung auf einer Stelle stehen mußte, und ebenso bei einem Zimmerman, der an einem ungewöhnlich heißen Sommer-Nachmittage bei einer, ihn besonders den Sonnenstrahlen aussetzenden Arbeit vom Hitzschlage getroffen wurde (H.B.; S. 30).

Es müssen daher stets von den „Unfällen“ alle diejenigen körperlichen Schädigungen streng geschieden werden, die bei vielen Gewerbethätigkeiten als das Endergebniß der, eine längere Zeit andauernden, der Gesundheit entweder durch Verwendung von Giften oder durch Einfluß von Zugluft, Feuchtigkeit, Luftverschlechterung nachtheiligen Betriebsweise beobachtet werden, und die man als Gewerbekrankheiten zusammenfaßt. Hier sind zu nennen die gewerblichen chronischen Vergiftungen durch Arsen, Blei, Phosphor, Quecksilber, Schwefelkohlenstoff; die Augenkrankheiten, die sich bei Bergleuten in Folge der ungenügenden Beleuchtung des Bergwerkes oder bei Heizern, Metallarbeitern, Glasbläsern in Folge intensiver Einwirkung von Licht und strahlender Wärme einstellen; die eintretende Gehörsschwäche der Schmiede, Schlosser, Arbeiter in Walzwerken, Mienenarbeiter, Taucher in Folge des starken Geräusches und erhöhten Luftdruckes; die Nervenlähmungen, Rheumatismen, Lungenerkrankungen, die in Folge Zugluft oder fortwährenden Aufenthalts in kalter Luft bei Brückenarbeitern, Kutschern, Briefträgern sich allmählig entwickeln können; und schließlich das große Heer der durch Staubinhalation allmählig hervorgerufenen Krankheiten, vor allem die durch die Einathmung von Kohlenstaub, Metallstaub, Steinstaub, Tabackstaub, Baumwollenstaub entstehenden; hierher gehören auch die, allmählich bei der Arbeit und unter deren Einfluß bei gewissen Berufen entstehenden äußeren Verletzungen und körperlichen Verunstaltungen, wie die Verballungen (Gewebsentzündungen) der Maurer und Steinträger, die Atrophie der linken Oberschenkelmusculatur bei Dachdeckern, die Rückgratsverkrümmungen der Steinträger und dergl.

Demgemäß kann niemals als Unfall gelten: die, in Folge dauernder Einwirkung von Phosphordämpfen bei einem in einer Zündhölzchenfabrik beschäftigten Arbeiter aufgetretene Phosphornekrose; tremor mercurialis, in Folge chronischer Quecksilbervergiftung z. B. bei einem in einer Spiegelbeleganstalt beschäftigten Versicherten; eclampsia saturnina, die sich auf der Höhe chronischer Bleivergiftung einstellen kann; nystagmus der Bergleute, die, auf dem Rücken liegend, den Blick starr aufwärts gewendet, ihre Arbeit ausführen müssen und hierdurch im Verein mit der ungenügenden Beleuchtung diese Form von anhaltenden chronischen Augenkrämpfen erwerben; eine Gehirnerweichung bei einem Schmelzmeister, die auf jahrelange Beschäftigung des Erkrankten beim Schmelzofen zurückzuführen ist; eine Gesichtslähmung, welche ein Arbeiter bei einem Brückenbau in Folge des an seiner Arbeitsstelle dauernd herrschenden Zuges sich allmählig zuzieht. (H.B.; S. 28 ff.

Dieselbe Ursache kann bei „Unfall“ und „Gewerbekrankheit“ vorhanden sein, der charakteristische Unterschied beruht in der zeitlichen Einwirkung dieser Ursache: während die auf dem Boden der chronischen Schwefelkohlenstoffvergiftung allmählig entstehende Geisteskrankheit zu den Gewerbekrankheiten gehört, ist eine acute Manie, die sich ein Arbeiter zuzieht, weil in seiner Arbeitsstätte Schwefelstoff aus einer undicht gewordenen Pumpe in großen Mengen ausströmt, zweifellos die Folge eines Unfalls; ebenso ist (H.B., S. 31) ein Unfall bei einem Maurer anerkannt worden, der mit einem sehr schweren Zweispitz besonders harte Granitblöcke zu behauen hatte und nach einem sehr heftigen Schlage einen plötzlichen Schmerz in den inneren Weichtheilen der Hand fühlte, die an derselben Stelle demnächst anschwoll und vereiterte, der sich also eine Verballung zuzog, die auf eine einmalige plötzliche Einwirkung zurückgeführt werden konnte. (Neuerdings (Deutsche med. Wochenschrift 1900 Nr. 20) behauptet Lewin, daß das Endergebniß der gewerblichen Vergiftungen nicht allmählig zu Stande kommt, sondern durch eine Reihe aufeinanderfolgender, zeitlich bestimmbarer Vergiftungen. Er sieht in der chronischen Blei- (Quecksilber- ꝛc.) Vergiftung nichts anderes als den Ausdruck gehäufter Unfälle. Vorläufig hat die von Lewin aufgestellte Theorie für den begutachtenden Arzt keinen practischen Werth. Vom humanen Standpunkt aus wäre es sehr freudig zu begrüßen, wenn in irgend einer Weise für die unglücklichen Opfer der gewerblichen Vergiftung eine staatliche Fürsorge eingerichtet würde).

Das Unterscheiden zwischen „Unfall“ und „Gewerbekrankheit“ wird dem begutachtenden Arzte niemals große Schwierigkeiten machen; sehr schwer kann aber die Entscheidung werden, ob ein Unfall vorliegt, wenn diejenigen Personen, die einen Unfall erlitten zu haben behaupten, eine krankhafte Anlage haben, und die körperliche Schädigung, die dem Unfalle folgt, zu den sehr häufig eintretenden Folgen dieser krankhaften Anlage gehört. Es sei hier an die obigen Beispiele der Hämoptoe eines Tuberculösen oder des Herzschlages bei einem an Gefäßverkalkung Leidenden erinnert! Ereignen sich solche Unglücksfälle während der Betriebsarbeit, so wird wohl immer ihre Deutung als Betriebsunfall versucht werden. Der Arzt wird bei seinem Gutachten die Frage vollständig ausscheiden müssen, ob etwa schon die gewöhnliche Betriebsart für den vom Blutsturz Befallenen — um bei diesem Beispiele zu bleiben — ungesund gewesen sei, sondern er wird auf Grund genauer Kenntniß der Thätigkeit, die der vom Blutsturz Befallene zur Zeit des Blutsturzes ausführte, untersuchen müssen, ob diese Thätigkeit besonders schwer, schwerer wie die gewöhnliche Betriebsarbeit gewesen sei und deshalb eine momentan schädigende Einwirkung auf den körperlichen Zustand des Verunglückten geübt haben könne, oder ob der Blutsturz lediglich in natürlicher Weiterentwickelung des hochgradigen Lungenleidens eingetreten sei. Eines zwingenden Beweises für den ursächlichen Zusammenhang bedarf es in diesen Fällen nicht, es genügt eine hohe Wahrscheinlichkeit; das Verlangen nach einem zwingenden Beweise würde gegen den Geist und Zweck des G.U.V.G. verstoßen, welches der Erfüllung einer öffentlichen Fürsorgepflicht dient, und für dessen Anwendung deshalb nicht Grundsätze maßgebend sein dürfen, welche vielleicht gegenüber einer Privatversicherung statthaft erscheinen möchten. So hat das R.V.A. eine plötzliche Erblindung eines Ofensetzers, der in Folge von tabes dorsalis an Sehnervenatrophie litt, als Unfall in Uebereinstimmung mit den ärztlichen Gutachten anerkannt, obwohl nach augenärztlicher Erfahrung dies fast immer der Ausgang der bezeichneten Augenkrankheit ist. Es war aber nachgewiesen, daß der Verunglückte in einem sehr zugigen Local gearbeitet hatte, sehr angestrengt und in Schweiß gebadet war, und daß er in dem Momente, in dem er die vierte von großen, etwa 10—12 kg schweren Platten aufhob und einsetzen wollte, plötzlich einen stechenden Schmerz im Kopf fühlte und nicht mehr sehen konnte; deshalb gewann das R.V.A. die Ueberzeugung, daß der Luftzug in Verbindung mit der Anstrengung der Augen, die seine Arbeit an diesem Tage erforderte, eine Beschleunigung des, auf der tabes dorsalis beruhenden Sehnervenschwundes herbeigeführt hat (A.N. 1898 S. 325ff.). Andrerseits hat das R.V.A. in folgendem Falle Lungenschlag nicht als Betriebsunfall anerkannt: „Der am 12. August 1898 verstorbene Arbeiter K. N., welcher im Betriebe des Fuhrherrn N. beschäftigt und herzkrank, sowie nierenleidend war, fuhr am 12. August 1898 gegen 8 Uhr Abends mit einem Sprengwagen die Quitzowstraße entlang. Ein hinter ihm fahrender Kutscher bemerkte, daß N. mit dem Kopfe schwankte; er fuhr an N.'s Wagen heran, um zu sehen, was diesem fehle. Während dessen nahm das Pferd des N. ebenfalls eine schnelle Gangart an und N. fiel vom Sitz herunter auf das Sitzbrett des Wagens. Von dort wurde er heruntergehoben und in einen Hausflur getragen, wo er alsbald verstarb. Der herbeigezogene Arzt Dr. N. N. constatirte den Tod und nahm „Lungenschlag" in Folge der Beobachtung, daß die Lippen des N. bläulich geschwollen waren, an. Das R.V.A. entschied, der Vorentscheidung des Schiedsgerichtes gemäß, daß der Tod des N., der in den letzten Jahren herz- und nierenleidend gewesen sei, nicht im ursächlichen Zusammenhange mit einem zu entschädigenden Unfalle stehe. Sein Tod sei zwar während der Verrichtung einer Berufsarbeit erfolgt, es fehlte aber jeder Anhalt dafür, daß ein bei der Ausübung der Berufsthätigkeit eingetretenes zeitlich bestimmbares Ereigniß den Tod herbeigeführt habe, oder daß ein solches eine ins Gewicht fallende mitwirkende Ursache für den tödtlich verlaufenden Lungenschlag gewesen sei. Wenn der Beruf als Kutscher dem körperlichen Zustande des N. nicht zuträglich gewesen sei, so mag dadurch eine allmähliche Verschlimmerung seines Leidens eingetreten und sein Tod beschleunigt worden sein, als Unfall ist indeß das Endergebniß einer längeren, der

Gesundheit des Arbeiters nachtheiligen Betriebsarbeit nicht anzusehen. Der Lungenschlag sei ohne äußere Veranlassung in natürlicher Weiterentwickelung des Herzleidens des Klägers eingetreten." (Aerztl. Sachv.-Zeit. 1900 S. 101 ff.)

Unter den Körperschäden, die Unfällen folgen und auch in natürlicher Entwickelung krankhafter Anlagen allmählich entstehen, spielen in der Unfallversicherung die Unterleibsbrüche eine sehr große Rolle; das ist begreiflich, da der Austritt des Bruches sehr häufig plötzlich und unvermuthet erfolgt. Deswegen wäre es aber sehr falsch, anzunehmen, daß ein Bruchaustritt, der nachweislich bei der Betriebsarbeit, während eines zeitlich genau bestimmbaren, kurzdauernden Betriebsvorganges entstanden ist, immer als Betriebsunfall angesehen werden muß. Man kann im Gegentheil behaupten, daß bei nur wenigen Bruchaustritten diejenigen Bedingungen vorhanden sind, die für die Annahme eines Betriebsunfalls unbedingt verlangt werden müssen. Daß bei einem Menschen, der keine Bruchanlage besitzt, in Folge einer großen ungewöhnlichen Anstrengung, bei der der intraabdominelle Druck wesentlich erhöht wird, der Austritt von Eingeweiden erfolgt, gehört nach ärztlicher Anschauung zu den seltensten Vorkommnissen; immer ist dies für den davon Betroffenen mit sehr großen, oft das Bewußtsein raubenden Schmerzen verbunden und macht ihn auf jeden Fall unfähig, die begonnene Arbeit fortzusetzen. Fehlt dieser Schmerz oder ist er ganz unbedeutend und ist trotz des geschehenen Bruchaustrittes die Arbeit nicht unterbrochen worden, dann ist mit höchster Wahrscheinlichkeit schon eine Bruchanlage vorhanden gewesen; trotzdem wird man aber auch dann einen Betriebsunfall annehmen müssen, wenn die bei dem Bruchaustritte gethanene Arbeit nachgewiesenermaßen eine so schwere gewesen ist, daß unter ihrer Mitwirkung aus der Bruchanlage ein vollendeter Bruch sich gebildet hat. Ist aber dieser Nachweis nicht zu führen, dann wird man, ohne dabei zu irren, einen Betriebsunfall ausschließen können: denn da selbst eine sehr weit vorgeschrittene Bruchanlage für den Leidenden unbemerkt bleiben kann, unter allen Umständen aber das plötzliche Austreten von Eingeweiden zu irgend einer Zeit bewirken muß, so ist dann der Bruchaustritt ganz unabhängig von der Betriebsarbeit erfolgt und wäre zu dieser Zeit bei dem vom Bruche Betroffenen auch außerhalb des Betriebes eingetreten. Es kommt auch vor, daß selbst ein vollständig ausgetretener Bruch dem daran Leidenden unbemerkt bleibt; bemerkt ihn letzterer dann zufällig nach Vollendung seiner Arbeit, so hat er die falsche Meinung, daß die Arbeit die Ursache des Bruches gewesen ist, von den Fällen ganz zu schweigen, in denen auf Grund eines lange bestehenden Bruches versucht wird, eine Unfallrente zu erlangen.

Der wegen eines Bruches um sein Unfall-Gutachten ersuchte Arzt muß daher zuerst vermittelst genauester Untersuchung festzustellen versuchen, ob der

Bruch ein frischer ist oder nicht. Ist es wahrscheinlich, daß es sich um einen Bruchaustritt aus einer alten Bruchanlage handelt, so wird der Arzt streng zu prüfen haben, ob überhaupt die Möglichkeit vorliegt, daß der Bruchaustritt im ursächlichen Zusammenhange mit der Betriebsarbeit stehen kann, und unter Berücksichtigung des Umstandes, daß dieser Austritt die natürliche Folge der Bruchanlage sein kann, wird er den Nachweis einer besonderen Körperanstrengung zur Zeit des Bruchaustrittes fordern, um den Bruch als Betriebsunfall ansehen zu können. Uebt der Arzt bei der Beurtheilung der Brüche in der Unfallversicherung die hier verlangte Vorsicht nicht, so wird er dem Bruchleidenden unerfüllbare Hoffnung auf Unfallrente, sich selbst, den Berufsgenossenschaften und den zur Rechtsprechung berufenen Behörden ganz unnütze Arbeitslast verursachen.

Das R.V.A. ist in der Frage des ursächlichen Zusammenhanges zwischen Unterleibsbrüchen und Betriebsarbeit sehr kritisch und hat im Jahre 1894 von 411, bei ihm wegen Bruchschäden anhängig gemachten Klagen nur 38, und in der Zeit vom 1. Januar bis zum 1. Juli 1895 von 400 Bruchsachen nur 32 in einem für den Kläger günstigen Sinne entschieden. (Die Rechtsprechung des Reichsversicherungsamtes mit Bezug auf Bruchschäden und die daraus hergeleiteten Entschädigungsansprüche sind ausführlich besprochen von Kries, Aerztl. Sachv. Zeit. 1895 N. 19.)

6) Anlagen zur Gewinnung von Mineralien nach bergtechnischen Regeln.

7) Anlagen zur Gewinnung von Salz aus Sole.

8) gewerbliche Anlagen zur mechanischen Reinigung bergmännisch gewonnener Erze und Mineralien.

9) Anlagen, in denen die Gewinnung von Steinen gewerbsmäßig und nach technischen Regeln über oder unter der Erde erfolgt.

10) die auf die Gewinnung der in den sogenannten oberflächlichen Lagerstätten vorkommenden Mineralien (Mergel, Kies, Sand, Thon, Lehm rc.) gerichteten Anlagen, in denen ein gewerbsmäßiger und nach technischen Regeln ausgeführter Betrieb stattfindet.

11) die auf eine gewisse Dauer berechneten Anlagen für Bauarbeiten (z. B. für Vorrichtung von Zimmerungen).

12) vergl. §. 2 Abs. II, III, IV.

13) solche Brauereien, deren Erzeugnisse zur Veräußerung an Dritte bestimmt sind, ohne Rücksicht auf den Umfang der Erzeugung und die Herstellungsweise des Bieres (ob obergährig oder untergährig). (Anleitung d. R.V.A. vom 1. Oktober 1900 Ziffer 2; A.N. 1900 S. 707.)

14) Anstalten, in welchen die gewonnenen Mineralien auf chemischen Wege zu Metallen verarbeitet werden.

15) Durch Beschluß des Bundesrathes sind für versicherungspflichtig erklärt worden: Gewerbebetriebe, welche sich erstrecken auf die Ausführung von

Tüncher-, Verputzer- (Weißbinder-), Gypser-, Stuckateur-, Maler- (Anstreicher-), Glaser-, Klempner- und Dachdeckerarbeiten bei Bauten, sowie auf die Anbringung, Abnahme, Verlegung und Reparatur von Blitzableitern, auf die Ausführung von Schreiner- (Tischler-), Einsetzer-, Schlosser- oder Anschlagerarbeiten, auf das Bohnern der Fußböden, auf die Anbringung, Abnahme oder Reparatur von Oefen und an den Feuerungsanlagen oder von Tapeten bei Bauten, auf die Anbringung, Abnahme oder Reparatur von Wettervorhängen- und -Läden (Rouleaux, Marquisen, Jalousien) oder von Ventilatoren bei Bauten und auf die Ausführung aller anderen Arbeiten, die ihrer Natur nach zu den Hochbauten zu rechnen sind. (Beschl. vom 22. Januar 1885; 25. Mai 1886; 14. Juni 1888.)

[16]) dazu gehören auch Steinbildhauer, Asphaltirer, Straßenpflasterer und Steinsetzer, nicht die zum Tiefbau gehörenden Steinschläger auf Chausseen. (Woedtke-Caspar S. 169.)

[17]) Alle Gewerbebetriebe der Schlosser und Schmiede, auch wenn sie nur handwerksmäßig — mit oder ohne Werkstatt — betrieben werden. Auch die Art der ausgeführten Arbeiten ist unerheblich. (Anleitung des R.V. vom 1. October 1900 Ziffer 3.)

[18]) nur das gewerbsmäßige Fensterputzen, wie solches in größeren Städten durch besondere Gewerbetreibende ausgeführt wird.

[19]) Alle Gewerbebetriebe der Fleischer; insbesondere auch diejenigen Betriebe, welche sich auf die Schlachtung fremden Viehs in fremden Haushaltungen beschränken (a. a. O. Ziff. 4).

[20]) vergl. §§. 128—133.

[21]) Binnenschifffahrt ist der Transport von Menschen und Sachen auf Binnengewässern (Haffs, Seen, Teichen, Flüssen, Kanälen); wodurch der Transport zu Stande kommt, ist gleichgültig; Schifffahrtsbetrieb unterliegt nur dann der Unfallversicherungspflicht, wenn er ein gewerbsmäßiger ist; anders im K.V.G.

[22]) Baggereibetriebe haben die Gewinnung von Fossilien (Kies, Bernstein) oder die Entfernung von Sand ꝛc. durch Vertiefen von Wasserstraßen zum Gegenstand.

[23]) darunter fallen nicht die gewöhnlichen Keller der Krämer, Vorkosthändler, Gast- und Bierwirthe oder die Lagerräume der Manufacturenwaaren- oder Colonialhändler, wohl aber die Kellereien und Speichereien der Weingroßhändler und Getreidegroßhändler.

[24]) Bracker (Schauer, Beschauer) sind amtlich bestellte und verpflichtete Personen, welche bei dem Abschluß von Kaufverträgen, namentlich bei dem Aussondern von Vieh mitwirken.

[25]) Stauer übernehmen das sachgemäße Entlöschen und Beladen von Schiffen.

[26]) derartige Betriebe, die von Kleingewerbetreibenden oder Handwerkern, die nicht im Handelsregister eingetragen sind, betrieben werden, sind nur dann versicherungspflichtig, wenn sie Theile eines anderen versicherungspflichtigen Betriebes (z. B. eines Zimmermeisters) sind. Für die Versicherung der „der Beförderung von Personen oder Gütern dienenden Betriebe" ist es gleichgültig, ob die Beförderung auf dem Lande oder zu Wasser, durch welche bewegende Kraft und durch welche Größe des Fahrzeuges erfolgt. Hierher gehören auch die von großen Geschäften zum Ausfahren von Waaren an die Kunden verwendeten Fuhrwerksbetriebe.

[27]) §. 1 Abs. I, II und III des L.U.V.G. lautet:

I. Alle in land- oder forstwirthschaftlichen Betrieben beschäftigten Arbeiter und Betriebsbeamten, letztere sofern ihr Jahresarbeitsverdienst an Gehalt oder Lohn dreitausend Mark nicht übersteigt, werden gegen die Folgen der bei dem Betriebe sich ereignenden Unfälle nach Maßgabe der Bestimmungen dieses Gesetzes versichert.

II. Dasselbe gilt mit den aus Abs. III Ziffer 1, 2 sich ergebenden Ausnahmen von Arbeitern und Betriebsbeamten in solchen Unternehmungen, welche der Unternehmer eines land- oder forstwirthschaftlichen Betriebs neben seiner Land- oder Forstwirthschaft, aber in wirthschaftlicher Abhängigkeit von derselben betreibt (land- oder forstwirthschaftliche Nebenbetriebe). Hierzu sind insbesondere solche Betriebe zu rechnen, welche ausschließlich oder vorzugsweise bestimmt sind

1. zur weiteren Bearbeitung oder Verarbeitung von Erzeugnissen der Land- oder Forstwirthschaft des Unternehmers,
2. oder zur Befriedigung von Bedürfnissen seiner Land- oder Forstwirthschaft,
3. oder zur Gewinnung oder Verarbeitung von Bodenbestandtheilen seines Grundstücks.

III. Unter dieses Gesetz fallen nicht

1. Bergwerke, Salinen, Aufbereitungsanstalten, Werften, Bauhöfe, Hüttenwerke sowie Betriebe, in denen Explosivstoffe oder explodirende Gegenstände gewerbsmäßig erzeugt werden,
2. solche Betriebe, welche nach näherer Bestimmung des Reichs-Versicherungsamts wegen ihres erheblichen Umfanges oder wegen besonderer maschineller Einrichtungen oder wegen der Zahl der verwendeten gewerblichen Arbeiter den unter das Gewerbe-Unfallversicherungsgesetz fallenden Fabriken zuzurechnen sind.

[28]) bis zum 31. Dezember 1901 ist ein derartiger Beschluß des Bundesrathes nicht publicirt worden. Nach Erlaß desselben würde bei

Unfällen in derartigen Betrieben das Haftpflichtgesetz zur Anwendung kommen. Gemeint sind solche Betriebe, bei denen die darin beschäftigten Personen einer die alltäglichen Verhältnisse des gewöhnlichen Lebens übertreffenden, besonderen Unfallgefahr nicht ausgesetzt sind. (Begr. 1900 S. 42.)

§. 2.

I. Den Betriebsbeamten im Sinne dieses Gesetzes werden Werkmeister und Techniker gleichgestellt.

II. Den Fabriken im Sinne dieses Gesetzes gelten alle Betriebe gleich, für welche Dampfkessel oder durch elementare Kraft (Wind, Wasser, Dampf, Gas, heiße Luft, Electricität u. s. w.) oder durch thierische Kraft bewegte Triebwerke nicht blos vorübergehend zur Anwendung kommen.[1])

III. Im Uebrigen gelten als Fabriken im Sinne dieses Gesetzes insbesondere diejenigen Betriebe, in welchen die Bearbeitung oder Verarbeitung von Gegenständen gewerbsmäßig ausgeführt wird und zu diesem Zwecke mindestens zehn Arbeiter regelmäßig beschäftigt werden, sowie Betriebe, in welchen Explosivstoffe oder explodirende Gegenstände gewerbsmäßig erzeugt werden.

IV. Welche Betriebe außerdem als Fabriken im Sinne dieses Gesetzes anzusehen sind, bestimmt das Reichs-Versicherungsamt.

V. Auf gewerbliche Anlagen, Eisenbahn- und Schifffahrtsbetriebe, welche wesentliche Bestandtheile eines der vorbezeichneten oder der im §. 1 bezeichneten Betriebe sind, finden die Bestimmungen dieses Gesetzes ebenfalls Anwendung.

[1]) es können somit auch Anlagen in Krankenhäusern, die mit Motoren betrieben werden, wie Wasch-Licht-Heizungs-Anlagen für versicherungspflichtig erklärt werden, wenn sie nur unter Verwendung eines oder mehrerer ständiger Arbeiter (Heizer, Maschinenwärter) betrieben werden.

§. 3.

Die Versicherung erstreckt sich auf häusliche und andere Dienste, zu denen versicherte Personen neben der Beschäftigung im Betriebe von ihren Arbeitgebern oder von deren Beauftragten herangezogen werden.[1])

[1]) dadurch ist auch der in einem Geschäfte thätige Kutscher versichert, wenn er im Auftrage seines Arbeitgebers dessen Frau auf einer Spazierfahrt fährt und ebenso der Handwerkslehrling, der auch in der Wirthschaft des Meisters helfen muß. Ebenso sind dadurch die Angestellten der Apotheker, die sonst der Unfallversicherung nicht unterliegen, auch für ihre Thätigkeit in der Apotheke gegen die Folgen des Betriebsunfalls versichert, wenn sie außerdem in einer mit der Apotheke verbundenen, unfallversicherungspflichtigen Fabrikation von kohlensauren Wässern beschäftigt werden. Der §. 3 kommt nur für die versicherten Arbeitnehmer in Betracht, niemals für die auf Grund des §. 5 selbstversicherten Unternehmer, da diese nicht von ihrem Arbeitgeber, den sie in eigener Person darstellen, zu häuslichen Diensten rc. herangezogen werden können. Im entsprechenden §. 2 L.U.V.G. wird von den Versicherten verlangt, daß sie hauptsächlich in der Landwirthschaft oder in deren Nebenbetrieben beschäftigt werden; diese Einschränkung ist mit Rücksicht auf die für ihren Handwerksbetrieb nicht versicherungspflichtigen Landhandwerker erfolgt, die nebenbei auch kleine landwirthschaftliche Betriebe unterhalten.

§. 4.

Der Reichskanzler wird ermächtigt, unter Zustimmung des Bundesraths mit den Regierungen solcher Staaten, die für Arbeiter und Betriebsbeamte eine der deutschen Unfallversicherung entsprechende Fürsorge durchgeführt haben, im Falle der Gegenseitigkeit Abkommen zu schließen, durch welche die Anwendung dieses Gesetzes

1. auf Betriebe im Inlande, welche Bestandtheile eines ausländischen Betriebes darstellen, ausgeschlossen,
2. auf Betriebe im Auslande, welche Bestandtheile eines versicherungspflichtigen inländischen Betriebs darstellen, erstreckt wird. [1])

[1]) In Betracht kommen hierbei Betriebe von deutschen Eisenbahnen, die über Deutschland hinausreichen (z. B. bis Basel, Kufstein) oder ausländischen Eisenbahnen, die nach Deutschland hineinreichen (z. B. bis Konstanz am Bodensee), Binnenschiffahrtsbetriebe, die von einem ausländischen Betriebssitze (z. B. Rotterdam) aus einen Verkehr auf deutschen Wasserstraßen (z. B. Rhein) unterhalten, Bauunternehmungen, die größere Bauten, Maschinenfabriken, die umfangreiche Montierungsarbeiten vom Auslande her vornehmen.

Bisher besteht nur in Oesterreich — nicht in Ungarn — und Italien ein den deutschen Unfallversicherungsgesetzen entsprechendes Gesetz.

§. 5.

I. Durch Statut (§. 37) kann die Versicherungspflicht erstreckt werden:

a) auf Betriebsunternehmer, deren Jahresarbeitsverdienst dreitausend Mark nicht übersteigt, oder welche nicht regelmäßig mehr als zwei Lohnarbeiter beschäftigen;

b) ohne Rücksicht auf die Zahl der von ihnen beschäftigten Lohnarbeiter auf solche Unternehmer eines in den §§. 1 und 2 bezeichneten Betriebs, welche in eigenen Betriebsstätten im Auftrag und für Rechnung anderer Gewerbetreibenden mit der Herstellung oder Bearbeitung gewerblicher Erzeugnisse beschäftigt werden (Hausgewerbetreibende) und zwar auch dann, wenn sie die Roh- und Hülfsstoffe selbst beschaffen;

c) auf Betriebsbeamte mit einem dreitausend Mark übersteigenden Jahresarbeitsverdienste.[1]) Bei der Versicherung von Betriebsbeamten ist, vorbehaltlich der Bestimmungen des §. 10 Abs. 1, der volle Jahresarbeitsverdienst zu Grunde zu legen.

II. Betriebsunternehmer, deren Jahresarbeitsverdienst dreitausend Mark nicht übersteigt, oder welche nicht regelmäßig mehr als zwei Lohnarbeiter beschäftigen, sind berechtigt, gegen die Folgen von Betriebsunfällen sich selbst zu versichern.[2]) Durch Statut kann diese Berechtigung auf Unternehmer mit einem höheren Jahresarbeitsverdienst erstreckt werden.

III. Durch Statut kann ferner bestimmt werden, daß und unter welchen Bedingungen gegen die Folgen der bei dem Betrieb oder Dienste sich ereignenden Unfälle versichert werden können:

a) im Betriebe beschäftigte, aber nach §§. 1 oder 2 nicht versicherte Personen durch den Betriebsunternehmer;

b) nicht im Betriebe beschäftigte, aber die Betriebsstätte besuchende oder auf derselben verkehrende Personen[3]) durch den Betriebsunternehmer oder den Vorstand der Berufsgenossenschaft (§. 28);

c) Organe und Beamte der Berufsgenossenschaft durch deren Vorstand.

[1]) vergl. Anm. 3 zu §. 1.

[2]) diese Bestimmung entspricht dem §. 14 des J.V.G.

[3]) z. B. Professoren und Studenten, Aerztevereine, die einen Betrieb besichtigen, Frauen, die ihren Männern das Mittagsessen nach der Fabrik bringen.

Fehlt eine dem Abs. III Ziffer b entsprechende Bestimmung, so sind Entschädigungen für Unfälle, die diese Personen bei dem Besuch des Betriebes erlitten haben, nach dem B.G.B. festzustellen.

§. 6.

Als Gehalt oder Lohn im Sinne dieses Gesetzes gelten auch Tantiemen, Naturalbezüge und sonstige Bezüge, welche den Versicherten, wenn auch nur gewohnheitsmäßig, gewährt werden und ganz oder theilweise an Stelle des Gehalts oder Lohnes treten.[1]) Der Werth der Naturalbezüge ist nach Ortsdurchschnittspreisen in Ansatz zu bringen. Dieselben werden von der unteren Verwaltungsbehörde[2]) festgesetzt.

[1]) z. B. Trinkgelder, Rollgelder und ähnliches.

[2]) vergl. Anm. 2 zu §. 152.

Beamte und Personen des Soldatenstandes.

§. 7.

Auf die im §. 1 des Gesetzes, betreffend die Fürsorge für Beamte und Personen des Soldatenstandes in Folge von Betriebsunfällen, vom 15. März 1886 (Reichs-Gesetzbl. S. 53) bezeichneten Personen[1]), auf Beamte, welche in Betriebsverwaltungen eines Bundesstaats oder eines Communalverbandes mit festem Gehalt und Pensionsberechtigung angestellt sind, sowie auf andere Beamte eines Bundesstaats oder Communalverbandes, für welche die im § 12[2]) a. a. O. vorgesehene Fürsorge in Kraft getreten ist, findet dieses Gesetz keine Anwendung.[3])

[1]) hiernach erhalten Beamte der Reichs-Civilverwaltung, des Reichsheeres und der Kaiserlichen Marine und Personen des Soldatenstandes, welche in reichsgesetzlich der Unfallversicherung unterliegenden Betrieben beschäftigt sind, im Falle dauernder, völliger oder theilweiser, durch einen Betriebsunfall herbeigeführter Dienstunfähigkeit, Pensionen, die genau so bemessen sind wie die Unfallrenten. Das Gleiche gilt auch für ihre etwaigen Hinterbliebenen.

[2]) es handelt sich hier um Beamte, bei denen durch Landesgesetzgebung oder Ortsstatut gegen die Folgen eines im Dienste erlittenen Betriebsunfalls

eine den Vorschriften des „Gesetzes, betr. die Fürsorge für Beamte und Personen des Soldatenstandes in Folge von Betriebsunfällen" entsprechende Fürsorge getroffen ist.

³) wird ein Soldat beurlaubt und während des Urlaubs in einem versicherungspflichtigen Betriebe z. B. als Aushülfe zur Zeit eines Streikes oder bei Erntearbeiten beschäftigt, so finden auf seine Entschädigung wegen eines in diesem Betriebe sich ereignenden Unfalls die Bestimmungen der Unfallversicherungsgesetze ebenso Anwendung, wie bei jedem anderen im Betriebe beschäftigten Arbeiter. (Kom.-Ber. 1900 S. 18.)

Gegenstand der Versicherung und Umfang der Entschädigung.

§. 8.

I. Gegenstand der Versicherung ist der nach Maßgabe der nachfolgenden Bestimmungen zu bemessende Ersatz des Schadens, welcher durch Körperverletzung oder Tödtung entsteht.¹)

II. Dem Verletzten und seinen Hinterbliebenen steht ein Anspruch nicht zu, wenn er den Unfall vorsätzlich herbeigeführt hat.²) Der Anspruch kann ganz oder theilweise abgelehnt werden, wenn der Verletzte den Unfall bei Begehung eines durch strafgerichtliches Urtheil festgestellten Verbrechens oder vorsätzlichen Vergehens sich zugezogen hat.³) In Fällen der letzteren Art kann die Rente, sofern der Verletzte im Inlande wohnende Angehörige hat, welche im Falle seines Todes Anspruch auf Rente haben würden, ganz oder theilweise den Angehörigen überwiesen werden.

III. Die Ablehnung kann, auch ohne daß die vorgesehene Feststellung durch strafgerichtliches Urtheil stattgefunden hat, erfolgen, falls diese Feststellung wegen des Todes oder der Abwesenheit des Betreffenden oder aus einem anderen in seiner Person liegenden Grunde nicht erfolgen kann.⁴)

¹) Gegenstand der Versicherung bilden also nur die körperlichen Folgen, die dem vom Unfall Betroffenen aus dem Unfalle erwachsen sind, nicht auch die sachlichen Folgen, wie Beschädigung der Kleider und anderer Gebrauchsgegenstände, oder Verlust an Geld.

Unter Körperverletzung ist hier nicht, wie sonst im Sprachgebrauche, nur eine äußere Verwundung oder Verstümmelung zu verstehen, sondern auch jede durch den Unfall verursachte innere Krankheit, wie Lungenentzündung, Magenkrebs, Nervenkrankheiten und Geistesstörungen.

Die Folgen des Unfalls brauchen nicht sofort nach dem Unfall aufzutreten, sondern können erst geraume Zeit nachher sich bemerkbar machen. Es wird dann Aufgabe des untersuchenden Arztes sein, festzustellen, ob die als Unfallsfolge behauptete Krankheit im ursächlichen Zusammenhang mit dem Unfall stehen kann; auch hier wird es genügen, wenn dieser Zusammenhang höchst wahrscheinlich anzunehmen ist. So beschreibt Becker (S. 208) einen Fall, in dem sich bei einem Arbeiter nach Ausheilung der direkten Folgezustände, einer starken Verletzung der rechten Schulter, ein Zustand entwickelte, der darin bestand, daß der Verunglückte die rechte Hand nicht still halten konnte, sondern alsbald mit derselben zu zittern anfing, daß dieses Zittern in Schütteln überging, sich bis zur Schulter und Brustmusculatur verbreitete und nur unterdrückt werden konnte, wenn der Verunglückte mit der linken Hand die rechte ergriff und festhielt. Hier hat sich also als späte Unfallsfolge Paralysis agitans (Schüttellähmung) entwickelt. Sehr vielfach werden in der Literatur Fälle aufgeführt, in denen bei gesunden Personen in Folge von Brustcontusionen als späte Unfallsfolge Tuberculose, Endocarditis (Herzentzündung), nach Stoß oder Schlag in der Magengegend Magenkrebs entstanden ist, bei weiblichen Personen durch übermäßiges Heben retroflexio uteri (Gebärmutterknickung). „Körperverletzung und Tod brauchen nicht die unmittelbare Folge des Unfalls zu sein. Auch mittelbar — unter der Mitwirkung hinzutretender ungünstiger Umstände — sich entwickelnde Folgen dieser Art fallen den Trägern der Unfallversicherung zur Last. Ueberhaupt ist es nicht erforderlich, daß die bei dem Unfalle erlittene Verletzung die alleinige Ursache der Erwerbsunfähigkeit oder des Todes bildet; es genügt, daß sie eine von mehreren mitwirkenden Ursachen ist und als solche ins Gewicht fällt. Der Anspruch auf Entschädigung besteht daher sowohl dann, wenn wegen eines schon bestehenden (z. B. Lungen-) Leidens die Folgen der Verletzung in wesentlich erhöhtem Maaße schädigend wirken oder den Eintritt der Erwerbsunfähigkeit oder des Todes erheblich beeinflußt (beschleunigt) haben.“ (H.B., S. 147.) Die Verschlimmerung eines schon bestehenden Leidens durch einen Betriebsunfall ist daher als Unfallsfolge nicht anders aufzufassen, wie ein durch den Unfall ganz neu entstandenes Leiden.

Als mittelbare Unfallsfolgen können auch Körperverletzung und Tod dann gelten, wenn sie pathologisch mit dem Unfall gar keinen Zusammenhang haben. So ist den Hinterbliebenen eines am Finger Verletzten, der sich auf Anordnung der Berufsgenossenschaft im August 1892 nach Hamburg in ein medico-mechanisches Institut begab, daselbst an Cholera erkrankte und starb, eine Rente zugebilligt worden, ebenso der Wittwe eines Bergmanns, der sich in dem Krankenhaus, das er zur Heilung seiner Verletzung aufsuchte, an Ruhr ansteckte und starb, ebenso einem Arbeiter, der wegen eines Unterschenkelbruches in ein Krankenhaus aufgenommen wurde, daselbst Kopfrose bekam und erblindete.

Aber als mittelbare Unfallsfolgen werden nicht solche Todesfälle oder körperliche Leiden aufgefaßt werden können, die nach ärztlichem Gutachten hätten vermieden werden können, wenn der Unfallverletzte nicht absichtlich jede Behandlung verweigert hätte, die der Beseitigung der Unfallsfolgen dienen sollten. Die B.G. ist dann berechtigt, den nach Lage der Verhältnisse zulässigen, für den Verletzten ungünstigsten Schluß bezüglich seines in Folge der Verletzung zurückgebliebenen Körperzustandes zu ziehen. (H.B., S. 149.) Bricht z. B. ein Versicherter den Unterarm und verweigert er hartnäckig die Anlegung eines fixirenden Verbandes, wird der Arm dann steif und gebrauchsunfähig, so steht dieser letztere Nachtheil nicht mehr im Zusammenhange mit dem Unfalle, sondern vielmehr mit der freien Handlungsweise des Verunglückten. Dieser hat die Pflicht, wie das R.V.A. in constanter Praxis anerkannt hat (H.B., S. 149), an seinem Theile zur möglichst erfolgreichen Durchführung des Heilverfahrens mitzuwirken und sich namentlich nicht offenbar ungefährlichen Maßnahmen zu widersetzen. Die Verletzten sind z. B. gehalten, sich die erforderlichen Verbände anlegen zu lassen, die verordnete Medicin einzunehmen, sich einer gebotenen Massage zu unterwerfen, unter Umständen auch Apparate (z. B. einen Hüftstützapparat) zu tragen, deren Gebrauch die Heilung fördern soll; auch kann die Duldung gewisser Schmerzen zu Heilungszwecken den Verletzten nicht erspart werden. Ferner sind die Verletzten während der Dauer des Heilverfahrens zur Duldung solcher Maßnahmen verpflichtet, die eine ordnungsgemäße Krankenbehandlung überhaupt erst ermöglichen, wie z. B. Freilegung der verletzten Stelle, Reinigen der Wunde, Auscultiren und Percutiren, sowie Palpiren, kurzum aller Maßnahmen, die zur Stellung der Diagnose nothwendig sind. „Dagegen sind die Verletzten nicht verpflichtet, Operationen an sich vornehmen zu lassen, die — mögen sie zum eigentlichen Heilverfahren gehören oder, wie etwa das Wiederbrechen eines schlecht geheilten Armes oder andere derartige Maßnahmen, zur Aufbesserung der Erwerbsfähigkeit zu dienen bestimmt sind — in den Bestand oder die Unversehrtheit des Körpers eingreifen (wie z. B. das Ausschneiden einer Narbe und das Ueberpflanzen von gesunden Hautstücken, die von anderen Körpertheilen entnommen werden), oder die, wie jede die Chloroformirung erheischende Operation, nicht ohne Lebensgefahr vorgenommen werden können." (H.B., S. 149.) Dasselbe, was von der Chloroformirung gilt, muß auch von jeder anderen Art der Betäubung (Aether, Lachgas) gelten. (Vergl. Anm. 3 zu §. 23.)

²) also Zufall, Verschulden des Arbeitgebers oder seiner Angestellten (doch vergl. §. 135 und 136), eignes Verschulden der Verunglückten, selbst grobe Fahrlässigkeit schließen den Anspruch nicht aus (aber unter Umständen verbotwidriges Handeln des Verunglückten, vergl. Anm. 4 zu §. 1). Die deutsche Unfallgesetzgebung geht von dem psychologisch durchaus zutreffenden Gedanken

aus, daß der ständige Umgang mit der Gefahr eine Abstumpfung gegen dieselbe hervorbringt, welche demzufolge ihrerseits einen Theil der Betriebsgefahr darstellt. (Rosin, Verwaltungsarchiv 1898). Nur wenn der Verunglückte den Vorsatz gehabt hat, sich eine körperliche Verletzung beizubringen, ist er des Entschädigungsanspruches beraubt; war aber der Verunglückte geistesgestört, und hat er in dem Zustande der Unzurechnungsfähigkeit sich selbst eine Körperverletzung zugefügt, so ist eine vorsätzliche Herbeiführung der letzteren nicht anzunehmen. Es wird aber in solchen Fällen der genauesten Prüfung des Arztes bedürfen, zu entscheiden, ob Unzurechnungsfähigkeit oder vielleicht nur Mangel an Selbstüberwindung oder Standhaftigkeit vorgelegen hat.

[3]) wenn er z. B. einen Diebstahl an den Vorräthen des Betriebs oder eine vorsätzliche Sachbeschädigung an Betriebseinrichtungen oder eine vorsätzliche Körperverletzung gegen einen Mitarbeiter begeht und aus solcher Veranlassung einen Unfall erleidet. (Begr. 1900 S. 48.)

[4]) da in den, im Abs. II Satz 2, erwähnten Fällen die Ablehnung des Anspruches nur erfolgen kann, nicht erfolgen muß, so ist die Anrufung des Schiedsgerichts und des Reichsversicherungsamtes (R.V.A.) zulässig.

§. 9.

I. Im Falle der Verletzung werden als Schadensersatz vom Beginne der vierzehnten Woche nach Eintritt des Unfalls ab[1]) gewährt:

1. freie ärztliche Behandlung[2]), Arznei[3]) und sonstige Heilmittel[4]), sowie die zur Sicherung des Erfolges des Heilverfahrens und zur Erleichterung der Folgen der Verletzung erforderlichen Hilfsmittel (Krücken, Stützapparate und dergleichen)[5]);
2. eine Rente für die Dauer der Erwerbsunfähigkeit.[6])

Die Rente beträgt:

a) im Falle völliger Erwerbsunfähigkeit[7]) für die Dauer derselben[8]) sechsundsechzigzweidrittel pCt. des Jahresarbeitsverdienstes (Vollrente)[9]);

b) im Falle theilweiser Erwerbsunfähigkeit[10]) für die Dauer derselben[8]) denjenigen Theil der Vollrente, welcher dem Maße der durch den Unfall herbeigeführten Einbuße an Erwerbsfähigkeit entspricht (Theilrente).[11])

III. Ist der Verletzte in Folge des Unfalls nicht nur völlig erwerbsunfähig, sondern auch derart hülflos geworden, daß er ohne fremde Wartung und Pflege nicht bestehen kann[12]), so ist für die Dauer dieser Hilflosigkeit die Rente bis zu hundert pCt. des Jahresarbeitsverdienstes zu erhöhen.

IV. War der Verletzte zur Zeit des Unfalls bereits dauernd völlig erwerbsunfähig[13]), so beschränkt sich der zu leistende Schadensersatz auf die im Abs. 1 Ziffer 1 bezeichneten Leistungen[14]). Wird ein solcher Verletzter in Folge des Unfalls derart hilflos, daß er ohne fremde Wartung und Pflege nicht bestehen kann[12]), so ist eine Rente bis zur Hälfte der Vollrente[15]) zu gewähren.

V. Solange der Verletzte aus Anlaß des Unfalls thatsächlich und unverschuldet arbeitslos ist, kann der Genossenschaftsvorstand die Theilrente bis zum Betrage der Vollrente vorübergehend erhöhen.[16])

[1]) Unter dem Eintritt des Unfalls, von dem ab sich die dreizehnwöchige Wartezeit berechnet, ist der Tag des den Unfall darstellenden Ereignisses zu verstehen, auch dann, wenn etwa später erst die nachtheiligen Folgen des Unfalls hervortreten.

Diese Wartezeit, die man auch „Karenzzeit" nennt, ist sowohl aus Kreisen der Versicherten, als auch von ärztlicher Seite, hier besonders von Thiem, bemängelt worden. Thiem hält sie besonders mit Rücksicht darauf, daß mehr als die Hälfte der gegen die Folgen des Unfalls Versicherten der Krankenversicherungspflicht nicht unterliegen — in Betracht kommen zumeist die land- und forstwirthschaftlichen Arbeiter — für falsch; die in solchen Fällen von der Dorfgemeinde nach §. 27 L.U.V.G. zu gewährende ärztliche Behandlung bestehe oft in Behandlung durch Kurpfuscher, so daß die Verletzten dem von der Berufsgenossenschaft beauftragten Arzte oft im jämmerlichen Zustand übergeben werden; in manchen Krankenkassen werde auch anstatt ärztlicher Behandlung eine Behandlung durch Kurpfuscher geboten; davon abgesehen bringe die Karenzzeit den verletzten Kassenmitgliedern, deren Verletzung in 13 Wochen noch nicht zur Heilung gekommen sei, fast immer einen Wechsel in der Person des behandelnden Arztes; da um diese Zeit früher oder später die anatomische Heilung beendet sei, und die Bestrebungen auf Wiederherstellung der Funktionsfähigkeit begönnen, so betrachte der Verletzte den zweiten Arzt, besonders wenn er der Leiter eines berufsgenossenschaftlichen Krankenhauses sei, gewöhnlich als einen im Solde der Berufsgenossenschaft stehenden Rentenverkürzer, das Krankenhaus nicht als Heilanstalt, sondern nur als Einrichtung, dazu bestimmt, die ihm zukommende Rente möglichst zu verringern. (Handbuch der Krankenversicherung, Band II, 2. Abth.; Stenogr. Ber. der Aerztekammer für die Provinz Brandenburg und den Stadtkreis Berlin

IV S. 30). Daß auf dem Boden dieser Anschauung dem Verletzten das Ende der Karenzzeit als der Beginn des Kampfes um die Rente erscheinen und der Wunsch nach möglichst schneller und ausgiebiger Heilung dabei ganz zurücktreten kann, wird zugegeben werden müssen, aber andererseits braucht ja die Berufsgenossenschaft den Aerztewechsel garnicht eintreten zu lassen (vergl. §. 11), und sie kann auch auf Grund des §. 76c K.V.G. die Behandlung vor Ablauf der dreizehnten Woche nach Eintritt des Unfalls übernehmen (vergl. Anm. 7 zu §. 11).

Aus den Kreisen der Versicherten ist die Karenzzeit als eine ungerechtfertigte Belastung der Krankenkassen, die die Erweiterung der Leistungen der Krankenkassenversicherung verhindert, bekämpft worden. Es ist richtig, daß zum Glück die meisten Verletzungen nicht schwere sind und in den ersten dreizehn Wochen vollständig zur Heilung kommen: nur 16 pCt. aller Verletzungen fallen den Berufsgenossenschaften zur Last, und 84 pCt. den Krankenkassen. Aber jene 16 pCt. verursachen fast 7½mal so große Kosten, als die 84 pCt.; von den gesammten Ausgaben, die auf die Heilung und Entschädigung der Unfallverletzten fallen, tragen die Berufsgenossenschaften 88 pCt., die Krankenkassen nur 12 pCt.: und da die Beiträge zur Krankenversicherung zu ⅓ von den Arbeitgebern und zu ⅔ von den Versicherten aufgebracht werden — zu den Ausgaben der Berufsgenossenschaften steuern die Letzteren nicht einen Pfennig zu —, so beträgt die ganze Belastung der Versicherten durch die Unfallversicherung 8 pCt. der für diese aufgewandten Ausgaben. (Komm.-Ber. 1897 S. 30ff., Begr. 1900 S. 13.)

Aber wenn man selbst auch diese Belastung der Versicherten für zu hoch hält, so würde doch ihre Verminderung durch Aufhebung der Karenzzeit bei der gegenwärtigen Organisation der Unfallversicherung nicht zu billigen sein. Das Arbeitsfeld der Berufsgenossenschaften erstreckt sich über ein sehr großes Gebiet, manchmal über ganz Deutschland; um also die Fürsorge sofort nach Eintritt des Unfalls zu übernehmen, müßte die ganze Organisation geändert werden. Denn diese Fürsorge kann nicht gut von einer weitverzweigten Organisation geleistet werden, sondern nur von einer Organisation, die auf die Oertlichkeit beschränkt ist, wie es bei der Krankenkasse der Fall ist. Wer verletzt ist, braucht sofort Hülfe, sowohl ärztliche Behandlung als auch meist eine Entschädigung für den entgangenen Arbeitsverdienst. Steht dies aber fest, so müssen auch die Organe, welche diese Unterstützungsansprüche prüfen müssen, jeder Zeit leicht dazu in der Lage sein, besonders in den ja häufigsten Fällen, in denen die Verletzung die Arbeitsfähigkeit nur wenige Tage beschränkt. Dagegen fallen diese Bedenken bei einer Herabsetzung der Karenzzeit auf 4 Wochen, weg, wie sie schon jetzt in Oesterreich besteht, und wie sie von der Reichstagscommission d. J. 1897 beschlossen worden ist. Es kommt hinzu, daß Verletzungen, die in 4 Wochen nicht geheilt sind, aller Voraussicht nach, eine theilweise oder dauernde Erwerbsunfähigkeit zur Folge haben.

Dabei würden schon viele der behaupteten Nachtheile wesentlich gemildert werden. Indeß ist diese Aenderung an dem Widerstande der verbündeten Regierungen gescheitert, die durch sie eine zu große Belastung der Berufsgenossenschaften — nach den überzeugenden Ausführungen des Abg. Rösicke (Stenogr. Berichte des Reichstages 1898/1900 S. 5234 ff.) mit Unrecht — fürchteten.

Zweifellos wäre es ein sehr großer Vortheil, wenn die Krankenpflege für die ganze Dauer des Heilverfahrens auch bei Unfallverletzten in einer Hand wäre, aber dies kann nur durch eine Verschmelzung der drei Zweige der deutschen Arbeiter-Versicherung erreicht werden; in absehbarer Zeit ist dies wohl nicht zu erwarten.

Die Fürsorge für Unfallverletzte regelt sich nach der gegenwärtigen Gesetzgebung folgender Maaßen:

I. Vom Eintritt des Todes ab hat die Berufsgenossenschaft sofort ein Sterbegeld und den Hinterbliebenen eine Rente zu gewähren (§. 15).

II. Bei unfallverletzten Krankenkassenmitgliedern haben die Krankenkassen bis zum Ablaufe der dreizehnten Woche nach dem Unfall ärztliche Behandlung, Arzneien, Brillen, Bruchbänder und ähnliche Heilmittel, sowie im Falle der Erwerbsunfähigkeit ein Krankengeld zu gewähren. Beträgt dieses Krankengeld weniger als $^2/_3$ des bei seiner Berechnung zu Grunde gelegten Arbeitslohns (ortsüblichen, durchschnittlichen, wirklichen Tagelohns), so ist es auf $^2/_3$, vom Beginne der fünften Woche nach Eintritt des Unfalls ab bis zum Ablaufe der dreizehnten Woche, zu erhöhen. Die Differenz ist der Krankenkasse (Gemeindekrankenversicherung) von dem Unternehmer desjenigen Betriebes zu ersetzen, in welchem der Unfall sich ereignet hat (§. 12). Vom Beginne der vierzehnten Woche nach Eintritt des Unfalls ab geht die gesammte Fürsorge auf die Berufsgenossenschaft über; doch kann die letztere, auch über diesen Zeitpunkt hinaus bis zur Beendigung des Heilverfahrens, der Krankenkasse, welcher der Verletzte angehört oder zuletzt angehört hat, gegen Ersatz der ihr dadurch erwachsenden Kosten die Fürsorge für den Verletzten in demjenigen Umfange übertragen, welchen die Berufsgenossenschaft für geboten erachtet (§. 11 G.U.V.G., §. 14 L.U.V.G.). Außerdem ist die Berufsgenossenschaft durch den §. 76c K.V.G. berechtigt, auch vor Ablauf der dreizehnten Woche nach Eintritt des Unfalls, das Heilverfahren zu übernehmen, wobei sie von der Krankenkasse das ausgegebene Krankengeld wiedererstattet erhält.

III. Ist der Unfall-Verletzte nicht Mitglied einer Krankenkasse, so liegt die Fürsorge für ihn bis zum Ablaufe der dreizehnten Woche nach

Eintritt des Unfalls, seinem Arbeitgeber ob, der dabei genau dieselben Leistungen zu erfüllen hat, wie sonst die Krankenkasse (§. 12 Abs. II). Auch hier kann die Berufsgenossenschaft die dem Unternehmer obliegenden Leistungen ganz oder theilweise statt seiner übernehmen.

In dem Bereiche des L.U.V.G. liegt die Fürsorge für nicht tödlich Verletzte, die keiner Krankenkasse angehören, bis zum Ablaufe der dreizehnten Woche nach Eintritt des Unfalls der Gemeinde ob, in deren Bezirk der Verletzte zuletzt beschäftigt war; Krankengeld wird hier aber nicht gewährt. Auch hier ist die Berufsgenossenschaft befugt, die Leistungen selbst zu übernehmen (§. 27 L.U.V.G.).

IV. Wird vor Ablauf der dreizehnten Woche nach Eintritt des Unfalls von der Krankenkasse oder dem Betriebsunternehmer die Fürsorge eingestellt, weil ein Anspruch nach dem Krankenversicherungsgesetze nicht mehr vorhanden ist, und ist bei dem Verletzten eine Beschränkung der Erwerbsfähigkeit vorhanden, so hat die Berufsgenossenschaft schon vor dem Ablaufe der dreizehnten Woche nach dem Eintritte des Unfalls eine Rente zu gewähren (§. 13 G.U.V.G., §. 15 L.U.V.G.).

²) die Berufsgenossenschaften haben bisher unter „ärztlicher Behandlung" nur die Behandlung eines in Deutschland approbirten Arztes verstanden; es verdiente dies keine Erwähnung, wenn nicht im Gebiete der Krankenversicherung selbst Aufsichtsbehörden die Behandlung erkrankter Kassenmitglieder durch Kurpfuscher für eine Gewährung „freier ärztlicher Behandlung" erklärt hätten. (Vergl. Stenogr. Berichte des Reichstags 1891/1892 S. 2957ff. und 4754ff.) Es wäre deshalb auch hier eine Definition, was unter ärztlicher Behandlung zu verstehen ist, ganz angebracht gewesen; so enthielt z. B. das beabsichtigte Schweizerische Kranken- und Unfallversicherungsgesetz die Bestimmung, daß als Aerzte im Sinne des Gesetzes nur solche gelten, welche den eidgenössischen Befähigungsnachweis besitzen. Wenn die Berufsgenossenschaften zur Zahlung der Kosten für ärztliche Behandlung und im Bedarfsfalle zur Zahlung einer Rente verpflichtet sind, so müssen sie auch verlangen können, daß der Unfallverletzte thatsächlich einen Arzt zuzieht, da ja sonst für seine sachgemäße Behandlung keine Gewähr besteht. Leider ist das R.V.A. dieser Ansicht nicht beigetreten. In einem Falle, in dem ein Verletzter sich nicht der Behandlung des ihm von der Berufsgenossenschaft zur Verfügung gestellten Arztes unterzog, sondern sich von einem Kurpfuscher behandeln ließ, entschied das R.V.A., als später die Berufsgenossenschaft das Verhalten des Verletzten, durch das sie geschädigt war, als pflichtwidriges angesehen haben wollte (vergl. Anm. 1 zu §. 8), diesem Wunsche entgegen,

da der Verletzte in guter Absicht und seiner Einsicht entsprechend, einer in manchen Gegenden verbreiteten, wenn auch nicht zu billigenden Gewohnheit gefolgt wäre (H.B., S. 150). Im Allgemeinen wird ein Verletzter, dessen Entschädigung eine Berufsgenossenschaft übernommen hat, beim Eintritt der Nothwendigkeit eines neuen Heilverfahrens in der Regel nicht für befugt erachtet werden, ohne Weiteres und ohne mit der B.G. in Verbindung zu treten, das ihm sachdienlich erscheinende vornehmen zu lassen und dann schlechthin die Erstattung der dadurch entstandenen Kosten von der B.G. zu fordern (H.B., S. 153). Hat aber der Verletzte bezw. sein gesetzlicher Vertreter, ohne sich mit der B.G. in Verbindung zu setzen, ärztliche Behandlung sich verschafft und bis zur Heilung durchgeführt, so ist die Kostenersatzpflicht der B.G. auf dasjenige beschränkt, was sie selbst nach Lage der Umstände zum Zwecke des Heilverfahrens hätte aufwenden müssen, und wahrscheinlich nur aufgewendet haben würde, wenn sie rechtzeitig von der Nothwendigkeit des Verfahrens in Kenntniß gesetzt worden wäre (A.N. 1898 S. 261). Dieser Kostenersatzpflicht darf sich die B.G. auch dann nicht entziehen, wenn der von dem Verletzten ohne ihr Zuthun hinzugezogene Arzt von ihr die Begleichung seiner Liquidation, deren Beträge angemessen sind, verlangt, sie darf die Bezahlung nicht mit der Begründung ablehnen, daß sie dem Arzte einen Auftrag zur Behandlung nicht ertheilt habe (A.N. 1896 S. 493). Ist der Verletzte von der Berufsgenossenschaft einem bestimmten Arzte zugewiesen worden und hat er sich, dessen ungeachtet, in die Behandlung eines anderen Arztes gegeben, so kann er den im §. 23 Abs. II erwähnten Nachtheil erleiden (vergl. daselbst Anm. 2—6).

Zu den Kosten der ärztlichen Behandlung gehören auch die Kosten, durch welche dieselbe erst ermöglicht wird, also etwaige Transportkosten zur Ueberführung des Verletzten zu dem Arzt oder Fuhrkosten des letzteren, auch die Kosten eines Dolmetschers,wenn zur Verständigung zwischen Arzt und Patienten ein solcher nothwendig ist (Rosin, Recht der Arbeiterversicherung, S. 376), selbstverständlich auch die Kosten für Gehilfen des Arztes, die dieser nothwendig brauchte, wie die für einen assistirenden Arzt oder Heilgehilfen.

[3]) Arzneien sind pflanzliche, thierische oder anorganische Stoffe, die auf Grund ihrer wissenschaftlich festgestellten (pharmakodynamischen) Eigenschaften innerlich oder äußerlich verwendet werden, um die Heilung oder Milderung eines körperlichen Leidens herbeizuführen.

[4]) Hierzu wird man Verbandzeug, Milch, medicinische Weine, Stärkungsmittel (wie Malzextract, Somatose, Tropon), Mineralwässer rechnen, auch Badereisen oder andere Kuren, die nach abgeschlossener Heilung die schnellste und möglichste Wiederherstellung der Kräfte des Verletzten erzielen sollen, sofern dies von dem Arzte als zweckmäßig begutachtet wird.

[5]) es sind nicht nur Krücken, Stützapparate, Bruchbänder, Pessare und dergl. zu gewähren, sondern auch gegebenen Falles zu repariren und auch

zu erneuern, vorausgesetzt, daß nicht muthwillige oder grob fahrlässige Zerstörung oder Beschädigung vorliegt. (Begr. 1900 S. 49, Komm.-Ber. 1900 S. 23.)

6) der Ausdruck „Erwerbsunfähigkeit" kommt in allen drei socialpolitischen Gesetzen vor; seine Bedeutung ist in jedem der Gesetze eine verschiedene.

Ganz allgemein versteht man unter „Erwerbsfähigkeit" die Fähigkeit, durch eigene — körperliche oder geistige — Thätigkeit gewinnbringende Arbeit zu leisten und demgemäß unter „Erwerbsunfähigkeit" den Verlust dieser Fähigkeit. Dieser Verlust kann ein vollkommener sein (gänzliche Erwerbsunfähigkeit) oder er bewirkt nur eine mehr oder weniger bedeutende Herabsetzung der Fähigkeit, durch eigene Thätigkeit gewinnbringende Arbeit zu leisten (theilweise Erwerbsunfähigkeit); die gänzliche und auch die theilweise Erwerbsunfähigkeit kann schließlich eine dauernde oder eine vorübergehende sein.

„Erwerbsunfähigkeit" darf nicht verwechselt werden mit „Erwerbslosigkeit"; bei dieser braucht die Fähigkeit, durch eigne Thätigkeit gewinnbringende Arbeit zu leisten, nicht einmal gemindert, geschweige denn verschwunden zu sein, aber diese Fähigkeit wird entweder aus eignem Willen nicht benutzt, indem die Leistung jeder angebotenen gewinnbringenden Arbeit abgelehnt wird, wie z. B. bei einem Lohnkampfe, oder sie muß gezwungener Maaßen ruhen, weil eine gewünschte Arbeit trotz allen Bemühens nicht gefunden wird, eine leider nicht seltene Begleiterscheinung jedes Niederganges von Handel und Industrie. Man sieht hieraus, daß sehr wohl auch ein nur „theilweise Erwerbsunfähiger" „erwerbslos" sein kann.

Will man nun die obige Definition von Erwerbsunfähigkeit in der socialpolitischen Gesetzgebung verwenden, so bedarf es mannigfacher Modificationen, die sich daraus ergeben, daß in jedem der drei Gesetze „Erwerbsunfähigkeit" als Fürsorgegrund für eine Folge bestimmter körperlicher Zustände auftritt.

Um einen Anspruch in der Krankenversicherung, auf Krankengeldbezug, zu rechtfertigen, muß die Erwerbsunfähigkeit durch Krankheit entstanden sein; wodurch die Krankheit entstanden ist, ist gleichgültig, auch ein Betriebsunfall kann ihre Ursache sein. Die Erwerbsunfähigkeit darf aber nicht die Folge angeborener Bildungsfehler oder physiologischer Zustände, wie Schwangerschaft, Wochenbett oder Greisenalter sein. (Die Wöchnerinnenunterstützung bei den organisirten Krankenkassen ist nicht durch die Erwerbsunfähigkeit, sondern durch das, im §. 137 der Gew.-Ord. ausgesprochene Beschäftigungsverbot begründet.) Das Krankenversicherungsgesetz hat den Zweck, der Noth thunlichst vorzubeugen, in welche bei vorübergehender Krankheit und einer dadurch bedingten Erwerbsunfähigkeit der auf seinen Lohn angewiesene Arbeiter mit seiner Familie gerathen muß; die Unterstützungsdauer braucht daher nicht länger, als 13 Wochen nach Eintritt der Erwerbsunfähigkeit zu sein, sie darf im Höchstfalle — nur bei den organisirten Krankenkassen — 1 Jahr betragen und beträgt durchschnittlich (nach der Statistik der deutschen Krankenversicherung d. J. 1899) bei diesen 3³/₄ Monate. Hieraus geht hervor, daß die Erwerbsunfähigkeit im Sinne des Krankenversicherungsgesetzes eine vorübergehende ist, oft sogar nur nach Tagen zählt, und deswegen würde es unbillig, auch meist, wegen der Kürze der Zeit, zwecklos sein, von dem Versicherten, der in Folge einer Krankheit zu der Arbeit, auf Grund deren er versicherungspflichtig gemacht worden ist, unfähig ist, zu verlangen, daß er eine andere, außerhalb seines Beschäftigungskreises liegende Arbeit erlernt, zu der er vielleicht trotz seiner Krankheit fähig ist. Erwerbsunfähig im Sinne des Krankenversicherungsgesetzes ist demnach ein Versicherter, wenn er in Folge von Krankheit unfähig zu der Beschäftigung — nach Art und Umfang — ist, die ihn versicherungspflichtig machte, oder wenn er durch die gewohnte Beschäftigung Gefahr läuft, seine (ihn, an und für sich, noch nicht erwerbsunfähig machende) Krankheit zu verschlimmern, oder wenn durch die gewohnte Beschäftigung ein Wiederauftreten der geheilten Krankheit oder Folgekrankheiten zu befürchten sind. Eine theilweise Erwerbsunfähigkeit kann es daher im Sinne des Krankenversicherungsgesetzes nicht geben.

Ganz anders liegen die Verhältnisse bei der Invalidenversicherung und Unfallversicherung; diese berücksichtigen — im Gegensatze zur Krankenversicherung, die nur vorübergehende Zustände in den Kreis ihrer Fürsorge zieht — in der Hauptsache die „Erwerbsunfähigkeit" als dauernde (bleibende) Folge körperlicher Zustände.

Die Invalidenversicherung gewährt — nach Erfüllung einer Wartezeit und gewisser Beitragsleistungen — Versicherten, die das 70. Lebensjahr zurückgelegt haben und solchen, die durch Krankheit oder andere Gebrechen voraussichtlich dauernd erwerbsunfähig geworden sind, eine Rente. Außerdem, um womöglich keine Lücke zwischen Krankengeldbezug und Invalidenrente eintreten zu lassen, erhält auch derjenige nicht dauernd erwerbsunfähige Versicherte, welcher während 26 Wochen ununterbrochen erwerbsunfähig gewesen ist, für die weitere Dauer seiner Erwerbsunfähigkeit eine Invalidenrente. In diesen letzterwähnten Fällen wird der Begriff der Erwerbsunfähigkeit mit dem in der Krankenversicherung ziemlich genau zusammenfallen. Erhebt aber Jemand einen Anspruch auf eine dauernde Rente wegen Erwerbsunfähigkeit, so wird es nicht genügen, daß er nur den Beweis für die Unfähigkeit, in seinem gewohnten Berufe thätig zu sein, erbringt — das wäre eine Ungerechtigkeit gegen diejenigen, welche die Mittel zur Bestreitung der Rente aufbringen —, sondern man wird prüfen müssen, ob er, unter billiger Berücksichtigung seiner Vorbildung und bisherigen Berufsthätigkeit, irgend eine gewinnbringende Arbeit noch leisten kann. Es würde aber der socialen Absicht der Gesetzgebung vollständig widersprechen, wollte man erst dann den Anspruch auf Invalidenrente für gerechtfertigt ansehen, wenn der Versicherte nicht mehr im Stande ist, auch nur einen Pfennig zu verdienen, denn dann würde er unbedingt, was ja verhindert werden soll, vorher der Armenpflege anheimfallen müssen. Deswegen gilt im Sinne des Invalidenversicherungsgesetzes schon derjenige für dauernd erwerbsunfähig, der nicht mehr im Stande ist, durch eine, seinen Kräften und Fähigkeiten entsprechende Thätigkeit, die ihm unter billiger Berücksichtigung seiner Ausbildung und seines bisherigen Berufes zugemuthet werden kann, ein Drittel desjenigen zu erwerben, was körperlich und geistig gesunde Personen derselben Art mit ähnlicher Ausbildung in derselben Gegend durch Arbeit zu verdienen pflegen (J.V.G. §. 5 Abs. 4). Das Invalidenversicherungsgesetz kennt also auch nicht eine theilweise Erwerbsunfähigkeit: kann ein Versicherter mehr als das eben erwähnte Drittel erwerben, so ist er im Sinne des J.V.G. erwerbsfähig, wenn er es nicht erreicht, ist er erwerbsunfähig.

Die Unfallversicherung will dem Verletzten denjenigen wirtschaftlichen Schaden ersetzen, der ihm durch die Verletzung zugefügt worden ist; dieser Schaden kann einmal bestehen in den Ausgaben, die auf die Heilung der Verletzung verwendet werden, und dann — was bei dieser Betrachtung allein in Frage kommt — in dem, als Folge der Verletzung auftretenden vollkommenen oder theilweisen Verluste der Erwerbsfähigkeit. Der Begriff der Erwerbsfähigkeit wird sich deshalb hier nur wenig von dem zuerst gegebenen, allgemeinen, unterscheiden; er wird vor allem an den Beruf des Verletzten sehr wenig oder gar nicht anknüpfen. Völlige Erwerbsunfähigkeit ist die durch die Verletzung hervorgerufene Unfähigkeit des Verletzten, durch irgend eine eigene — körperliche oder geistige — Thätigkeit, die ihm billiger Weise nach seiner bisherigen Ausbildung und nach seinen Fähigkeiten zugemuthet werden kann, gewinnbringende Arbeit zu leisten, und theilweise Erwerbsunfähigkeit ist die durch die Verletzung gesetzte Einschränkung der Benutzung der dem Verletzten nach seinen gesammten Kenntnissen und Fähigkeiten auf dem ganzen wirthschaftlichen Arbeitsmarkt sich bietenden Arbeitsgelegenheiten (H.B., S. 165). Man drückt nun allgemein den Grad der Erwerbsunfähigkeit in Procentzahlen aus und versteht unter einem „Völlig Erwerbsunfähigen" Jemanden, der 100 pCt. der Erwerbsfähigkeit, die er vor dem Unfalle hatte, verloren hat. Während in der Invalidenversicherung ein Arzt, der ein Gutachten über die Erwerbsunfähigkeit (Invalidität) eines Versicherten abzugeben hat, diesen mit einem anderen Lohnarbeiter vergleichen muß, der im wesentlichen die gleichen Kenntnisse und Fähigkeiten besitzt, welche der Rentenbewerber nach menschlicher Voraussicht haben würde, wenn er sich im Vollbesitze seiner geistigen und körperlichen Gesundheit befände, muß in der Unfallversicherung bei der Begutachtung der Erwerbsunfähigkeit eines Verletzten seine vor dem Unfall — als 100 pCt. angenommene — bestandene Erwerbsfähigkeit im Vergleich gesetzt werden mit der Erwerbsfähigkeit, die nach dem Unfall — zur Zeit der Feststellung — noch besteht.

Ob ein Verletzter zu gewissen Arbeiten, die die Grundlage seines Erwerbes bilden sollen, noch fähig ist und in welchem Umfange er diese Arbeiten leisten kann, das wird in erster Linie nach seinem körperlichen Befunde entschieden werden müssen; derselbe kann sogar — es sei nur an Geisteskrankheit, Erblindung, schwere Herzleiden erinnert — allein maßgebend sein. In den meisten Fällen wird deshalb der begutachtende Arzt, der ja allein den körperlichen Befund feststellen kann, nicht umhin können, die nach seiner Ansicht bestehende Erwerbsfähigkeit in Procentsätzen auszudrücken. Wenn dies bei Berathung der Unfallversicherungsgesetze im Reichstage (Stenogr. Berichte 1900 S. 5339 ff.) als ein Mißstand beklagt und verlangt wurde, daß die Aerzte sich nur über die physiologischen Wirkungen, welche der Unfall auf den verletzten Körper hervorgebracht hat, äußern sollen, so ist aus den Kreisen der Berufsgenossenschaften und auch des Reichsversicherungsamtes anerkannt worden, daß die Aerzte, welche den Befund feststellen und sich auf Grund desselben auch über den Grad der Erwerbsfähigkeit äußern, das beste Material für die Rentenfestsetzung liefern. (Bericht über den XV. ordentl. Berufsgenossenschaftstag, abgedruckt als Beilage in N. 17 der „Berufsgenossenschaft" 1901.) Andererseits dürfen aber auch die Aerzte nicht verlangen, daß die zur Festsetzung der Rente berufenen Organe — Berufsgenossenschaft, Schiedsgericht, Reichsversicherungsamt — blindlings an die Gutachten der Aerzte gebunden sind. Das Reichsversicherungsamt hat in ständiger Praxis dahin entschieden, daß diese Gutachten zwar einen bedeutsamen Anhalt, nicht aber ohne Weiteres den Ausschlag geben. (H.B., S. 166.) So erwähnte der Präsident des Reichsversicherungsamtes auf dem XV. Berufsgenossenschaftstage eine Entscheidung aus dem Jahre 1896, in der wörtlich gesagt ist: „Vielmehr ist die Ansicht des Beklagten, daß die Gerichte an die Gutachten der Aerzte gebunden seien, vollständig rechtsirrthümlich, da diese immer nur eine Unterlage bilden können für die Erkenntniß der Gerichte", und eine andere aus dem Jahre 1900, in der ausgesprochen wird, daß das Gericht an die ärztliche Abschätzung über den Grad der Erwerbsunfähigkeit nicht gebunden sei. Das R.V.A. hat hierüber am 31. December 1901 ein im Anhang unter N. 3 abgedrucktes Rundschreiben erlassen. (Vergl. auch Anm. 1 zu §. 69.)

⁷) Völlige Erwerbsunfähigkeit ist vorhanden, wenn der Verletzte beide Augen, beide Arme oder Hände, beide Beine oder Füße, je einen Arm oder eine Hand und einen Fuß verloren hat, oder in Folge des Betriebsunfalls an anderen äußeren oder inneren Uebeln leidet, die jede auch nur mit geringer Anstrengung verbundene Arbeit unmöglich machen, wie z. B. ausgebildete unheilbare Geisteskrankheit, schweres Siechthum mit gänzlicher Entkräftigung durch Lähmung der Glieder, der Blase und des Mastdarms, wie sie bei schweren Rückenmarkserkrankungen vorkommt, schwere Leiden der inneren Brust- oder Bauchorgane mit Abzehrung des ganzen Körpers oder Wassersucht. (Vergl. Becker S. 49.)

Die Entscheidung, ob völlige Erwerbsunfähigkeit vorhanden ist, ist ganz unabhängig davon, ob dem Verletzten noch Einnahmen zur Verfügung stehen, deren Quelle nicht Lohnarbeit ist, wie Zinsen eines Vermögens oder dauernde durch Vertrag gesicherte Unterstützungen des früheren Arbeitgebers. Kann ein Verletzter nach seiner durch den Unfall herbeigeführten körperlichen oder geistigen Verfassung durch eigene Arbeit nichts mehr verdienen, so ist er völlig erwerbsunfähig.

Ist bei dem Beginn der 14. Woche nach Eintritt des Unfalls die Körperverletzung — immer im Sinne des §. 8 — noch nicht vollkommen geheilt, sei es, daß Wunden noch nicht zur Vernarbung gekommen sind, oder daß die Functionsfähigkeit anatomisch geheilter Glieder noch viel zu wünschen übrig läßt, und besteht eine Hoffnung ihrer Besserung, so wird der Verletzte doch mindestens bis zum Abschluß des Heilverfahrens für völlig erwerbsunfähig gelten müssen. Dies ist auch ständiger Brauch der Berufsgenossenschaften, die dadurch verhindern wollen, daß die Heilung durch vorzeitige Anspannung der Kräfte oder durch die Sorge für Angehörige und für die Zukunft, ungünstig beeinflußt wird. Das R.V.A. hat sogar einen Arbeiter, der einen doppelten schweren Bruch eines Unterschenkels erlitten hatte, während der Zeit, in der er noch täglich den Arzt besuchen mußte, um sich von ihm behandeln zu lassen, die Rente für völlige Erwerbsunfähigkeit zugebilligt. (H.B., S. 163.) Schon aus den letzten Beispielen geht hervor, daß völlige Erwerbsunfähigkeit in theilweise Erwerbsunfähigkeit und sogar in Erwerbsfähigkeit übergehen kann. Man hat also zwischen dauernder und vorübergehender völliger Erwerbsunfähigkeit zu unterscheiden (§. 88 und Anm. 3 zu §. 69). Im Bereiche der G.U.V. haben — im Jahre 1900 — 51697 Versicherte einen Betriebsunfall erlitten. Davon sind 592 dauernd völlig erwerbsunfähig geworden.

[8]) die Rente darf also nie für einen bestimmten Zeitraum festgestellt werden, sondern immer nur für die Dauer der völligen oder theilweisen Erwerbsunfähigkeit (vergl. Anm. 3 zu §. 69; §. 88 und §. 94).

[9]) wie der Jahresarbeitsverdienst berechnet werden soll, bestimmt §. 10. In der Berechnung des Jahresarbeitsverdienstes bestehen in der G.U.V. und L.U.V. gewisse Unterschiede.

[10]) Theilweise Erwerbsunfähigkeit ist vorhanden, wenn jemand durch einen Unfall eine mehr oder minder große Einbuße der Erwerbsfähigkeit erfahren hat, die er vor dem Unfall besaß, aber noch nicht die Fähigkeit völlig verloren hat, durch eigene Thätigkeit gewinnbringende Arbeit zu leisten. Naturgemäß sind die Unfälle, welche eine theilweise Erwerbsunfähigkeit herbeiführen, ungleich häufiger, als diejenigen, welche eine völlige Erwerbsunfähigkeit zur Folge haben. So bewirkten im Jahre 1900 von den 51697 neuen Unfällen 24790 dauernde theilweise Erwerbsunfähigkeit. Um den Grad der durch den Unfall herbeigeführten Verminderung der

Erwerbsfähigkeit richtig zu schätzen, wird wiederum die Erwerbsfähigkeit des Verletzten vor dem Unfall als volle, mit 100 pCt., angenommen und mit der Erwerbsfähigkeit, die er zur Zeit der Feststellung hat, verglichen: wird z. B. die letztere nur noch als das Drittel der ersteren angesehen, so ist der Grad der Erwerbsunfähigkeit mit 66⅔ pCt. zu beziffern. Die Minderung der Erwerbsfähigkeit durch einen Unfall beruht auf der Einschränkung oder Aufhebung der Funktionsfähigkeit von Sinneswerkzeugen oder Gliedern, der Körperkraft im Allgemeinen oder der geistigen Funktionen; auch augenfällige Entstellungen können als solche die Erwerbsfähigkeit nachtheilig beeinflussen, indem sie bei den Arbeitgebern die vielfach ohnehin vorhandene Abneigung, verstümmelte Unfallverletzte zu beschäftigen, noch verstärken (H.B., S. 165). Für die Abschätzung des Grades der Erwerbsunfähigkeit, die dem Verluste gewisser Gliedmaßen oder gewisser Körperverletzungen folgt, haben Privatversicherungsgesellschaften, Berufsgenossenschaften und Aerzte bestimmte Berechnungen aufgestellt. So nahm eine in Berlin abgehaltene Conferenz von Aerzten der Eisenbahn-Werkstätten eine Erwerbsunfähigkeit von 60 pCt. bei dem Verluste der rechten Hand, von 40 pCt. bei dem Verluste der linken Hand, von 50 pCt. bei dem Verluste eines Fußes, von 33⅓ pCt. beim Verluste des rechten Daumens, von 14 pCt. beim Verluste des linken Daumens an (Becker S. 53); namentlich Augenärzte haben sich bemüht, den Entschädigungsanspruch des Arbeiters bei Augenverletzungen durch ein Rechnungsverfahren genau procentualisch festzustellen. (Franz Becker in der Arb. Vers. XIX N. 1; es wird daselbst auch die übrige darauf bezügliche Literatur angegeben.) Aber alle diese Tarife können einem gewissenhaften Gutachter und Richter höchstens einen Anhalt geben, niemals dürfen sie ihn veranlassen, in einem bestimmten Falle bei der Abschätzung der Erwerbsunfähigkeit ohne weiteres nach ihnen zu urtheilen. Jeder Fall hat seine Besonderheit, und bei ganz gleichartigen Verletzungen kann die Minderung der Erwerbsfähigkeit verschieden groß sein. Es ist nicht allein die Art der Verletzung mit ihren Folgen zu berücksichtigen, sondern auch Alter, Geschlecht, körperlicher und geistiger Gesundheitszustand und der Beruf des Verletzten. Nur dann ist es möglich zu entscheiden, zu welchen Beschäftigungen auf dem gesammten Gebiete des Erwerbslebens der Verletzte noch fähig ist, und zu dieser Entscheidung wird eine genaue Kenntniß der gewerblichen Verhältnisse nothwendig sein, da ja nur die Berufsarten in Frage kommen dürfen, die dem Verletzten gemäß seinen gesammten Kenntnissen und körperlichen wie geistigen Fähigkeiten billiger Weise zugemuthet werden können.

Eine Beinverletzung, die dem Verletzten nur noch zu Arbeiten im Sitzen fähig macht, ist bei einem 16jährigen Maurerlehrling anders zu beurtheilen als bei einem 60jährigen Maurer; beide sind unfähig zu ihrem bisherigen Berufe geworden, aber der erstere hat noch Zeit, einen Beruf zu erlernen, wo er die Beine nicht braucht, er kann Schreiber werden, Uhrmacher oder Schneider, der 60jährige ist dazu außer Stande. Die Verstümmelung von Fingern bewirkt bei Arbeiterinnen, welche vorwiegend auf den Erwerb durch Finger und Handfertigkeit angewiesen sind, eine höhere Minderung der Erwerbsfähigkeit, wie bei Männern, die dann noch immer grobe Lohnarbeit zu leisten im Stande sind, ebenso entstellende Narben, die das Fortkommen weiblicher Personen gerade in den Berufen, zu denen sie durch ihr Geschlecht vorzüglich geeignet sind, wie im Berufe als Köchin, Dienstbote bei Kindern u. s. w. im hohen Grade hindern (nach R.E. 570. A. N. 1888). Eine Hornhautverletzung mit nachfolgender Verminderung des Sehvermögens schädigt einen gewöhnlichen Lohnarbeiter, wie einen Straßenreiniger, Steinklopfer und dergl. sehr wenig, sie macht aber einen kunstgewerblichen Arbeiter, einen Holzbildhauer, Kupferstecher, Lithographen, unfähig zu seinem bisherigen Berufe, zu dessen Ausübung er eine jahrelange Vorbildung nothwendig gehabt hat und macht es ihm sehr schwer, wenn nicht unmöglich, einen gleichwerthigen Beruf zu finden.

In der Differenzirung der Abschätzung des Grades der Erwerbsunfähigkeit bei gleichartigen Verletzungen ist das R.V.A. mustergiltig verfahren. (Eine vorzügliche Zusammenstellung findet sich bei Becker a.a.O. im speciellen Theile.) Es hat es ausdrücklich für unthunlich erklärt, ein für allemal für jede Art der Körperverletzung oder den Verlust bestimmter Gliedmaßen einen bestimmten Entschädigungstarif aufzustellen (H.B., S. 168). Bei der Schätzung der Minderung der Erwerbsfähigkeit solcher Personen, die durch einen früheren Unfall schon theilweise erwerbsunfähig geworden sind, also in der Erwerbsfähigkeit schon vor dem zweiten Unfall beschränkt waren, ist zu beachten, wie schon in Anm. 6 ausgeführt worden ist, daß auf dem Gebiete der Unfallversicherung der Grundsatz gilt, die Erwerbsfähigkeit eines beschäftigten Versicherten vor dem zu entschädigenden Unfall immer als voll — als 100 pCt. — anzusehen. Wenn z. B. ein Einäugiger, der bis dahin eine Rente von 33⅓ pCt. bezog, durch einen neuen Unfall sein zweites Auge verliert, so macht ihn dieser Verlust völlig erwerbsunfähig. Er hat daher nun den Anspruch auf Vollrente, nicht etwa nur auf diejenige, die gewöhnlich für den Verlust eines Auges zuerkannt wird (20—33⅓ pCt). Eine Benachtheiligung der Berufsgenossenschaft tritt hierdurch nicht ein, weil ja die Höhe der Rente im Gebiete der G.U.V. in der Regel sich nach dem Jahresarbeitsverdienste berechnet (§. 10), den der Verletzte während des letzten Jahres seiner Beschäftigung bezogen hat, und eine vor dem Unfall bestandene Minderung der Erwerbsfähigkeit in der Höhe dieses Jahresarbeitsverdienstes immer zum Ausdrucke kommen wird. (Vergl. §. 10 Abs. 5.) Auch bei der theilweisen Erwerbsunfähigkeit hat man zwischen dauernder und vorübergehender theilweisen Erwerbsunfähigkeit zu unterscheiden (vergl. §. 88).

Die Höhe des Arbeitsverdienstes, die ein Verletzter zur Zeit der Feststellung der Erwerbsunfähigkeit vielleicht schon wieder hat, darf die Entscheidung über den Grad seiner Erwerbsunfähigkeit nur insoweit beeinflussen, als sie die objectiv vorhandene Erwerbsfähigkeit zum Ausdruck bringt und ganz unbeeinflußt ist von Zufälligkeiten oder dem Wohlwollen des Arbeitgebers.

[11]) nimmt man z. B. in einem bestimmten Falle an, daß nach dem Unfalle der Verletzte nur noch 25 pCt. seiner früheren Erwerbsfähigkeit besitzt, so hat er einen Anspruch auf 75 pCt. der Vollrente. Die Höhe der Rente soll der objectiv festgestellten Minderung der Erwerbsfähigkeit entsprechen, gleichgiltig, wie hoch der Arbeitsverdienst des Verletzten zur Zeit der Feststellung ist (vergl. Anm. 10 im letzten Absatz), doch sollen Renten von 5 pCt. (oder weniger) der Vollrente nicht gewährt werden, da derartige geringfügige Schädigungen, wie sie bei Gewährung einer so kleinen Rente vorausgesetzt werden, als ein wirthschaftlicher Nachtheil im Sinne der Unfallversicherungsgesetzgebung füglich nicht gelten können. (H.B., S. 169.) Es ist durchaus zulässig, daß der Verdienst des theilweise Erwerbsunfähigen zusammen mit der ihm zugesprochenen Theilrente den Betrag der Vollrente übersteigt. (H.B., S. 168.)

In dem in Anm. 10 (vorletzter Absatz) angenommenen Falle des Einäugigen, der sein zweites Auge verliert, setzt sich die Rente, die er nach dem zweiten Unfall bezieht, zusammen aus der nach dem ersten Unfalle bewilligten Theilrente und der nach dem zweiten Unfall bewilligten Vollrente; dabei ist nicht zu übersehen, daß unter Umständen der Betrag der Theilrente höher sein kann, wie der Betrag der Vollrente, denn das Arbeitsverdienst des Verletzten vor dem zweiten Unfalle wird gewöhnlich ungleich niedriger sein, wie das Arbeitsverdienst vor dem ersten Unfalle.

[12]) Es ist gleichgültig, ob die „fremde Wartung und Pflege" von Familienangehörigen und anderen, zum Hausstande des Verletzten gehörigen Personen oder ob sie von Dritten geleistet wird (Komm. Ber. 1900 S. 30 ff), ebenso ob sie unentgeltlich oder gegen Entgelt stattfindet. „Aber hülflos im Sinne des Abs. III ist nicht schon derjenige, der für gewisse einzelne Verrichtungen, wenn auch regelmäßig, auf fremde Hülfe angewiesen ist, sofern sich diese Hülfeleistungen ohne beträchtliche Schwierigkeiten und Aufwendungen beschaffen lassen, sondern nur derjenige, für dessen Pflege dauernd eine fremde Arbeitskraft ganz oder doch in erheblichem Umfange iu Anspruch genommen werden muß, weil er zu den meisten Verrichtungen der gewöhnlichen Lebenshaltung aus eigner Kraft nicht mehr im Stande ist." (R.E. 1899, A.N. 1902 S. 181.)

[13]) es ist möglich, daß z. B. Jemand, der durch einen Unfall einen Arm und ein Bein verloren hat, also im Sinne des G.U.V.G. dauernd völlig erwerbsunfähig ist, noch eine Beschäftigung — vielleicht aus Mitleid —

in einem nach dem G.U.V.G. versicherungspflichtigen Betriebe findet und bei der Beschäftigung in diesem Betriebe einen zweiten Unfall erleidet.

[14]) Da er schon vor diesem zweiten Unfalle völlig erwerbsunfähig war, so kann er durch ihn eine Einbuße seiner Erwerbsfähigkeit nicht erleiden und hat infolgedessen auch keinen Anspruch auf eine Rente. (Gräf-Kreidel S. 162.)

[15]) die Fassung ist unklar. Es bleibt zweifelhaft, ob die neue Rente die Hälfte der durch den ersten Unfall erreichten Vollrente betragen soll oder ob sie — wie Woedtke-Caspar S. 230 meint — gemäß des vor dem zweiten Unfall bestandenen Arbeitsverdienstes festgestellt werden muß.

[16]) Nach Beendigung des Heilverfahrens ist es für den Verletzten oft mit Schwierigkeit verbunden, passende Arbeit zu finden. Er ist oft zu seiner bisherigen Beschäftigung nicht mehr brauchbar und muß sich erst in eine neue Beschäftigung eingewöhnen. Aus diesem Grunde hatten auch zur Zeit der Geltung des G.U.V.G. vom 6. Juli 1884 die Berufsgenossenschaften, ohne dazu eigentlich recht befugt zu sein, Personen, die nach dem Maaße ihrer festgestellten Erwerbsunfähigkeit eine Theilrente zu beanspruchen hatten, für eine gewisse Zeit eine Vollrente gewährt. Durch den Abs. 5 hat dieser sehr zweckmäßige und wohlwollende Brauch die gesetzliche Ermächtigung erhalten.

§. 10.

I. Die Rente ist nach Maßgabe desjenigen Jahresarbeitsverdienstes zu berechnen, den der Verletzte während des letzten Jahres seiner Beschäftigung [1]) in dem Betrieb an Gehalt oder Lohn (§. 6) bezogen hat, wobei der fünfzehnhundert Mark übersteigende Betrag nur mit einem Drittel zur Anrechnung kommt.

II. Als Jahresarbeitsverdienst gilt, soweit sich derselbe nicht aus mindestens wochenweise fixirten Beträgen zusammensetzt, das Dreihundertfache des durchschnittlichen täglichen Arbeitsverdienstes. Für versicherte Personen in Betrieben, in welchen die übliche Betriebsweise eine höhere oder niedrigere Zahl von Arbeitstagen ergiebt [2]), wird diese Zahl statt der Zahl dreihundert der Berechnung des Jahresarbeitsverdienstes zu Grunde gelegt.

III. War der Verletzte in dem Betriebe vor dem Unfalle nicht ein volles Jahr, von dem Unfalle zurückgerechnet, beschäftigt [3]), so ist die Rente nach demjenigen Jahresarbeitsverdienste zu berechnen, welchen während dieses Zeitraums versicherte Personen derselben Art in demselben Betrieb oder in benachbarten gleichartigen Betrieben bezogen haben. Ist dies nicht möglich, so ist der dreihundertfache

Betrag desjenigen Arbeitslohns zu Grunde zu legen, welchen der Verletzte während des letzten Jahres vor dem Unfall an denjenigen Tagen, an welchen er beschäftigt war, im Durchschnitte bezogen hat.

IV. Bei versicherten Personen, welche keinen Lohn oder weniger als den dreihundertfachen Betrag des für ihren Beschäftigungsort festgestellten ortsüblichen Tagelohns gewöhnlicher erwachsener Tagearbeiter beziehen (§. 8 des Krankenversicherungsgesetzes), gilt als Jahresarbeitsverdienst das Dreihundertfache dieses ortsüblichen Tagelohns.[4])

V. In den Fällen des Abs. 4 ist bei Berechnung der Rente für Personen, welche vor dem Unfalle bereits theilweise erwerbsunfähig waren, derjenige Theil des ortsüblichen Tagelohns zu Grunde zu legen, welcher dem Maße der bisherigen Erwerbsfähigkeit entspricht.[5])

[1]) „von dem Tage des Unfalls zurückgerechnet." Es ist nicht das Kalenderjahr gemeint. Vergl. Abs. III.

[2]) dies ist z. B. bei Maurern der Fall, die bei strenger Winterkälte nicht arbeiten können.

[3]) hier ist an Saisonarbeiter gedacht, an Arbeiter, die in Zuckerfabriken, Brauereien, Ziegeleien beschäftigt sind, und während des Ruhens des Betriebes eine andere Beschäftigung annehmen.

[4]) alle ortsüblichen Tagelöhne werden von Reichswegen von Zeit zu Zeit zusammengestellt und im Reichscentralblatte veröffentlicht; eine solche Veröffentlichung ist im Jahre 1901 zuletzt erfolgt. Dieser ortsübliche Tagelohn ist nach dem Orte sehr verschieden, er schwankt bei männlichen erwachsenen Arbeitern von 85 Pf. (Kr. Militsch) bis 3 M. 25 Pf. (Insel Helgoland), bei weiblichen erwachsenen Arbeiterinnen von 50 Pf. (Kreise Guhrau, Militsch, Wohlau) bis 2 M. (Ortschaften bei Hamburg, Cuxhaven, München). Die Feststellung erfolgt durch die höhere Verwaltungsbehörde für das Gebiet der Krankenversicherung — dieselbe ist in Preußen der Regierungspräsident (in Berlin der Oberpräsident); in Bayern die Kreisregierungen, Kammer des Innern; in Sachsen die Kreishauptmannschaften; in Württemberg die Kreisregierungen und Oberämter; in Baden die Bezirksämter; in Hessen die Kreisämter — nach Anhörung der Gemeindebehörde.

Für das Gebiet der Unfallversicherung nehmen zum Theil andere Behörden die Verrichtungen der höheren Verwaltungsbehörden wahr (vergl. §. 152 Anm. 1).

[5]) durch diese Bestimmung wird eine Schädigung der Berufsgenossenschaft in den, im vorletzten Absatze der Anm. 10 zu §. 9 erwähnten Fällen vermieden, sobald es sich dabei um die im Abs. IV dieses Paragraphen erwähnten Personen handelt.

§. 11.

I. Die Berufsgenossenschaft ist befugt, der Krankenkasse, welcher der Verletzte angehört oder zuletzt angehört hat[1]), gegen Ersatz der ihr dadurch erwachsenden Kosten die Fürsorge für den Verletzten über den Beginn der vierzehnten Woche hinaus[2]) bis zur Beendigung des Heilverfahrens in demjenigen Umfange zu übertragen, welchen die Berufsgenossenschaft für geboten erachtet.[3]) Zu ersetzen ist bei Gewährung der im §. 6 Abs. 1 Ziffer 1 des Krankenversicherungsgesetzes bezeichneten Leistungen[4]) die Hälfte, bei Unterbringung des Verletzten in ein Krankenhaus oder in eine Anstalt für Genesende das Einundeinhalbfache des in jenem Gesetz bestimmten Mindestbetrages des Krankengeldes[5]), sofern nicht höhere Aufwendungen nachgewiesen werden.[6])

II. Die Bestimmungen der §§. 76b bis 76d des Krankenversicherungsgesetzes[7]) finden auch auf Knappschaftskassen (§. 74 a. a. O.) Anwendung. Haben Knappschaftskassen, sonstige Krankenkassen oder Verbände von Krankenkassen Heilanstalten errichtet, in welchen ausreichende Einrichtungen für die Heilung der durch Unfall herbeigeführten Verletzungen getroffen sind, so kann die Landes-Centralbehörde[8]) anordnen, daß die Mitglieder der betreffenden Kassen bis zum Beginne der vierzehnten Woche nach Eintritt des Unfalls nur mit Genehmigung der Vorstände dieser Kassen oder Kassenverbände in andere Heilanstalten untergebracht werden dürfen.

III. Verletzte Personen, welche auf Veranlassung von Knappschaftskassen, sonstigen Krankenkassen, Verbänden von Krankenkassen oder von Organen der Berufsgenossenschaften in eine Heilanstalt untergebracht sind, dürfen während des Heilverfahrens in andere Heilanstalten nur mit ihrer Zustimmung übergeführt werden.[9]) Diese Zustimmung kann durch die untere Verwaltungsbehörde des Aufenthaltsorts ergänzt werden.[10])

IV. Als Krankenkassen im Sinne der vorstehenden Bestimmungen sowie der §§. 76b bis 76d des Krankenversicherungsgesetzes gelten außer der Gemeinde-Krankenversicherung auch diejenigen Hilfskassen, welche die im §. 75a a. a. O. vorgesehene amtliche Bescheinigung besitzen.[11])

[1]) also auch nach Erlöschen der Kassenmitgliedschaft des Verletzten ist die Krankenkasse, der er angehört hat, verpflichtet, die Fürsorge für den Verletzten auf Verlangen der B.G. zu übernehmen.

²) vom Beginne der 14. Woche nach Eintritt des Unfalls ab beginnt die Verpflichtung der B.G. (§ 9 Abs. I); dieser Termin ist selbst bei denjenigen Krankenkassen, die ihren erwerbsunfähigen Mitgliedern ein Krankengeld nur bis zu dem Ablauf der dreizehnten Woche nach Beginn des Krankengeldbezuges zahlen, zumeist ein früherer Zeitpunkt als das Ende des Krankengeldbezuges. Nur in den Fällen fallen beide Termine zusammen, in denen am Tage des Eintritts des Unfalls auch Erwerbsunfähigkeit eintritt, und der Unfallverletzte einer Kasse angehört, die das Krankengeld schon vom Tage des Eintritts der Erwerbsunfähigkeit ab bezahlt. Zu dem letzteren sind die Krankenkassen (bezw. die Gemeindekrankenversicherungen) statutarisch berechtigt (K.V.G. § 6a Abs. I Ziffer 4 und § 21 Abs. I Ziffer 1a.), gesetzlich verpflichtet sind sie aber nur, das Krankengeld vom dritten Tage des Eintritts der Erwerbsunfähigkeit ab zu gewähren. Am Beginn der 14. Woche nach Eintritt des Unfalls wird deshalb ein unfallverletztes Kassenmitglied fast immer noch Anspruch auf die Unterstützungen durch die Krankenkasse haben, selbstverständlich immer, wenn die Krankenunterstützung der Kasse sich über die gesetzliche Mindestdauer erstreckt. Soweit hierdurch die Krankenkasse Unterstützungen leistet, für welche dem Unterstützten auch ein Anspruch an die B.G. zusteht — das trifft für die ärztliche Behandlung zu (§. 9 Abs. I Ziffer 1) — muß sie von der B.G. voll entschädigt werden. Es ist deshalb den Kassenärzten dringend zu rathen, in den Verträgen mit Krankenkassen eine Bestimmung zu setzen, nach der die Kasse für die Behandlung der ihr auf Grund des § 11 G.U.V.G. (§ 14 L.U.V.G.) oder des § 19 des Invalidenversicherungsgesetzes — wo dieselben Verhältnisse vorliegen — überwiesenen Kranken die Mindestsätze der preuß. (bezw. bayr., sächs. ect) Gebührenordnung für approbirte Aerzte zahlt, und ebenso für die Behandlung der unfallverletzten Mitglieder vom Beginn der 14. Woche nach Eintritt des Unfalls ab. Eine solche Bestimmung macht der Krankenkasse auch nicht einen Pfennig Mehrkosten (vergl. letzten Satz dieses Absatzes und § 25 Abs. II, III). Auch wenn derartige Bestimmungen in Verträgen zwischen Krankenkassen und Kassenärzten nicht vorgesehen sind, können die letzteren, selbst wenn sie gegen festes Gehalt angestellt sind, für die Behandlung der von den Berufsgenossenschaften und Versicherungsanstalten überwiesenen Kranken die Mindestsätze der an ihrem Wohnort geltenden Gebühren bei der Krankenkasse liquidiren; die Berufsgenossenschaften pflegen ausnahmslos derartige Rechnungen der Kassenärzte anzuerkennen und erstatten den dafür ausgelegten Betrag der Krankenkasse wieder. Da die Krankenkasse es sehr häufig unterläßt, den Kassenarzt zu benachrichtigen, wann der Beginn der Behandlung eintritt, deren Kosten die Berufsgenossenschaft zu tragen hat, so ist jedem Kassenarzte zu rathen, von jedem in seine Behandlung kommenden Unfallverletzten sich genau den Tag des Eintritts des Unfalls sagen zu lassen, um auf diese Weise selbst zu wissen, an welchem Tage die Fürsorgepflicht der Berufsgenossenschaft beginnt.

[3]) Ist das Heilverfahren beendet, so ist die Krankenkasse nicht verpflichtet, noch weiter die Fürsorge zu übernehmen; einem etwaigem Wunsche der B.G., in ihrem Auftrage auch nach dieser Zeit die Rente auszuzahlen, braucht sie nicht nachzukommen. Die B.G. ist befugt, während der Zeit, für welche sie die Fürsorge gemäß §. 11 einer Krankenkasse übertragen hat, den Verletzten einer gewissen Beaufsichtigung zu unterwerfen oder seine ärztliche Untersuchung anzuordnen (H.B., S. 171). In solchen Fällen wird sich der von der B.G. beauftragte Arzt immer mit dem behandelnden Kassenarzte vorher in's Einvernehmen setzen müssen. (Standesordnung für die ärztlichen Bezirksvereine im Königreich Sachsen Ziff. 8; Standesordnung für die Aerzte der Provinz Sachsen Ziff. 14; Standesordnung für die Aerzte der Provinz Westphalen Ziff. 18). Ob bestimmte Leistungen zu gewähren sind, die der Verletzte von der Krankenkasse nach Uebertragung der Fürsorge verlangt, und die die Krankenkasse nicht gewähren will, weil sie dieselben nicht zum Heilverfahren rechnet, z. B. eine Milchkur und dergl., ist nicht durch die Krankenkasse zu entscheiden, sondern durch die B.G. Die Uebertragung der Fürsorge gemäß §. 11 ist nur eine besondere Form der gesetzlich von der B.G. zu leistenden Unterstützung, deren Feststellung in jedem Falle gemäß §. 69 ff. zu erfolgen hat (H.B.; §. 171).

[4]) Aerztliche Behandlung, Arznei, Brillen, Bruchbänder und ähnliche Heilmittel. Leistungen dieser Art müssen aber thatsächlich gewährt worden sein, um die Forderung des halben Krankengeldes zu rechtfertigen.

[5]) Der Mindestbetrag des Krankengeldes ist bei der Gemeindekrankenversicherung die Hälfte des ortsüblichen Tagelohns gewöhnlicher Tagearbeiter (vergl. Anm. 4 zu §. 10), bei den Orts-, Betriebs-, Innungs-, Bau-Krankenkassen und bei den Knappschaftskassen die Hälfte des durchschnittlichen Tagelohns derjenigen Klassen von Versicherten, für welche die Kasse errichtet ist, soweit er drei Mark nicht übersteigt. Das Krankengeld bei den organisirten Kassen kann statutarisch bis auf den Betrag von 3 Mk. pro Tag erhöht werden (K.V.G. §§. 6, 20, 21, 26a). Der für die ärztliche Behandlung 2c. zu erstattende Betrag darf nur nach der Höhe des dem Verletzten gesetzlich zustehenden Mindestbetrages des Krankengeldes berechnet werden, ohne Rücksicht darauf, ob die betreffende Krankenkasse statutarisch einen höheren Betrag gewährt.

[6]) Hierunter fallen etwaige Liquidationen der Aerzte oder die Ausgaben für nothwendige, kostspielige Kuren, wie electrische, medico-mechanische Behandlung. Die Nothwendigkeit solcher Aufwendungen wird im Streitfalle durch die Bescheinigungen der Aerzte genügend nachgewiesen (H.B., S. 172).

[7]) §. 76b K.V.G. verpflichtet die Verwaltungen der Krankenkassen, (Gemeindekrankenversicherungen) jeden durch einen Betriebsunfall herbeigeführten Erkrankungsfall, bei dem nach Ablauf der vierten Woche der Krankheit, die Erwerbsfähigkeit des Erkrankten noch nicht wieder hergestellt ist,

binnen einer Woche nach diesem Zeitpunkt dem Vorstande der B.G., bei der der Erkrankte versichert ist, oder dem Vorstande der Section der B.G. anzuzeigen. §. 76c K.V.G. berechtigt die B.G. in Erkrankungsfällen, welche durch Unfall herbeigeführt werden, das Heilverfahren vor Ablauf der dreizehnten Woche nach Eintritt des Unfalls auf ihre Kosten zu übernehmen. Der Anspruch des Erkrankten auf Krankengeld geht dann vom Tage der Uebernahme an bis zur Beendigung des Heilverfahrens oder bis zum Ablauf der dreizehnten Woche nach Beginn des Krankengeldbezuges auf die B.G. über. Auf die B.G. gehen dagegen für denselben Zeitraum alle Verpflichtungen über, welche der Krankenkasse dem Erkrankten gegenüber obliegen. In §. 76d K.V.G. werden in dieser Beziehung den B.Gn. die Ausführungsbehörden (vergl. §. 128) gleichgestellt. Die Uebernahme des Heilverfahrens nach §. 76c K.V.G., also während der Karenzzeit, ist dann für die B.G. und für den Verletzten von Nutzen, wenn die Behandlung der Verletzung eine sehr complicirte ist oder Kosten erfordert, die mit den financiellen Verhältnissen der Kasse sich nicht vertragen. Dagegen ist es für die B.G. unvorteilhaft, wenn sie ausnahmslos jeden Verletzten in eigne Behandlung übernimmt. Das beweisen am besten die Ergebnisse, die die VI. Section der Brauerei- und Mälzereiberufsgenossenschaft bei diesem von ihr geübten Verfahren hat. Dieselben entsprachen sowohl 1900 wie 1901 auch nicht im entferntesten den Kosten, die das Heilverfahren verursacht hat. (Vergl. darüber „Berufsgenossenschaft" 1901 Nr. 1 und des Verfassers Kritik in „Berl. Aerzte-Correspondenz" 1901 Nr. 3.)

Im Jahre 1899 ist von den gewerblichen B.Gn. das Heilverfahren in 9010 Fällen angewandt worden; in 8111 von diesen Fällen wird ein günstiger Erfolg angegeben (A. N. 1901 S. 282). Aber es fehlt jeder stichhaltige Nachweis für den Zusammenhang der Besserung und der Uebernahme des Heilverfahrens, wie überhaupt in der Literatur hierfür eine beweiskräftige Statistik, die eine große Reihe von Fällen umfaßt, bisher nicht existirt, sodaß die Frage offen bleibt, ob nicht in sehr vielen Fällen, die als gebessert bezeichnet sind, die Besserung auch dann eingetreten wäre, wenn die B.Gn. das Heilverfahren nicht übernommen hätten.

Der Werth der Uebernahme des Heilverfahrens und der damit im Zusammenhang stehenden „intensiven Behandlung" der Unfallverletzten wird zweifellos von einer Reihe von B.Gn. bedeutend überschätzt.

8) in Preußen der Handelsminister, in den übrigen Bundesstaaten der Minister des Innern.

9) diese Bestimmung ist getroffen worden, um zu verhindern, daß der Verletzte während des Heilverfahrens rücksichtslos von Heilanstalt zu Heilanstalt umhergeschickt wird.

10) die untere Verwaltungsbehörde (vergl. §. 152) wird genau zu prüfen haben, ob die Weigerung des Verletzten unberechtigt ist; es würde der Absicht des Abs. III vollständig widersprechen, wenn sie diese Zustimmung auf jede Beschwerde der B.G. hin, gäbe.

[11]) Diese Bescheinigung wird nur dann ertheilt, wenn die Hilfskasse allen ihren versicherungspflichtigen Mitgliedern, oder doch derjenigen Mitgliederklasse, zu welcher der Versicherungspflichtige gehört, im Krankheitsfalle die Mindestleistungen der Gemeindekrankenversicherung, in deren Bezirk der Versicherungspflichtige beschäftigt ist, gewährt. Versicherungspflichtige Mitglieder derartiger Kassen sind von dem Zwange, einer Gemeindekrankenversicherung oder Zwangskasse beizutreten, befreit.

§. 12.

I. Vom Beginne der fünften Woche nach Eintritt des Unfalls bis zum Ablaufe der dreizehnten Woche ist das Krankengeld, welches den durch einen Betriebsunfall verletzten Personen auf Grund des Krankenversicherungsgesetzes gewährt wird, auf mindestens zwei Drittel des bei der Berechnung desselben zu Grunde gelegten Arbeitslohns zu bemessen. Die Differenz zwischen diesen zwei Dritteln und dem gesetzlich oder statutengemäß zu gewährenden niedrigeren Krankengeld ist der betheiligten Krankenkasse (Gemeinde-Krankenversicherung) von dem Unternehmer desjenigen Betriebs zu ersetzen, in welchem der Unfall sich ereignet hat. Die zur Ausführung dieser Bestimmung erforderlichen Vorschriften erläßt das Reichs-Versicherungsamt.[1])

II. Den nach §§. 1 oder 2 versicherten Arbeitern und Betriebsbeamten, letzteren bei einem Jahresarbeitsverdienste bis zu zweitausend Mark[2]), welche nicht nach den Bestimmungen des Krankenversicherungsgesetzes versichert sind, hat der Betriebsunternehmer die in den §§. 6, 7 des Krankenversicherungsgesetzes vorgesehenen Unterstützungen[3]) einschließlich des aus dem vorhergehenden Absatze sich ergebenden Mehrbetrags für die ersten dreizehn Wochen aus eigenen Mitteln zu gewähren. Die Berufsgenossenschaft kann die den Unternehmern obliegenden Leistungen ganz oder theilweise statt desselben übernehmen. Der Unternehmer hat in diesem Falle der Berufsgenossenschaft Ersatz zu leisten. Dabei gilt als Ersatz der im §. 9 Abs. 1 Ziffer 1 bezeichneten Leistungen die Hälfte desjenigen Krankengeldes, welches dem Verletzten nach §. 6 Abs. 1 Ziffer 2 des Krankenversicherungsgesetzes zustehen würde, wenn er nach dessen Bestimmungen versichert wäre.

[1]) Zur Ausführung dieser Bestimmung ist die Bekanntmachung des R.V.A. vom 30. Sept. 1885 ergangen. Hiernach ist der Mehrbetrag an Krankengeld vom 29. Tage nach Eintritt des Unfalls ab zu gewähren. Der

Tag des Unfalls wird nicht mitgezählt; ist der Verletzte doppelt versichert — bei einer Zwangskasse und freien Hilfskasse — so wird der Mehrbetrag in bestimmter Weise von beiden Kassen aufgebracht (§ 4 der Best.). Bezahlt die Krankenkasse in Folge statutarischer Bestimmungen ein Krankengeld, das $^2/_3$ des Lohns oder mehr beträgt, so hat sie gegen den Unternehmer keinen Anspruch. Spätestens nach Ablauf der 13. Woche nach Eintritt des Unfalls oder, falls der Verletzte früher wiederhergestellt ist oder verstirbt, nach der Wiederherstellung oder nach seinem Ableben, hat die Krankenkasse die Mehrausgabe bei dem Unternehmer desjenigen Betriebes, in welchem sich der Unfall ereignet hat, auf einem vorgeschriebenen Formular zu liquidiren; bei Betriebskrankenkassen und Knappschaftskassen kann auch die Liquidation nach freier Vereinbarung zwischen den Betriebsunternehmern und Kassenverwaltungen in bestimmten Zwischenräumen und für mehrere Kassenmitglieder gemeinschaftlich erfolgen.

[2]) für die höher besoldeten Betriebsbeamten darf angenommen werden, daß sie im Stande sind, während der ersten 13 Wochen aus eigenen Mitteln die Kosten der Krankheit zu bestreiten. (Komm.-Ber, 1900 S. 39.)

[3]) die §§. 6 und 7 K.V.G. lauten:

§. 6. Als Krankenunterstützung ist zu gewähren:

1. vom Beginn der Krankheit ab freie ärztliche Behandlung, Arznei sowie Brillen, Bruchbänder und ähnliche Heilmittel;
3. im Falle der Erwerbsunfähigkeit vom dritten Tage nach dem Tage der Erkrankung ab für jeden Arbeitstag ein Krankengeld in Höhe der Hälfte des ortsüblichen Tagelohnes gewöhnlicher Tagearbeiter.

Die Krankenunterstützung endet spätestens mit dem Ablauf der dreizehnten Woche nach Beginn der Krankheit, im Falle der Erwerbsunfähigkeit spätestens mit dem Ablauf der dreizehnten Woche nach Beginn des Krankengeldbezuges. Endet der Bezug des Krankengeldes erst nach Ablauf der dreizehnten Woche nach Beginn der Krankheit, so endet mit dem Bezuge des Krankengeldes zugleich auch der Anspruch auf die im Abs. 1 unter Ziffer 1 bezeichneten Leistungen.

Das Krankengeld ist nach Ablauf jeder Woche zu zahlen.

§. 7. An Stelle der im §. 6 vorgeschriebenen Leistungen kann freie Kur und Verpflegung in einem Krankenhause gewährt werden, und zwar:

1. für diejenigen, welche verheirathet sind oder eine eigene Haushaltung haben oder Mitglieder der Haushaltung ihrer Familie sind, mit ihrer Zustimmung, oder unabhängig von derselben, wenn die Art der Krankheit Anforderungen an die Behandlung oder Verpflegung stellt, welchen in der Familie des Erkrankten nicht genügt werden kann, oder wenn die Krankheit eine ansteckende ist, oder wenn der Erkrankte wiederholt den auf Grund des § 6a Abs. 2 erlassenen Vorschriften zuwider gehandelt hat, oder wenn dessen Zustand oder Verhalten eine fortgesetzte Beobachtung erfordert;

2. für sonstige Erkrankte unbedingt.

Hat der in einem Krankenhause Untergebrachte Angehörige, deren Unterhalt er bisher aus seinem Arbeitsverdienste bestritten hat, so ist neben der freien Kur und Verpflegung die Hälfte des im §. 6 als Krankengeld festgesetzten Betrages für diese Angehörigen zu zahlen. Die Zahlung kann unmittelbar an die Angehörigen erfolgen.

§. 13.

I. Wenn der aus der Krankenversicherung oder aus der Bestimmung des §. 12 Abs. 2 erwachsende Anspruch auf Krankengeld vor dem Ablaufe von 13 Wochen nach Eintritt des Unfalls weggefallen,[1]) aber bei dem Verletzten eine noch über die dreizehnte Woche hinaus andauernde Beschränkung der Erwerbsfähigkeit zurückgeblieben ist,[2]) so hat die Berufsgenossenschaft dem Verletzten die Unfallrente (§. 9 Abs. 2 lit. b) schon von dem Tage ab zu gewähren, an welchem der Anspruch auf Krankengeld in Wegfall kommt.[3]) Erachtet die Berufsgenossenschaft die Voraussetzungen des Anspruchs schon vor Ablaufe der dreizehnten Woche nach dem Unfalle für gegeben, so hat sie die Rente zu diesem früheren Zeitpunkte festzustellen.[3])

II. Durch Statut kann bestimmt werden, daß die Rente nach dem Wegfalle des Anspruchs auf Krankengeld auch dann zu gewähren ist, wenn nach jenem Zeitpunkte zwar noch eine Beschränkung der Erwerbsfähigkeit in Folge des Unfalls verblieben ist, aber voraussichtlich schon vor Ablauf der dreizehnten Woche nach dem Unfalle fortfallen wird.[4])

III. Hat die Krankenkasse die ihr aus der Kraukenversicherung, oder hat der Betriebsunternehmer die ihm aus §. 12 Abs. 2 obliegenden Leistungen vor dem Ablaufe der dreizehnten Woche zu Unrecht eingestellt,[5]) so geht der Anspruch des Verletzten auf Krankengeld auf die Berufsgenossenschaft bis zu demjenigen Betrag über, welcher der gemäß Abs. 1, 2 gewährten Entschädigung gleichkommt.

[1]) es ist also nothwendig, daß in den ersten 13 Wochen ein Anspruch auf Krankengeld bestand. War dies nicht der Fall, ist §. 13 nicht anwendbar (R.E. 1881. A.N. 1901 S. 599), also nicht in den Fällen, in denen die gewöhnliche Arbeit nach einem Unfalle nicht ausgesetzt wird, und die Unfallsfolge, z. B. Geisteskrankheit nach einem Falle, erst nach Beginn der 14. Woche sich bemerkbar macht.

[2]) Da der Begriff der Erwerbsunfähigkeit im K.V.G. ein anderer ist als in der Unfallversicherung (vergl. Anm. 6 zu §. 9), so ist dieser Fall möglich; er wird aber außerordentlich selten eintreten. Nach dem K.V.G.

wird ein Anspruch auf Krankengeldbezug nur durch eine durch Krankheit herbeigeführte Erwerbsunfähigkeit gerechtfertigt. Als krank gilt aber im Sinne des K.V.G., wer ärztlicher Behandlung bedarf, und so lange, als dies der Fall ist, dagegen für gesund, wer keinen Arzt nöthig hat. (Entsch. des hans. Ob. Land. Ger. zu Hamburg vom 1. Mai 1886 und 8. Juli 1887; ähnl. Preuß. Ober Verw. Ger. in seinen Entsch. vom 10. October 1889, 9. Dezember 1889, 9. October 1890. Vergl. auch des Verf. Kommentar zum K.V.G. Anm. 2 zu §. 5.) Ist also z. B. bei einem Kassenmitgliede in Folge Betriebsunfalls am Tage des Unfalls die Exarticulation zweier Finger der linken Hand nothwendig geworden, und ist die Heilung der Operationswunde nach 6 Wochen vollständig beendet, so ist dieses Kassenmitglied nach Ablauf dieser sechs Wochen nicht mehr krank, er ist auch kein Reconvalescent oder siech, er kann vielleicht sogar seine frühere Beschäftigung — wenn auch mühseliger — wieder aufnehmen und ist deshalb im Sinne des K.V.G. nicht mehr erwerbsunfähig, hat mithin keinen Anspruch auf Krankengeldbezug mehr. In den meisten Fällen wird aber Jemand, der den 2. und 3. Finger der linken Hand eingebüßt hat, im Sinne der U.V.G. als theilweise erwerbsunfähig gelten müssen, er wird 10—20 pCt. seiner vollen Erwerbsfähigkeit verloren haben.

[3]) nach der Fassung des Abs. I werden zwei Fälle als möglich angenommen: beide haben zur Voraussetzung, daß während eines Theils der ersten 13 Wochen nach dem Unfall Krankengeld gewährt worden, und daß am Beginn der 14. Woche nach dem Unfalle eine Erwerbsunfähigkeit im Sinne der U.V.G. zurückgeblieben ist. In dem einen Falle ist aber das Zurückbleiben dieser Erwerbsunfähigkeit vorher nicht mit völliger Sicherheit vorauszusetzen — so kann unter Umständen Jemand selbst mit Verlust zweier Finger der linken Hand, z. B. ein Kutscher, völlig erwerbsfähig sein — und in diesem Falle kann die B.G. mit der Feststellung der Rente bis zum Beginn der 14. Woche nach dem Unfalle warten, muß aber die Rente von dem Tage des Aufhörens des Krankengeldbezuges an gewähren. Im zweiten Falle ist nicht daran zu zweifeln, daß am Beginn der 14. Woche Erwerbsunfähigkeit vorhanden sein wird, so z. B. wenn es sich in dem Beispiele in Anm. 2 um eine nach 6 Wochen glatt geheilte Exarticulation des linken Oberarms, die in Folge eines Betriebsunfalls am Tage desselben nothwendig war, gehandelt hätte oder um eine Enucleation eines Auges; dann muß die B.G. sofort nach Wegfall des Krankengeldbezuges die Rente feststellen.

[4]) durch Abs. II kann also statutarisch von der 13wöchentlichen Wartezeit abgesehen werden. Seine Anwendung wird zu den größten Seltenheiten gehören, denn hierzu ist Voraussetzung 1. ein Betriebsunfall, der während der ersten Wochen nach seinem Eintritt Krankengeldbezug rechtfertigte, 2. der Wegfall dieses Bezuges während dieses Zeitraumes und dabei

Vorhandensein einer Minderung der Erwerbsfähigkeit, 3. die Wahrscheinlichkeit, daß am Beginn der 14. Woche nach Eintritt des Unfalls völlige Erwerbsfähigkeit vorhanden sein wird.

5) die Krankenkasse stellt die Gewährung des Krankengeldes ein, wenn der Kassenarzt die Erwerbsfähigkeit des Verletzten (natürlich im Sinne des K.V.G.) bescheinigt. Dies geschieht oft zu Unrecht, wenn die anatomische Heilung der Verletzung zwar vollendet ist, aber noch eine functionelle Störung besteht. Wenn z. B. ein Eisendreher durch das Eindringen eines Splitters in den Mittelfinger der linken Hand ein Panaritium (Zellengewebsentzündung) erwirbt, und dieses nach einigen Wochen vollständig ausgeheilt, aber eine Versteifung des Fingers zurückgeblieben ist, deren Beseitigung durch Massage, Elektricität oder dergl. für ausgeschlossen gelten muß, der Verletzte also eine weitere ärztliche Behandlung nicht bedarf, so ist er deswegen auch im Sinne des K.V.G. nicht erwerbsfähig. Denn die Minderung der Erwerbsfähigkeit beruht ja hier auf den Folgen der Krankheit, nämlich des durch den Betriebsunfall herbeigeführten Panaritiums, und gewährt deshalb, da sie nicht beseitigt werden kann, bis zum Ende der Krankenunterstützungsdauer einen Anspruch auf Krankengeldbezug. Ja dieser Anspruch würde auch dann bestehen, wenn der Verletzte seine frühere Arbeit wieder aufgenommen hat, vorausgesetzt, daß dabei die Minderung seiner Arbeitsfähigkeit zweifellos erkennbar ist. (Entsch. des preuß. Ober-Verw. Ger. vom 9. Mai 1900 in der Aerztl. Sachv. Zeit. 1901 S. 171 und des Sächs. Verw. Gerichtshofes vom 29. Dezember 1898 in der volksthümlichen Zeitschr. für praktische Arbeiterversicherung 1901 N. 24.)

§. 14.

Streitigkeiten, welche aus Anlaß der in §. 11 Abs. 1, §§. 12, 13 Abs. 3 enthaltenen Bestimmungen unter den Betheiligten entstehen, werden, wenn es sich um Ersatzansprüche handelt, nach §. 58 Abs. 2 des Krankenversicherungsgesetzes[1]), im Uebrigen nach §. 58 Ab. 1 des Krankenversicherungsgesetzes[2]), entschieden, und zwar in den Fällen des §. 12 Abs. 2 von der für die Orts-Krankenkassen des Beschäftigungsorts zuständigen Aufsichtsbehörde.[3]) Gehört diese zu den Betheiligten,[4]) so wird die zur Entscheidung des Streitfalls berufene Behörde durch die für den Beschäftigungsort zuständige höhere Verwaltungsbehörde bestimmt.

1) im Verwaltungsstreitverfahren, wo — wie in Preußen, Bayern, Württemberg, Baden und Königreich Sachsen — ein solches besteht, sonst durch die Aufsichtsbehörde, deren Entscheidung binnen 4 Wochen im Wege des Rekurses nach Maßgabe der §§. 20 und 21 der Gewerbeordnung angefochten werden kann.

[2]) durch die Aufsichtsbehörde oder in bestimmten Fällen durch eine andere von der Centralbehörde bestimmte Behörde, gegen deren Entscheidung entweder der Rechtsweg, wie in Preußen, oder das Verwaltungsstreitverfahren, wie in Bayern, Württemberg, Baden, Kgr. Sachsen, zulässig ist.

[3]) das ist in Gemeinden von mehr als 10000 Einwohnern die Gemeindebehörde, im übrigen in Preußen der Landrath oder Amtmann; in Bayern der Bezirksamtmann; im Kgr. Sachsen der Amtshauptmann; in Württemberg die Oberämter; in Baden die Bezirksämter; in Hessen die Kreisämter.

[4]) wenn die Gemeinde (Ortsarmenverband) die dem Unternehmer obliegende Krankenfürsorge vorläufig übernommen hat.

§. 15.

I Im Falle der Tödtung[1]) ist als Schadenersatz außerdem zu leisten:

1. als Sterbegeld der fünfzehnte Theil des nach §. 10 Abs. 1 bis 4 zu Grunde zu legenden Jahresarbeitsverdienstes, jedoch mindestens ein Betrag von fünfzig Mark;
2. eine den Hinterbliebenen vom Todestage des Verstorbenen ab zu gewährende Rente. Dieselbe besteht nach näherer Bestimmung der §§. 16 bis 20 in einem Bruchtheile seines nach §. 10 Abs. 1 bis 4 ermittelten Jahresarbeitsverdienstes.

II. Ist der der Berechnung zu Grunde zu legende Jahresarbeitsverdienst in Folge eines früher erlittenen, nach den reichsgesetzlichen Bestimmungen über Unfallversicherung entschädigten Unfalls geringer als der vor diesem Unfall bezogene Lohn, so ist die aus Anlaß des früheren Unfalls bei Lebzeiten bezogene Rente dem Jahresarbeitsverdienste bis zur Höhe des der früheren Rentenfeststellung zu Grunde gelegten Jahresarbeitsverdienstes hinzuzurechnen.[2])

[1]) im Jahre 1900 haben von 51697 Betriebsunfällen im Gebiete der G.U.V. 5108 den Tod des Verletzten herbeigeführt.

[2]) Wenn also ein Verletzter, der wegen beschränkter Erwerbsfähigkeit eine Unfallrente bezieht und Arbeit nur gegen einen entsprechend geringen Lohn leistet, einen zweiten tödtlichen Unfall erleidet, wird der Schadensersatz, insbesondere die Rente für die Hinterbliebenen, nicht, wie es sonst üblich ist, nur nach dem letzten, sehr geringen Arbeitsverdienste berechnet.

§. 16.

I. Hinterläßt der Verstorbene eine Wittwe oder Kinder,[1]) so beträgt die Rente für die Wittwe bis zu deren Tode oder Wiederverheirathung sowie für jedes hinterbliebene Kind bis zu dessen zurückgelegtem fünfzehnten Lebensjahre je zwanzig Procent des Jahresarbeitsverdienstes.

II. Im Falle der Wiederverheirathung erhält die Wittwe sechzig Procent des Jahresarbeitsverdienstes als Abfindung.

III. Der Anspruch der Wittwe ist ausgeschlossen, wenn die Ehe erst nach dem Unfalle geschlossen ist; die Berufsgenossenschaft kann jedoch in besonderen Fällen auch dann eiue Wittwenrente gewähren.[2])

IV. Die Bestimmungen über die Renten der Kinder finden auch Anwendung, wenn der Unfall eine allein stehende weibliche Person betroffen hat und diese mit Hinterlassung von Kindern verstirbt.[3])

[1]) uneheliche Kinder haben im Falle des Todes ihres Vaters keine Ansprüche auf Rente, ebensowenig Stiefkinder (H.B., S. 175); dagegen sind Adoptivkinder rentenberechtigt.

[2]) wenn z. B. der Verletzte zwar in Folge des Unfalls, aber zeitlich vielleicht erst lange nach dessen Eintritt stirbt und die Ehe deshalb schon lange bestanden hat, oder wenn die Eheschließung zur Zeit des Unfalls unmittelbar bevorstand und vielleicht schon voreheliche Kinder vorhanden waren. (Begr. 1900 S. 59.)

[3]) es handelt sich hier um uneheliche Kinder alleinstehender unverheiratheter Mütter und um eheliche Kinder von Wittwen oder verlassenen Ehefrauen.

§. 17.

I. War die Verstorbene beim Eintritte des Unfalls verheirathet, aber der Lebensunterhalt ihrer Famile wegen Erwerbsunfähigkeit des Ehemanns ganz oder überwiegend durch sie bestritten worden, so erhalten bis zum Wegfalle der Bedürftigkeit an Rente

a) der Wittwer zwanzig Procent,

b) jedes hinterbliebene Kind bis zu dessen zurückgelegtem fünfzehnten Lebensjahre zwanzig Procent des Arbeitsverdienstes.

II. Die Berufsgenossenschaft ist berechtigt, im Falle der Tödtung einer Ehefrau, deren Ehemann sich ohne gesetzlichen Grund von der häuslichen Gemeinschaft ferngehalten und der Pflicht der Unterhaltung der Kinder entzogen hat, diesen Kindern die Rente zu gewähren.

§. 18.

Hinterläßt der Verstorbene Verwandte der aufsteigenden Linie, so wird ihnen, falls ihr Lebensunterhalt ganz oder überwiegend[1]) durch den Verstorbenen bestritten worden war, bis zum Wegfalle der Bedürftigkeit eine Rente von insgesammt zwanzig Procent des Jahresarbeitsverdienstes gewährt.

[1]) Besitzen also die Eltern des Verletzten noch einen Sohn, der sie auch, aber in geringerem Maße unterstützt hat, so wird dadurch die Gewährung der Rente an sie nicht ausgeschlossen. (Begr. 1900 S. 69.)

§. 19.

Hinterläßt der Verstorbene elternlose Enkel, so wird ihnen, falls ihr Lebensunterhalt ganz oder überwiegend durch den Verstorbenen bestritten worden war, im Falle der Bedürftigkeit bis zum zurückgelegten fünfzehnten Lebensjahr[1]) eine Rente von insgesammt zwanzig Procent des Jahresarbeitsverdienstes gewährt.

[1]) Die Rente ist, sofern sie nicht schon früher aus anderen Gründen wegfällt (vergl. §. 20), zu zahlen, bis der letzte entschädigungsberechtigte Enkel das fünfzehnte Lebensjahr zurückgelegt hat. (Begr. 1900 S. 61.)

§. 20.

I. Die Renten der Hinterbliebenen dürfen insgesammt sechzig Prozent des Jahresarbeitsverdienstes nicht übersteigen. Ergiebt sich ein höherer Betrag, so werden die Renten gekürzt. Bei Ehegatten und Kindern erfolgt die Kürzung im Verhältniß der Höhe ihrer Renten; Verwandte der aufsteigenden Linie haben einen Anspruch nur insoweit, als der Höchstbetrag der Renten nicht für Ehegatten, Kinder oder Verwandte der aufsteigenden Linie in Anspruch gegenommen wird.

II. Sind aus der aufsteigenden Linie Verwandte verschiedenen Grades vorhanden, so wird die Rente den Eltern vor den Großeltern gewährt.

§. 21.

Die Hinterbliebenen eines Ausländers, welche zur Zeit des Unfalls nicht im Inlande ihren gewöhnlichen Aufenthalt hatten, haben keinen Anspruch auf die Rente. Durch Beschluß des Bundesraths kann diese Bestimmung für bestimmte Grenzgebiete[1]) sowie für die Angehörigen solcher auswärtiger Staaten, durch deren Gesetzgebung eine entsprechende Fürsorge für die Hinterbliebenen durch Betriebsunfall getödteter Deutscher gewährleistet ist,[2]) außer Kraft gesetzt werden.

[1]) durch den Beschluß des Bundesraths vom 23. Mai 1901 ist für Grenzgebiete Dänemarks, der Niederlande, der Schweiz und Oesterreich-Ungarns und das neutrale Gebiet Moresnet die Bestimmung des Satz 1 außer Kraft gesetzt worden.

[2]) als solche sind anerkannt worden (durch Beschluß vom 13. October 1900) die Angehörigen von Oesterreich (unter Ausschließung von Ungarn, Siebenbürgen, Kroatien und Slavonien) und von Italien.

§. 22.

I. An Stelle der in den §§. 9 und 12[1]) vorgeschriebenen Leistungen[2]) kann[3]) von der Berufsgenossenschaft freie Kur und Verpflegung[4]) in einer Heilanstalt[5]) gewährt werden, und zwar:

1. für Verletzte, welche verheirathet sind oder eine eigene Haushaltung haben oder Mitglieder der Haushaltung ihrer Familie sind, mit ihrer Zustimmung. Der Zustimmung bedarf es nicht, wenn die Art der Verletzung Anforderungen an die Behandlung oder Verpflegung stellt, denen in der Familie nicht genügt werden kann,[6]) oder wenn der für den Aufenthaltsort des Verletzten amtlich bestellte Arzt bezeugt, daß Zustand oder Verhalten des Verletzten eine fortgesetzte Beobachtung erfordert;[7])
2. für sonstige Verletzte in allen Fällen.

II. Hat die Berufsgenossenschaft von dieser Befugniß in den Fällen des §. 12 Abs. 2 Gebrauch gemacht, so hat der Betriebsunternehmer als Ersatz für die freie Kur und Verpflegung der Berufsgenossenschaft das Einundeinhalbfache des im §. 12 Abs. 2 bezeichneten Krankengeldes zu vergüten.[8]) Auf Streitigkeiten, welche aus Anlaß dieser Bestimmung zwischen der Berufsgenossenschaft und dem Betriebsunternehmer entstehen, findet der §. 14 Anwendung.

III. Für die Zeit der Verpflegung des Verletzten in der Heilanstalt steht seinen Angehörigen ein Anspruch auf Rente insoweit zu, als sie dieselbe im Falle seines Todes würden beanspruchen können (§§. 16 ff.).

IV. Die Berufsgenossenschaften sind befugt, auf Grund statutarischer Bestimmung allgemein, ohne eine solche im Falle der Bedürftigkeit, dem in einer Heilanstalt untergebrachten Verletzten sowie seinen Angehörigen eine besondere Unterstützung zu gewähren.[3])

[1]) also auch dann, wenn die Fürsorge in den ersten 13 Wochen nicht von einer Krankenkasse, sondern von dem Betriebs-Unternehmer ausgeübt worden ist.

[2]) aller Leistungen, also an Stelle freier ärztlicher Behandlung und der übrigen im §. 9 Abs. I Ziffer 1 erwähnten Leistungen und Gewährung einer Rente (der vergl. Abs. III).

[3]) der Verletzte hat keinen Anspruch auf Krankenhausbehandlung, kann sie nicht erzwingen; auch über die Wahl des Krankenhauses steht dem Verletzten keine Entscheidung zu, sondern allein der Berufsgenossenschaft oder dem Vorstande der Section (§. 69 Abs. I Ziffer d). Weigert sich der Verletzte ohne gesetzlichen oder sonst triftigen Grund, der Aufforderung der B.G. zu folgen oder verläßt er vorzeitig das Krankenhaus, so läuft er Gefahr, die in §. 23 Abs. II erwähnten Nachtheile zu erleiden (vergl. daselbst Anm. 3 und 4). Die Einweisuug durch die B.G. oder den Sections-Vorstand muß in Form eines berufungsfähigen Bescheides ausgesprochen werden, und um zu verhüten, daß der Verletzte ohne ernsten Grund das Krankenhaus verläßt und die ihm zugedachte Behandlung willkürlich vereitelt, empfiehlt das R.V.A. in seinem Rundschreiben vom 30. März 1899 (A.N. 1899 S. 464; dasselbe ist auch zum Theil in der Aerztl. Sachverst. Zeit. 1899 N. 12 abgedruckt), in diesem Bescheide dem Verletzten zu eröffnen, daß er in dem Krankenhause zu verbleiben habe, bis er von der B.G. bezw. dem Sections-Vorstande oder den zuständigen Aerzten entlassen werde, auch daß er sich in der Anstalt allen ihm vorgeschriebenen Kuren und Uebungen zu unterwerfen habe, widrigenfalls er Gefahr laufe, seinen Rentenanspruch ganz oder theilweise zu verlieren. Es genügt nicht, wenn diese Eröffnung dem Verletzten, der das Krankenhaus verlassen will, erst bei diesem Verlassen von dem Krankenhausarzt gemacht wird, ganz abgesehen davon, daß bei einem solchen Vorgehen, das vielfach geübt wird, die Anstaltsärzte in gewissem Sinne als Vertreter der B.G. auftreten, und dadurch der, von Arbeitern oft gemachte Vorwurf der Parteilichkeit der Anstaltsärzte, neue Nahrung erhält. Ganz zu verwerfen ist es, wie es auch vorgekommen ist, daß Anstaltsärzte sich von dem vorzeitig aus dem Krankenhause scheidenden Verletzten einen Verzicht auf seine weiteren Ansprüche erklären lassen; wenn eine B.G. dazu dem Anstaltsarzte eine Vollmacht geben will, so sollte jeder Anstaltsarzt dieses Ansinnen rundweg ablehnen.

Der B.G. oder dem Vorstande der Section steht es auch frei, jeder Zeit die Krankenhausbehandlung einzustellen und an ihrer Stelle die

Leistungen gemäß §. 9 zu gewähren. Auch hierüber muß ein formeller Bescheid erfolgen.

[4]) dazu gehört auch, daß die B.G. dem Verletzten die zur Reise von seinem Wohnort ins Krankenhaus erforderlichen Mittel stellt, auch muß sie ihm die für den Aufenthalt im Krankenhause vorgeschriebenen Kleidungsstücke, für die Dauer dieses Aufenthaltes, gewähren (H.B., §. 184).

[5]) hierzu rechnen auch Privatheilanstalten und die von den B.Gn. selbst errichteten Kranken- und Reconvalescentenhäuser. Als eine gültige Aufforderung zur „Kur und Verpflegung im Krankenhause" hat das R.V.A. es angesehen (R.E. 501 A.N. 1888 S. 197), als eine B.G. einem verheiratheten Arbeiter, der in Folge eines Betriebsunfalls eine Verletzung des Trommelfelles erlitten hatte, aufgab, sich zu einem Professor der Ohrenheilkunde einer nahe gelegenen Universitätsstadt zu begeben, welcher sich bereit erklärt hatte, die Unterbringung des Verletzten in Privatpflege herbeizuführen, im übrigen aber die Kur und Verpflegung selbst zu leiten und zu überwachen.

[6]) auch hierüber steht allein der B.G. bezw. dem Sectionsvorstand, selbstverständlich auf das Gutachten eines Arztes hin, die Entscheidung zu. Ob dieselbe begründet ist, wird nach Lage des Einzelfalls entschieden werden müssen (vergl. Anm. 3 zu §. 23).

[7]) Nach den Verhandlungen in der Reichstagscommission von 1900 und des Reichstages (Stenogr.Ber. 1900 S. 5270 A ff.) soll die fortgesetzte Beobachtung nicht der Heilbehandlung des Verletzten, sondern der Feststellung seines Leidens, namentlich bei Verdacht auf Simulation, dienen. Man wird in solchen Fällen die Ueberweisung in das Krankenhaus nur dann als gerechtfertigt ansehen können, wenn nach ärztlicher Erklärung ein ausreichend sicheres Urtheil über den Zustand des Verletzten auf andere Art nicht gewonnen werden kann. Da sehr häufig der Kreisarzt (Amtsarzt) dauernd von der B.G. beschäftigt wird, so wäre es, um jedes Mißtrauen des Verletzten zu beseitigen, sehr zweckmäßig gewesen, eine dem §. 69 Abs. III ähnliche Bestimmung zu treffen.

[8]) der Unternehmer hat dann nicht mehr zu leisten, als ihm nach §. 12 Abs. II obliegt; der Krankengeldzuschuß (§. 12 Abs. I) fällt fort, sowie ein Verletzter Kur und Verpflegung im Krankenhause erhält.

[9]) die Berufsgenossenschaften werden im eigenen Interesse von dieser Befugniß oft Gebrauch machen. Durch die Ueberweisung des Verletzten in das Krankenhaus wird der Unterhalt seiner Familienangehörigen sehr erschwert und muß auf das knappeste bemessen werden, da die gesetzlich etwa zustehenden Bezüge (Abs. 3 und §. 16) sehr geringe sind; es ist deshalb zu befürchten, daß der Verletzte darüber in seelische Aufregung, die seine Heilung hindert, geräth und auch nichts sehnlicher wünscht, als aus dem Krankenhause entlassen zu werden.

§. 23.

I. Ist begründete Annahme vorhanden, daß der Empfänger einer Unfallrente bei Durchführung eines Heilverfahrens eine Erhöhung seiner Erwerbsfähigkeit erlangen werde, so kann die Berufsgenossenschaft zu diesem Zwecke jederzeit ein neues Heilverfahren eintreten lassen.[1]) Dabei finden die Bestimmungen der §§. 11, 22 Abs. 1, 3, 4 Anwendung.

II. Hat sich der Verletzte solchen Maßnahmen der Berufsgenossenschaft, den gemäß §. 9 Abs. 1 Ziffer 1, §§. 11, 12 Abs. 2, §. 22 oder gemäß den Bestimmungen der §§. 76c, 76d des Krankenversicherungsgesetzes getroffenen Anordnungen ohne gesetzlichen[2]) oder sonst triftigen Grund[3]) entzogen, so kann ihm der Schadensersatz auf Zeit ganz oder theilweise versagt werden[4]), sofern er auf diese Folge hingewiesen worden ist[5]), und nachgewiesen wird, daß durch sein Verhalten die Erwerbsfähigkeit ungünstig beeinflußt wird.[6])

[1]) der Verletzte muß also bereits seine Erwerbsthätigkeit, soweit überhaupt eine solche möglich war, wieder aufgenommen haben. Der Bescheid der B.G. kann vor dem Schiedsgericht und R.V.A. (L.V.A.) angefochten werden, und die Berufung hat nach §. 76 Abs. 5 eine aufschiebende Wirkung; bei Einlegung der Berufung braucht der Verletzte die Anordnungen der B.G. bezüglich des Heilverfahrens erst nach ihrer Bestätigung durch das Schiedsgericht zu befolgen.

[2]) die gesetzlichen Gründe sind im §. 22 Abs. 1 Ziffer 1 anzugeben.

[3]) ob eine Weigerung des Verletzten, den an ihn ergangenen Anordnungen Folge zu leisten, berechtigt ist, wird regelmäßig nur nach Lage des Einzelfalls beurtheilt werden können. Schon am Schlusse der Anm. 1 zu §. 8 ist darauf aufmerksam gemacht worden, daß die Verletzten nicht verpflichtet sind, Operationen, die in den Bestand der Unversehrtheit des Körpers eingreifen oder Betäubungen durch Chloroform, Aether, Lachgas an sich vornehmen zu lassen. Als triftigen Grund, das Krankenhaus zu verlassen, hat das R.V.A. auch die Entbindung der Ehefrau angesehen und in einem anderen Falle die schlechte Einrichtung der Heilanstalt, in der unter anderen Mißständen eine starke Wanzenplage herrschte (H.B., S. 183). Auch wenn dem Verletzten eine allzu kurze Frist für den Eintritt in das Krankenhaus gesetzt wird, ist seine Weigerung berechtigt. Ebenso ist der Verletzte berechtigt, eine Behandlung durch einen Kurpfuscher oder die Ueberweisung in eine — selbst von einem Arzte geleitete — Naturheilanstalt abzulehnen.

Ob die Berufsgenossenschaften berechtigt sind, unfallverletzte Kassenmitglieder auf Grund des §. 76c K.V.G. (vergl. Anm. 7 zu §. 11) — ohne ihre Behandlung zu übernehmen — durch einen Vertrauensarzt zwecks Controlle untersuchen zu lassen, ist strittig. Nach dem Wortlaute des §. 76c K.V.G. können die B.Gn. nur die Heilbehandlung übernehmen, und um hierfür rechtzeitig eine Entschließung fassen zu können, sollte die Bestimmung des §. 76b K.V.G. (ebenfalls in Anm. 7 zu §. 11 abgedruckt) nach Ansicht der Gesetzgebung genügen. Das geht unzweifelhaft aus der Begr. zur Novelle zum K.V.G. (S. 76) und der Begr. zum G.U.V.G. 1900 (S. 81) hervor. Verneint man die Berechtigung, so hat ein Verletzter, der diesem mit dem §. 76c K.V.G. begründeten Verlangen der B.G. nicht nachkommt, weder die im §. 23 dieses Gesetzes noch die in Anm. 1 zu §. 8 geschilderten Nachtheile zu besorgen (vergl. des Verfassers Ausführungen darüber in Med. Reform 1901 Nr. 14 und Arb.Vers. XVIII S. 357; dagegen Hahn in Arb.Vers. XVIII S. 244 und XIX S. 45). Für die Aerzte ist diese Angelegenheit deshalb von Wichtigkeit, weil in Folge dieser Controllbesuche sehr häufig Collisionen zwischen dem Vertrauensarzte der BG. und dem Kassenarzte entstehen.

[4]) es kann nur derjenige Theil der Rente entzogen werden, der bei Durchführung des Heilverfahrens in Folge der durch das Heilverfahren anzunehmenden Erhöhung der Erwerbsfähigkeit erspart worden wäre, und für denjenigen Zeitraum, welchen die Krankenhausbehandlung nach Lage des Falles erfordert hätte, kann jede Rentenzahlung ruhen. Der Anspruch der Hinterbliebenen (§§. 16—19) wird durch pflichtwidriges Verhalten des Verletzten nicht berührt.

[5]) enthält der Bescheid diesen Hinweis nicht, so bleibt das Verhalten des Verletzten ohne jede Folge.

[6]) hält also ein Arzt — denn nur dieser wird den Nachweis führen können — es für nachgewiesen, daß durch die Verweigerung einer dem Verletzten formell angeordneten Heilbehandlung seine Erwerbsfähigkeit ungünstig beeinflußt wird, so können schon die in Anm. 4 erwähnten Folgen eintreten. Es ist sehr zweckmäßig, daß nicht so lange gewartet zu werden braucht, bis der Nachweis erbracht ist, daß durch das Verhalten des Verletzten seine Erwerbsfähigkeit ungünstig beeinflußt ist. Es wird so leichter gelingen, den Verletzten zu veranlassen, zu seinem Nutzen auf die Maßnahmen der B.G. einzugehen (vergl. Komm.Ber. S. 55).

§. 24.

Der Vorstand der Berufsgenossenschaft kann einem Rentenempfänger auf seinen Antrag an Stelle der Rente Aufnahme in ein Invalidenhaus oder in ähnliche von Dritten unterhaltene Anstalten auf Kosten der Berufsgenossenschaft gewähren. Der Aufgenommene ist auf ein Vierteljahr und, wenn er die Erklärung nicht einen

Monat vor Ablauf dieses Zeitraums zurücknimmt, jedesmal auf ein weiteres Vierteljahr an den Verzicht auf die Unfallrente gebunden.

Verhältniß zu Krankenkassen, Armenverbänden 2c.

§. 25.

I. Die Verpflichtung der eingeschriebenen Hülfskassen, sowie der sonstigen Kranken-, Sterbe-, Invaliden- und anderen Unterstützungskassen[1]), den von Unfällen betroffenen Arbeitern und Betriebsbeamten sowie deren Angehörigen und Hinterbliebenen Unterstützungen zu gewähren, sowie die Verpflichtung von Gemeinden oder Armenverbänden zur Unterstützung hilfsbedürftiger Personen wird durch dieses Gesetz nicht berührt.[2])

II. Wenn auf Grund solcher Verpflichtung Unterstützungen für einen Zeitraum geleistet werden, für welchen den Unterstützten nach Maßgabe dieses Gesetzes ein Entschädigungsanspruch zustand oder noch zusteht, so ist hierfür den die Unterstützung gewährenden Kassen, Gemeinden oder Armenverbänden durch Ueberweisung von Rentenbeträgen Ersatz zu leisten.[3])

III. In Fällen dieser Art gilt für die unter das Krankenversicherungsgesetz fallenden Kassen als Ersatz der im §. 6 Abs. 1 Ziff. 1 des Krankenversicherungsgesetzes bezeichneten Leistungen die Hälfte des gesetzlichen Mindestbetrags des Krankengeldes dieser Kassen, sofern nicht höhere Aufwendungen nachgewiesen werden.[4])

IV. Ist die von Kassen, Gemeinden oder Armenverbänden geleistete Unterstützung eine vorübergehende, so können als Ersatz höchstens drei Monatsbeträge der Rente, und zwar mit nicht mehr als der Hälfte in Anspruch genommen werden.[5])

V. Ist die Unterstützung eine fortlaufende, so kann als Ersatz, wenn die Unterstützung in der Gewährung des Unterhalts in einer Anstalt besteht, für dessen Dauer und in dem zur Ersatzleistung erforderlichen Betrage die fortlaufende Ueberweisung der vollen Rente[6]), im Uebrigen die fortlaufende Ueberweisung von höchstens der halben Rente beansprucht werden.[7])

[1]) Das Verhältniß zwischen Unfall- und Invalidenversicherung wird im §. 113 J.V.G. geregelt.

[2]) gewährt also eine Krankenkasse statutarisch eine Krankenunterstützung von mehr als 13 Wochen, so bleibt der Anspruch des Verletzten an die

Krankenkasse auch nach Beginn der 14. Woche nach Eintritt des Unfalls bestehen.

[3]) für diejenigen Leistungen aber, welche dann auch von der B.G. zu leisten waren, muß die letztere Ersatz leisten. Ist aber z. B. der Verletzte gestorben, so ersetzt die B.G. der Krankenkasse das Sterbegeld nur nach Maßgabe des §. 15; ist das Sterbegeld, das die Krankenkasse ihren verstorbenen Mitgliedern gewährt, höher als dieser Betrag, so bleibt die Verpflichtung, die Differenz zu zahlen, für sie bestehen.

[4]) vergl. Anm. 2 zu §. 11.

[5]) hier ist hauptsächlich an vorübergehende Armenunterstützung gedacht; es soll verhindert werden, daß betreffs Erstattung der letzteren in regelmäßiger Wiederkehr die folgende Quote der Unfallentschädigung in Anspruch genommen wird, und dadurch der Entschädigungsberechtigte in den Genuß der ihm zustehenden Rente nicht gelangt.

[6]) dies ist dadurch gerechtfertigt, daß der in einer geschlossenen Anstalt Untergebrachte mit allen Lebensbedürfnissen vollständiger versorgt ist, als derjenige Hilfsbedürftige, der anderweit unterstützt wird.

[7]) bei Rentenempfängern, die nicht in einem Invalidenhause rc. untergebracht sind, darf also auch bei fortlaufenden Unterstützungen nur die halbe Rente von den Kassen, Armenverbänden rc. zur Wiedererstattung ihrer Ausgaben entzogen werden.

§. 26.

I. Der Antrag auf Ueberweisung von Rentenbeträgen (§. 25 Abs. 2 bis 5) ist bei der Berufsgenossenschaft anzumelden; soweit es sich um den Ersatz für eine vorübergehende Unterstützung handelt, ist der Anspruch bei Vermeidung des Ausschlusses spätestens binnen drei Monaten seit Beendigung der Unterstützung geltend zu machen.

II. Streitigkeiten, welche aus den Bestimmungen des §. 25 Abs. 2 bis 5 zwischen den Betheiligten über den Anspruch auf Ueberweisung von Rentenbeträgen entstehen, werden im Verwaltungsstreitverfahren und, wo ein solches nicht besteht, durch die dem Ersatzberechtigten vorgesetzte Aufsichtsbehörde entschieden. Die Entscheidung der letzteren kann innerhalb eines Monats nach der Zustellung im Wege des Rekurses nach Maßgabe der §§. 20, 21 der Gewerbeordnung angefochten werden.

§. 27.

Die Bestimmungen der §§. 25, 26 gelten auch für Betriebsunternehmer und Kassen, welche die den Gemeinden oder Armenverbänden obliegende Verpflichtung zur Unterstützung Hilfsbedürftiger auf Grund gesetzlicher Vorschrift erfüllen.

Träger der Versicherung (Berufsgenossenschaften).

§. 28.

I. Die Versicherung erfolgt auf Gegenseitigkeit durch die Unternehmer der unter §§ 1, 2 fallende Betriebe, welche zu diesem Zwecke in Berufsgenossenschaften vereinigt werden. Die Berufsgenossenschaften sind für bestimmte Bezirke zu bilden und umfassen innerhalb derselben alle Betriebe derjenigen Gewerbszweige, für welche sie errichtet sind.[1]) Von letzterer Bestimmung kann bei der Errichtung von Berufsgenossenschaften für Eisenbahnen oder die im §. 1 Abs. 1 Ziffer 4 bezeichneten Betriebe abgesehen werden. Die auf Grund der §§. 12 bis 15, 31 des Unfallversicherungsgesetzes vom 6. Juli 1884 (Reichs-Gesetzbl. S. 69) und des §. 11 des Gesetzes über die Ausdehnung der Unfall- und Krankenversicherung vom 28. Mai 1885 Reichs-Gesetzbl. S. 159) errichteten Berufsgenossenschaften bleiben, vorbehaltlich der nach §. 2 Abs. 2 des Gesetzes, betreffend die Abänderung der Unfallversicherungsgesetze, und nach §. 52 dieses Gesetzes zulässigen Abänderungen, bestehen.

II. Betriebe, welche wesentliche Bestandtheile verschiedenartiger Gewerbszweige umfassen, sind derjenigen Berufsgenossenschaft zuzutheilen, welcher der Hauptbetrieb angehört. Durch das Genossenschaftsstatut kann bestimmt werden, daß die Versicherung auch bei den dem Betriebe der Land- oder Forstwirthschaft dienenden Nebenbetrieben gewerblicher Betriebe nach den Bestimmungen dieses Gesetzes zu erfolgen hat, wenn in diesen Nebenbetrieben überwiegend die im Hauptbetriebe verwendeten gewerblichen Arbeiter beschäftigt werden. Wenn das Statut eine solche Bestimmung enthält, so scheiden mit dem Zeitpunkt ihres Inkrafttretens die davon betroffenen Betriebe aus der Versicherung bei der Berufsgenossenschaft des Unfallversicherungsgesetzes für Land- und Forstwirthschaft aus.

III. Als Unternehmer gilt derjenige, für dessen Rechnung der Betrieb erfolgt.

IV. Unfälle in fremden Betrieben hat die Berufsgenossenschaft nur dann zu entschädigen, wenn sich diese Unfälle bei Betriebshandlungen ereignen, zu welchen ein der Berufsgenossenschaft angehörender Betriebsunternehmer den Auftrag gegeben und für welche er die Löhne zu zahlen hat.[2])

V. Die Berufsgenossenschaften können unter ihrem Namen Rechte erwerben und Verbindlichkeiten eingehen, vor Gericht klagen und verklagt werden.

VI. Für die Verbindlichkeiten der Berufsgenossenschaft haftet den Gläubigern derselben nur das Genossenschaftsvermögen.[3])

[1]) Auf Grund des G.U.V.G. bestehen jetzt 64 Berufsgenossenschaften, außerdem auf Grund des B.U.V.G. eine Tiefbauberufsgenossenschaft und auf Grund des S.U.V.G. eine Seeberufsgenossenschaft. Von diesen 66 Berufsgenossenschaften umfassen 30 das Gebiet des Reichs, 24 das Gebiet mehrerer Bundesstaaten, 6 das Gebiet einzelner Provinzen Preußens, 2 das Gebiet vom Kgr. Sachsen, 2 das Gebiet von Bayern, 1 das Gebiet von Württemberg, 1 das Gebiet von Elsaß-Lothringen. (Bei der Bildung der land- und forstwirthschaftlichen Berufsgenossenschaften ist lediglich eine territoriale Abgrenzung zu Grunde gelegt; so bilden in jeder Provinz Preußens (in jedem Reg. Bez. Bayerns) die Unternehmer der unter das L.U.V.G. fallenden Betriebe eine B.G. Es giebt also eine brandenburgische, schlesische, westpreußische, badische, anhaltische u. s. w. land- und forstwirthsch. B.G.) Bei den Reichs- und Staatsbetrieben der Post-, Telegraphen-, Marine- und Heeresverwaltung, (der land- und forstwirthschaftlichen Verwaltung) der für Reichs- oder Staatsrechnung verwalteten Eisenbahn-, Baggerei-, Binnenschifffahrtsbetriebe, ferner für die Bauarbeiten, die für Rechnung des Reichs der Bundesstaaten, von leistungsfähig erklärten Communalverbänden und anderen öffentlichen Corporationen ausgeführt werden, treten an die Stelle der Genossenschaftsorgane Ausführungsbehörden. (Vgl. Anm. 4 zu §. 3 H.G.).

[2]) wird z.B. eine Maschine durch die Arbeiter einer Maschinenfabrik in einer Spinnerei aufgestellt, und trifft dabei die Arbeiter der Maschinenfabrik ein Unfall, so ist die B.G., welcher die Maschinenfabrik angehört, entschädigungspflichtig, wenn die Maschinenfabrik ihre Arbeiter nicht nur zu dem Zwecke der Aufstellung der Maschine in die Spinnerei geschickt hat, sondern auch die Löhne für diese Aufstellung trägt. (Vergl. Begr. 1900 S. 69.)

Ein großer Theil dieser Fälle wird nur auf Grund des §. 85 entschieden werden können.

[3]) da ein eigentliches Genossenschaftsvermögen bei dem vorgeschriebenen Umlageverfahren (vergl. §. 29), abgesehen von dem Reservefonds und einem kleinen Betriebsfonds, niemals vorhanden ist, so bedeutet Abs. VI nur, daß der Gläubiger der B.G., der sein Recht einklagen will, die Klage nicht gegen die einzelnen Berufsgenossen, sondern nur gegen die B.G. als Ganzes richten kann (Graef-Keidel S. 224).

Aufbringung der Mittel.

§. 29.

I. Die Mittel zur Deckung der von den Berufsgenossenschaften zu leistenden Entschädigungen und der Verwaltungskosten werden durch Beiträge aufgebracht, welche auf die Mitglieder[1]) nach Maßgabe der in ihren Betrieben von den Versicherten verdienten Gehälter und Löhne, beziehungsweise des nach §. 10 Abs. 4 anzurechnenden ortsüblichen Tagelohns gewöhnlicher erwachsener Tagearbeiter[2]), sowie der statutengemäßen Gefahrentarife (§. 49) jährlich[3]) umgelegt werden.[4])

II. Gehälter und Löhne, welche während der Beitragsperiode den Jahresbetrag von fünfzehnhundert Mark übersteigen, kommen hierbei mit dem überschießenden Betrage nur zu einem Drittel in Anrechnung.[5])

[1]) die Angestellten der Mitglieder (Betriebsbeamte und Arbeiter) dürfen also zu der Aufbringung der Mittel nicht herangezogen werden (vergl. auch §. 141).

[2]) weil sich hiernach auch die Höhe der Rente richtet (vergl. § 10).

[3]) hier ist das Rechnungsjahr gemeint (vergl. §. 98 und §. 99), das mit dem 1. Januar beginnt (§. 111).

[4]) für jedes Rechnungsjahr wird von den Mitgliedern nur derjenige Betrag an Entschädigungen und für Verwaltungskosten baar aufgebracht, welcher in diesem Rechnungsjahre baar auszuzahlen war; die Höhe der Umlagen richtet sich nach den in dem Betriebe verdienten Löhnen und nach der Durchschnittsgefahr des Gewerbezweiges, dem der Betrieb angehört. Ist also die Lohnsumme des einen Steinkohlenbergwerkes doppelt so groß, wie die eines zweiten, so ist von dem ersten doppelt so viel als Beitrag zu zahlen, als von dem zweiten, und von zwei Betrieben, in denen gleich hohe Lohnsummen gezahlt werden, hat derjenige eine höhere Umlage zu zahlen, der in einer höheren Gefahrenklasse ist (vergl. Anm. 1 in §. 49).

[5]) Abs. II ist eine Folge des §. 10 Abs. I.

§. 30.

I. Abweichend von den Vorschriften im §. 29 kann durch das Statut bestimmt werden, daß für die Umlegung der Beiträge die wirklich verdienten Gehälter und Löhne[1]) in Anrechnung kommen.

II. Für Betriebe, in welchen regelmäßig nicht mehr als fünf Arbeiter beschäftigt werden, kann durch Statut ferner bestimmt werden, daß und nach welchen Grundsätzen mit Zustimmung des Betriebsunternehmers ein Pauschbetrag statt der Einzellöhne bei der Berechnung der Beträge zu Grunde zu legen ist oder daß ein einheitlicher Mindestbeitrag, der vier Mark jährlich nicht übersteigen darf, zu entrichten ist.[2])

III. Durch Statut kann bestimmt werden, daß die Arbeitgeber der im §. 5 Abs. 1 lit. b bezeichneten Gewerbetreibenden die Beiträge für die von diesen beschäftigten versicherten Personen und, sofern die Versicherung auf die im §. 5 Abs. 1 lit. b bezeichneten Gewerbetreibenden selbst durch Statut ausgedehnt ist, die Beiträge auch für diese zu zahlen haben.³)

¹) dann kommen also die, 1500 Mk. jährlich übersteigenden Gehälter und Löhne mit ihrem vollen Betrage in Betracht — entgegen §. 29 Abs. II — und für Personen, welche keinen oder weniger Lohn erhalten, als das 300fache des ortsüblichen Tagelohns, kommen — entgegen §. 29 Abs. I — nicht mehr die ortsüblichen Tagelöhne gewöhnlicher Tagelöhner, sondern die wirklich verdienten Löhne in Anrechnung.

Eine im Abs. I vorgesehene Statutenbestimmung hat für solche Unternehmer, die viele billige Arbeitskräfte verwenden, eine Verminderung und für diejenigen Unternehmer, die viele hochgelöhnte Arbeiter beschäftigen, eine Vermehrung der Beitragslast zur Folge. Im Allgemeinen wird also dadurch eine schärfere Heranziehung der größeren und leistungsfähigeren Betriebe zu Gunsten der kleineren Unternehmer eintreten. (Begr. 1900 S. 71.)

²) diese Einrichtung dient lediglich zur Geschäftserleichterung für die B.G. und insbesondere für die kleineren Unternehmer, von deren Zustimmung daher die Anwendung des Verfahrens abhängig gemacht ist. Die B.G. kann entweder dem betreffenden Kleinunternehmer eine Anregung zur Pauschalirung geben und ihm einen Vorschlag über den als Arbeitslohn für seinen Betrieb anzunehmenden Betrag zur Erklärung übermitteln, oder die Anregung kann auch von dem Unternehmer ausgehen. Kommt eine Verständigung über den Pauschbetrag der Löhne nicht zu Stande, so bleibt es bei der gesetzmäßigen Lohnnachweisung. Durch eine dem Abs. II entsprechende Statutenbestimmung wird die Höhe der den Versicherten zustehenden Entschädigung nicht berührt.

³) die Beitragspflicht der Arbeitgeber von Hausgewerbetreibenden wird hier nach dem Vorbilde des §. 54 Abs. II Ziffer 2 K.V.G. geregelt.

§. 31.

I. Zu anderen Zwecken als zur Deckung der von der Genossenschaft zu leistenden Entschädigungen¹) und der Verwaltungskosten, zur Ansammlung des Reservefonds (§. 34), zur Gewährung von Prämien für Rettung Verunglückter und zu Zwecken der Unfallverhütung, sowie mit Genehmigung des Reichsversicherungsamts²) zur Errichtung von Heil- oder Genesungsanstalten dürfen weder Beiträge von den Mitgliedern der Genossenschaft erhoben werden, noch Verwendungen aus dem Vermögen der Genossenschaft erfolgen.[3])

II. Behufs Bestreitung der Verwaltungskosten können die Berufsgenossenschaften von den Mitgliedern für das erste Jahr einen Beitrag im voraus erheben. Falls das Statut hierüber nichts Anderes bestimmt, erfolgt die Aufbringung dieser Mittel nach Maßgabe der Zahl der von den Mitgliedern in ihren Betrieben beschäftigten versicherungspflichtigen Personen (§. 35).

[1]) dazu gehören auch die Aufwendungen für das Heilverfahren.

[2]) oder des L.V.A. (vergl. §. 127).

[3]) die Betheiligung an den im §. 23 H.G. vorgesehenen Einrichtungen ist freiwillig; hierzu dürfen weder Beiträge von den Mitgliedern erhoben werden, die sich nicht betheiligen wollen, noch darf für diese Einrichtungen das Genossenschaftsvermögen herangezogen werden.

§. 32.

I. Auf die Beiträge können von den Mitgliedern nach Bestimmung des Statuts viertel- oder halbjährliche Vorschüsse erfordert werden. Dieselben bemessen sich für die einzelnen Mitglieder nach der Höhe der für das letztvergangene Rechnungsjahr auf sie umgelegten oder nach § 30 Abs. 2 gezahlten Beiträge und betragen jedes Mal den vierten Theil beziehungsweise die Hälfte der letzteren, solange nicht die Genossenschaftsversammlung einen niedrigeren Betrag festgesetzt hat. Für neu eintretende Mitglieder sind die Vorschüsse nach demjenigen Betrage zu bemessen, welchen diese Mitglieder nach dem Umfang ihres Betriebs zu den Jahreslasten des letztvergangenen Rechnungsjahrs hätten beitragen müssen, wenn sie in demselben schon Mitglieder der Berufsgenossenschaft gewesen wären.

II. Die Vorschüsse sind binnen zwei Wochen nach den durch das Statut oder die Genossenschaftsversammlung bestimmten Fälligkeitsterminen an den Vorstand einzuzahlen.

§. 33.

Unternehmer von Betrieben, deren Sitz sich im Auslande befindet[1]), können, wenn sie vorübergehend[2]) im Inland einen versicherungspflichtigen Betrieb ausüben, vom Genossenschaftsvorstande mit Beiträgen bis zur doppelten Höhe und zur Sicherheitsleistung herangezogen werden.

[1]) gleichgültig, ob der Unternehmer Inländer oder Ausländer ist.

[2]) also nicht, wenn sie regelmäßig, wenn auch nicht ununterbrochen vom Auslande in das Inland hinüber greifen, wie z. B. bei der vom Auslande regelmäßig in das Inland hinein betriebenen Schifffahrt. Ein im Auslande ansässiger Bauunternehmer, der Bauten im Inlande ausführen läßt, fällt unter die Bestimmung. (Begr. 1900 S. 73.)

§. 34.

I. Die Berufsgenossenschaften haben einen Reservefonds anzusammeln. An Zuschlägen zur Bildung desselben sind bei der erstmaligen Umlegung[1]) der Entschädigungsbeträge dreihundert Prozent, bei der zweiten zweihundert, bei der dritten einhundertundfünzig, bei der vierten einhundert, bei der fünften achtzig, bei der sechsten sechzig und von da an bis zur elften Umlegung jedesmal zehn Prozent weniger als Zuschlag zu den Entschädigungsbeträgen zu erheben. Nach Ablauf der ersten elf Jahre und, sofern das elfte Jahr beim Inkrafttreten dieses Gesetzes schon überschritten ist, von diesem letzteren Zeitpunkt ab haben die Berufsgenossenschaften dem jeweiligen Bestande des gesetzlichen Reservefonds drei Jahre lang je zehn Prozent und weiter in Zeiträumen von je drei Jahren je ein Prozent weniger bis herab zu je vier Prozent alljährlich zuzuschlagen und zwar jedes Mal unter Anrechnung der Zinsen. Nach Ablauf dieser Zeit sind aus den Zinsen des Reservefonds diejenigen Beträge zu entnehmen, welche erforderlich sind, um eine weitere Steigerung des auf eine jede versicherte Person im Durchschnitt entfallenden Umlagebeitrags zu beseitigen. Der Rest der Zinsen ist dem Reservefonds weiter zuzuschlagen.[2])

II. In dringenden Bedarfsfällen kann die Genossenschaft mit Genehmigung des Reichs-Versicherungsamts[3]) schon vorher die Zinsen und erforderlichen Falles auch den Capitalbestand des Reservefonds angreifen. Die Wiederergänzung erfolgt alsdann nach näherer Anordnung des Reichs-Versicherungsamts.[3])

III. Auf Antrag des Genossenschaftsvorstandes kann die Genossenschaftsversammlung jeder Zeit weitere Zuschläge zum Reservefonds beschließen. Solche Beschlüsse bedürfen der Genehmigung des Reichs-Versicherungsamts.[3])

[1]) also z. B. bei der im Jahre 1901 gegründeten Schmiede-Berufsgenossenschaft am Schluß des Jahres 1902.

[2]) durch die Zuschläge soll ein Reservefonds erreicht werden, dessen Zinsen ausreichen, um zu einem dauernd gleichen Beitrage übergehen zu können. (Komm. Ber. 1900 S. 67.) Derselbe wird vom 1. Januar 1922 ab pro Kopf des Versicherten und Jahr 16,50 Mk. betragen und die Summen, die hierüber hinaus, von den Berufsgenossenschaften zu Entschädigungen rc. gebraucht werden, können dann aus den Zinsen des Reservefonds, der am 1. Januar 1922 die Höhe von 549332100 Mk. erreicht haben wird, bestritten werden. (Woedtke-Caspar S. 303 ff.)

[3]) oder des L.V.A. (§. 127).

II. Organisation und Veränderung der Berufsgenossenschaften. Ermittelung der versicherungspflichtigen Betriebe.

§. 35.

I. Jeder Unternehmer eines unter §§. 1 oder 2 fallenden, bisher der reichsgesetzlichen Unfallversicherung nicht unterstellten Betriebs hat diesen binnen einer von dem Reichs-Versicherungsamte zu bestimmenden und öffentlich bekannt zu machenden Frist[1]) unter Angabe des Gegenstandes und der Art desselben, sowie die Zahl der durchschnittlich darin beschäftigten versicherungspflichtigen Personen bei der unteren Verwaltungsbehörde[2]) anzumelden.

II. Für die nicht angemeldeten Betriebe hat die untere Verwaltungsbehörde die Angaben nach ihrer Kenntniß der Verhältnisse zu ergänzen.

III. Dieselbe ist befugt, die Unternehmer nicht angemeldeter Betriebe zu einer Auskunft darüber innerhalb einer zu bestimmenden Frist durch Geldstrafen im Betrage bis zu einhundert Mark anzuhalten.

IV. Die untere Verwaltungsbehörde hat ein nach Gewerbszweigen geordnetes Verzeichniß der Betriebe ihres Bezirks unter Angabe des Gegenstandes und der Art des Betriebs, sowie der Zahl der darin beschäftigten versicherungspflichtigen Personen aufzustellen. Das Verzeichniß ist der höheren Verwaltungsbehörde[2]) einzureichen und von dieser erforderlichen Falles zu berichtigen.

V. Die höhere Verwaltungsbehörde hat die Verzeichnisse sämmtlicher versicherungspflichtigen Betriebe ihres Bezirks dem Reichs-Versicherungsamt einzureichen[3]), welches sie den zuständigen Genossenschaftsvorständen überweist.

[1]) Nach der Bekanntm. d. R.V.A. vom 1. October 1900, betr. die Anmeldung der unfallversicherungspflichtigen Betriebe, war die Anmeldung bis zum 15. November 1900 zu bewirken. In Folge der Bestimmung des §. 28 Abs. 1 handelt es sich hier nur um die auf Grund der Novelle der Versicherungspflicht neu unterstellten Betriebe (vergl. §. 1).

[2]) vergl. §. 152.

[3]) die Landes-Versicherungsämter sind hier nicht zuständig (§. 127).

Statut der Berufsgenossenschaften.

§. 36.

I. Die Berufsgenossenschaften regeln ihre innere Verwaltung, sowie ihre Geschäftsordnung durch ein von der Genossenschaftsversammlung zu beschließendes Statut.[1]) Bis zur Uebernahme der Geschäfte durch den auf Grund eines gültigen Genossenschaftsstatuts (§. 39) gewählten Vorstand hat der von der constituirenden Genossenschaftsversammlung gewählte provisorische Vorstand, welcher aus einem Vorsitzenden, einem Schriftführer und mindestens drei Beisitzern zu bestehen hat, die Genossenschaftsversammlung zu leiten und die Geschäfte der Genossenschaft zu führen.[2])

II. Die Mitglieder[3]) der Berufsgenossenschaften können sich in der Genossenschaftsversammlung durch andere stimmberechtigte Mitglieder[3]) oder durch einen bevollmächtigten Leiter ihres Betriebs vertreten lassen.

[1]) das Statut bedarf der Genehmigung des R.V.A. Das R.V.A. hat im Jahre 1885 ein Normalstatut veröffentlicht (A.N. 1885 S. 9 ff.) und im Jahre 1892 auf Grund der bisher gemachten Erfahrungen ein revidirtes Normalstatut aufgestellt. (H.B., S. 228.)

[2]) über die Beschlußfassung über das Statut bei den auf Grund der Novelle neu errichteten Berufsgenossenschaften vergl. §. 2 Abs. III u. IV H.G.

[3]) vergl. §. 55. Es ist nicht nothwendig, daß das zur Vertretung berufene Mitglied denselben Berufszweig betreibt, wie der Vertretene (H.B. S. 229).

§. 37.

Das Genossenschaftsstatut muß Bestimmung treffen:[1])

1. über Namen und Sitz der Genossenschaft;
2. über die Bildung des Genossenschaftsvorstandes und über den Umfang seiner Befugnisse;

3. über die Berufung der Genossenschaftsversammlung, sowie über die Art ihrer Beschlußfassung;
4. über das Stimmrecht der Mitglieder der Genossenschaft und die Prüfung ihrer Vollmachten;
5. über das von den Organen der Genossenschaft bei der Einschätzung der Betriebe in die Klassen des Gefahrentarifs zu beobachtende Verfahren (§. 49);
6. über das Verfahren bei Betriebsveränderungen, sowie bei Aenderungen in der Person des Unternehmers (§. 60 Abs. 2, §§ 61, 62);
7. über die Folgen der Betriebseinstellungen oder eines Wechsels der Betriebsunternehmer, insbesondere über die Sicherstellung der Beiträge der Unternehmer, welche den Betrieb einstellen;
8. über die den Vertretern der versicherten Arbeiter zu gewährenden Vergütungssätze (§. 114 Abs. 4);
9. über die Aufstellung, Prüfung und Abnahme der Jahresrechnung;
10. über die Ausübung der der Genossenschaft zustehenden Befugnisse zum Erlasse von Vorschriften behufs der Unfallverhütung und zur Ueberwachung der Betriebe (§§. 112ff.);
11. über die Voraussetzungen einer Abänderung des Statuts;
12. über das bei der Anmeldung und dem Ausscheiden der versicherten Betriebsunternehmer und anderer nach §§. 1 oder 2 nicht versicherter Personen (§. 5) zu beobachtende Verfahren, sowie über die Höhe des der Versicherung der Unternehmer zu Grunde zu legenden Jahresarbeitsverdienstes und dessen Ermittelung (§§. 5, 10).

[1]) außerdem sind durch das Gesetz statutarische Bestimmungen zugelassen über

a) die Ausdehnung des Versicherungszwanges (§. 5).
b) die Gewährung der Rente in den ersten 13 Wochen nach dem Unfalle (§. 13 Abs. II).
c) die Gewährung von Rente an nicht bedürftige Familienangehörige eines in einer Heilanstalt untergebrachten Verletzten (§. 22 Abs. IV).
d) die Versicherung land- und forstwirthschaftlicher Nebenbetriebe gewerblicher Betriebe (§. 28 Abs. II).
e) die Umlegung der Beiträge nach Anrechnung der wirklich verdienten Gehälter und Löhne (§. 30 Abs. I), die Erhebung eines Pauschbetrages (§. 30 Abs. II) und die Zahlung der Beiträge für Hausgewerbetreibende (§. 30 Abs. III).

f) die Forderung von Vorschüssen auf die Verwaltungskosten (§. 31).
g) die Forderung von Vorschüssen auf die Beiträge (§. 32).
h) die Bildung der Generalversammlung aus Vertretern, die Eintheilung der B.G. in Sectionen, Einsetzung von Vertrauensmännern (§. 38).
i) die Vertretung des Vorstandes durch ein oder mehrere Mitglieder (§. 42 Abs. I).
k) Gründe zur Ablehnung der Wahlen (§. 43).
l) die Gewährung einer Entschädigung für Zeitverlust an Vorstandsmitglieder und Vertrauensmänner (§. 44).
m) die Tragung der Entschädigungsbeträge durch die Sectionen (§. 50).
n) die Einsetzung von Ausschüssen oder Kommissionen zur Festsetzung der Entschädigungen (§. 69).
o) die viertel- oder halbjährliche Einreichung von Lohnnachweisungen und die Führung von Lohnlisten (Lohnbüchern) (§. 99 Abs. 3).
p) die Uebertragung der Befugniß an den Vorstand, von der Verfolgung des Anspruchs an Betriebsunternehmer rc. abzusehen, die einen Unfall vorsätzlich oder grob fahrlässig herbeigeführt haben (§. 136 Abs. II).

Außerdem können noch andere, für die Verwaltung der B.G. wichtigen Punkte, z. B. die Bestimmung der Publicationsorgane, durch das Statut geregelt werden. (Woedtke-Caspar S. 313.)

§. 38.

I. Das Statut kann vorschreiben, daß die Genossenschaftsversammlung aus Vertretern zusammengesetzt wird, daß die Berufsgenossenschaft in örtlich abgegrenzte Sectionen eingetheilt wird [1]) und daß Vertrauensmänner als örtliche Genossenschaftsorgane eingesetzt werden. [2]) Enthält dasselbe Vorschriften dieser Art, so ist darin zugleich über die Wahl der Vertreter, über Sitz und Bezirk der Sectionen, über die Zusammensetzung und Berufung der Sectionsversammlungen, sowie über die Art ihrer Beschlußfassung, über die Bildung der Sectionsvorstände und über den Umfang ihrer Befugnisse [3]), sowie über die Abgrenzung der Bezirke der Vertrauensmänner, die Wahl der letzteren und ihrer Stellvertreter und den Umfang ihrer Befugnisse Bestimmung zu treffen.

II. Die Abgrenzung der Bezirke der Vertrauensmänner, sowie die Wahl der letzteren und ihrer Stellvertreter kann von der Genossenschaftsversammlung dem Genossenschafts- oder Sectionsvorstande, die Wahl der Sectionsvorstände den Sectionsversammlungen übertragen werden.

¹) Zur Zeit sind 47 Berufsgenossenschaften in Sectionen eingetheilt. Durch die Einrichtung von Sectionen wird eine schnellere Erledigung der Geschäfte, vor allem eine schnellere Feststellung der Unfallentschädigungen (§. 69 Abs. I u. II) herbeigeführt.

²) dies wird dann nöthig sein, wenn die B.G. sich über ein sehr weites Gebiet erstreckt, und die zu ihr gehörigen Betriebe weit von einander entfernt sind. Die Vertrauensmänner sollen die Anknüpfung und Aufrechterhaltung persönlicher Beziehungen zwischen dem Sectionsvorstande und den Betriebsunternehmern ermöglichen. Die Vertrauensmänner verwalten ihr Amt als unentgeltliches Ehrenamt, können aber für Zeitverlust entschädigt werden (§. 44), sie müssen zu den Unfall-Untersuchungsverhandlungen (§§. 64, 65) zugezogen und können mit der Feststellung von Entschädigungen betraut werden (§. 69 Abs. II).

Nur bei zwei gewerblichen Berufsgenossenschaften sind keine Vertrauensmänner eingesetzt; neben den Vertrauensmännern können außerdem technische Aufsichtsbeamte zur Ueberwachung der Unfallverhütungsvorschriften eingesetzt werden (§. 119).

³) die Sectionsvorstände sind innerhalb der Grenzen der ihnen durch Gesetz oder Statut übertragenen Befugnisse selbstständig und einer Aufsicht des Genossenschaftsvorstandes gesetzlich nicht unterworfen. Der Genossenschaftsvorstand hat indessen das Recht, die Kenntnißgabe aller Handlungen und Maßnahmen der Sectionsverwaltung zu verlangen, sowie durch Belehrung und Empfehlung eine Verständigung über die Geschäftsbehandlung zu erwirken; durch das Statut kann aber auch dem Genossenschaftsvorstande ein Aufsichtsrecht über den Sectionsvorstand im weitesten Sinne eingeräumt werden (H.B., S. 239).

§. 39.

I. Das Genossenschaftsstatut bedarf zu seiner Gültigkeit der Genehmigung des Reichs-Versicherungsamts.¹) Das Gleiche gilt von Abänderungen des Statuts. Gegen die Versagung der Genehmigung findet innerhalb eines Monats nach der Zustellung die Beschwerde an den Bundesrath statt.

II. Ist die Genehmigung des Status endgültig versagt, so hat das Reichs-Versicherungsamt¹) innerhalb eines Monats eine neue constituirende Genossenschaftsversammlung behufs anderweiter Beschlußfassung über das Statut einzuladen. Wird auch dem von dieser Versammlung beschlossenen Statute die Genehmigung endgültig versagt, so wird ein solches vom Reichs-Versicherungsamt[1]) erlassen.

[1]) oder L.V.A. (§. 127).

Veröffentlichung des Namens und Sitzes der Genossenschaft rc.

§. 40.

I. Nach endgültiger Feststellung des Statuts hat der Genossenschaftsvorstand durch den Reichsanzeiger bekannt zu machen:

1. den Namen und den Sitz der Genossenschaft;
2. die Bezirke der Sectionen.

II. Etwaige Aenderungen sind in gleicher Weise zur öffentlichen Kenntniß zu bringen.

Genossenschaftsvorstände.

§. 41.

I. Dem Genossenschaftsvorstande liegt die gesammte Verwaltung der Genossenschaft ob, soweit nicht einzelne Angelegenheiten durch Gesetz oder Statut der Beschlußnahme der Genossenschaftsversammlung vorbehalten oder anderen Organen[1]) der Genossenschaft übertragen sind.

II. Die Beschlußfassung der Vorstände kann in eiligen Fällen[2]) durch schriftliche Abstimmung erfolgen.

III. Der Beschlußnahme der Genossenschaftsversammlung müssen vorbehalten werden:

1. die Wahl der Mitglieder des Genossenschaftsvorstandes;
2. Abänderungen des Statuts;
3. die Prüfung und Abnahme der Jahresrechnung, falls diese nicht von der Genossenschaftsversammlung einem Ausschuß

übertragen wird.[3])

[1]) Vertrauensmännern, Sectionsvorständen, Ausschüssen der Genossenschaftsversammlung (§. 41, 49), Ausschüssen des Genossenschafts- oder des Sectionsvorstandes (§. 69), besonderen Kommissionen zur Feststellung der Entschädigungen (§. 69), technischen Aufsichts- und Rechnungsbeamten (§. 119).

[2]) dazu gehört immer die Feststellung der Entschädigungen. Eine schriftliche Abstimmung hierbei dürfte allerdings nur dann zulässig sein, wenn über die Höhe der Entschädigung Zweifel nicht bestehen, wie bei Bewilligung des Sterbegeldes, oder der Renten bei Personen, deren völlige

werbsunfähigkeit — wie bei Erblindeten — unbestritten ist (doch vergl. Anm. 1 zu §. 69).

³) Außerdem ist der Genossenschaftsversammlung noch vorbehalten

a. die Bestimmung der Fälligkeitstermine für die Vorschüsse (§. 32 Abs. II);
b. die Beschlußfassung über Zuschläge zum Reservefonds (§. 34 Abs. III);
c. die Beschlußfassung über das Statut (§. 36 Abs. I);
d. die Abgrenzung der Bezirke der Sectionen und Vertrauensmänner und die Regelung ihrer Obliegenheiten (§. 38);
e. die Entschädigungssätze für den Zeitverlust an Vorstandsmitglieder und Vertrauensmänner (§. 44);
f. der Entwurf einer Dienstordnung für die Genossenschaftsbeamten (§. 48);
g. die Beschlüsse über die Bildung der Gefahrenklassen (§. 49);
h. die Vereinigung mit anderen Genossenschaften zur gemeinsamen Uebernahme des Risikos (§. 51);
i. die Aenderungen im Bestande der Genossenschaft (§§. 52, 53);
k. Aenderung der Unfallverhütungsvorschriften (§. 115 Abs. III);
l. die Klage auf Schadensersatz gegen ersatzpflichtige Betriebsunter- unternehmer ꝛc. (§. 137).

§. 42.

I. Die Genossenschaft wird durch ihren Vorstand gerichtlich und außergerichtlich vertreten. Die Vertretung erstreckt sich auch auf diejenigen Geschäfte und Rechtshandlungen, für welche nach den Gesetzen eine Specialvollmacht erforderlich ist. Durch das Statut kann die Vertretung auch einem Mitglied oder mehreren Mitgliedern des Vorstandes übertragen werden.

II. Durch die Geschäfte, welche der Vorstand der Genossenschaft und die Vorstände der Sectionen, sowie die Vertrauensmänner innerhalb der Grenzen ihrer gesetzlichen und statutarischen Vollmacht im Namen der Genossenschaft abschließen, wird die letztere berechtigt und verpflichtet.

III. Zur Legitimation der Vorstände bei Rechtsgeschäften genügt die Bescheinigung der höheren Verwaltungsbehörde, daß die darin bezeichneten Personen den Vorstand bilden.

IV. Der Vorstand der Genossenschaft kann unbeschadet seiner eigenen Verantwortung (§. 45) bestimmte Geschäfte besoldeten Geschäftsführern übertragen.[1]) Die zur Ausführung dieser Bestimmung erforderlichen Vorschriften erläßt das Reichs-Versicherungsamt.[2])

[1]) niemals die Festsetzung der Renten (Begr. 1900 §. 75).

[2]) damit diese Bestimmungen einheitlich für alle Berufsgenossenschaften sind, ist hier ein Landesversicherungsamt nicht zuständig. Ein Bestätigungsrecht hat hierbei das R.V.A. nicht. Die Competenz des Geschäftsführers wird im Bescheide des R.V.A. vom 17. October 1885 (A.N. 1885 S. 340) genau festgestellt; eine andere, neuere Ausführungsbestimmung ist noch nicht ergangen.

§. 43.

I. Wählbar zu Mitgliedern der Vorstände und zu Vertrauensmännern sind die stimmberechtigten Mitglieder der Genossenschaft, sowie deren gesetzliche Vertreter und, sofern das Statut dies zuläßt, die von den Unternehmern bevollmächtigten Leiter ihrer Betriebe. Nicht wählbar ist, wer zum Amte eines Schöffen unfähig ist (§§. 31, 32 des Gerichtsverfassungsgesetzes).[1]

II. Die Ablehnung der Wahl ist nur aus denselben Gründen zulässig, aus welchen gemäß §. 1786 Abs. 1 Ziffer 2 bis 4 und 8 des Bürgerlichen Gesetzbuchs das Amt eines Vormundes abgelehnt werden kann.[2]) Die Wahrnehmung eines auf Grund der Gesetze über Krankenversicherung, Unfallversicherung oder Invalidenversicherung übertragenen Ehrenamts steht der Führung einer Vormundschaft gleich. Durch das Statut können noch andere Ablehnungsgründe festgesetzt werden. Die Wiederwahl kann für eine Wahlperiode abgelehnt werden.

III. Personen, welche die Wahl ohne zulässigen Grund ablehnen oder sich der Ausübung eines Amtes ohne hinreichende Entschuldigung entziehen, können vom Vorstande mit Geldstrafen bis zu fünfhundert Mark belegt werden.

[1]) wer die Befähigung in Folge strafrechtlicher Verurtheilung verloren hat oder gegen wen das Hauptverfahren wegen eines Verbrechens oder Vergehens eröffnet ist, das die Aberkennung der bürgerlichen Ehrenrechte oder die Fähigkeit zur Bekleidung öffentlicher Aemter zur Folge haben kann, oder wer in Folge gerichtlicher Anordnung in der Verfügung über sein Vermögen beschränkt ist.

[2]) wenn Jemand das sechzigste Lebensjahr vollendet hat oder mehr als vier minderjährige eheliche Kinder hat, wenn er durch Krankheit oder Gebrechen verhindert ist, eine Vormundschaft ordnungsmäßig zu führen oder

mehr als eine Vormundschaft oder Pflegschaft führt, wobei die Vormundschaft oder Pflegschaft über mehrere Geschwister als nur eine gilt, und die Führung von zwei Gegenvormundschaften der Führung einer Vormundschaft gleich geachtet wird.

§. 44.

Die Mitglieder der Vorstände und die Vertrauensmänner verwalten ihr Amt als unentgeltliches Ehrenamt, sofern nicht durch das Statut eine Entschädigung für den durch Wahrnehmung der Genossenschaftsgeschäfte ihnen erwachsenden Zeitverlust bestimmt wird. Die Höhe der Entschädigung unterliegt der Genehmigung des Reichs-Versicherungsamts.[1]) Baare Auslagen werden ihnen von der Genossenschaft ersetzt, und zwar, soweit sie in Reisekosten bestehen, nach festen, von der Genossenschaftsversammlung zu bestimmenden Sätzen. Die Mitglieder des Vorstandes dürfen neben diesen Vergütungen eine Besoldung für die Geschäftsführung nicht erhalten.

[1]) oder L.V.A. (§. 127).

§. 45.

Die Mitglieder der Vorstände, sowie die Vertrauensmänner haften der Genossenschaft für getreue Geschäftsverwaltung wie Vormünder ihren Mündeln und unterliegen, wenn sie absichtlich zum Nachtheile der Genossenschaft handeln, der Strafbestimmung des §. 266 des Strafgesetzbuchs.[1])

[1]) sie können hiernach mit Gefängiß, neben welchem auch auf Verlust der bürgerlichen Ehrengerichte erkannt werden kann, bestraft werden und mit Geldstrafe bis zu 3000 M.

§. 46.

Kommt eine Wahl der gesetzlichen Organe einer Genossenschaft nicht zu Stande oder verweigern die Gewählten die Erfüllung ihrer gesetzlichen oder statutarischen Obliegenheiten, so hat, solange und soweit dies der Fall ist, das Reichs-Versicherungsamt[1]) die Obliegenheiten auf Kosten der Genossenschaft wahrzunehmen oder durch Beauftragte wahrnehmen zu lassen.

[1]) oder L.V.A. (§. 127).

§. 47.

Werden hinsichtlich eines Gewählten Thatsachen bekannt, welche dessen Wählbarkeit nach Maßgabe dieses Gesetzes ausschließen, oder welche sich als grobe Verletzungen der Amtspflicht darstellen, so ist der Gewählte, nachdem ihm Gelegenheit zur Aeußerung gegeben worden ist, durch Beschluß des Vorstandes seines Amtes zu entheben. Gegen den Beschluß ist innerhalb eines Monats Beschwerde beim Reichs-Versicherungsamte zulässig;[1]) sie ist ohne aufschiebende Wirkung.

[1]) oder L.V.A. (§. 127).

Genossenschaftsbeamte.

§. 48.

I. Die Genossenschaftsversammlung hat eine Dienstordnung zu beschließen, durch welche die Rechtsverhältnisse und allgemeinen Anstellungsbedingungen der Genossenschaftsbeamten geregelt werden. Diese Dienstordnung bedarf der Bestätigung durch das Reichs-Versicherungsamt.[1])

II. Die Gehälter der Beamten werden im Einzelnen durch den Haushaltsplan der Genossenschaft festgestellt.

[1]) oder L.V.A. (§. 127).

Bildung der Gefahrenklassen.

§. 49.

I. Durch die Genossenschaftsversammlung sind für die zur Genossenschaft gehörenden Betriebe je nach dem Grade der mit denselben verbundenen Unfallgefahr entsprechende Gefahrenklassen zu bilden und über die Höhe der in denselben zu leistenden Beiträge (Gefahrentarif) Bestimmungen zu treffen.[1])

II. Durch Beschluß der Genossenschaftsversammlung kann die Aufstellung und Aenderung des Gefahrentarifs einem Ausschuß oder dem Vorstand übertragen werden.

III. Die Aufstellung und Abänderung des Gefahrentarifs bedarf der Genehmigung des Reichs-Versicherungsamts.[2]) Wird ein Gefahrentarif von der Genossenschaft innerhalb einer vom Reichs-Versicherungsamte zu bestimmenden Frist nicht aufgestellt oder dem aufgestellten die Genehmigung versagt, so hat das Reichs-Versicherungsamt nach Anhörung der mit der Aufstellung beauftragten Organe der Genossenschaft den Tarif selbst festzusetzen.

IV. Die Veranlagung der Betriebe zu den einzelnen Gefahrenklassen liegt nach näherer Bestimmung des Statuts (§. 37) den Organen der Genossenschaft ob. Gegen die Veranlagung steht dem

Betriebsunternehmer binnen einer Frist von zwei Wochen die Beschwerde an das Reichs-Versicherungsamt zu. Nach der Veranlagung kann die Genossenschaft einen Betrieb während der Tarifperiode neu veranlagen, wenn die vorige Veranlagung auf unrichtigen Angaben des Betriebsunternehmers beruht. Auf die erneute Veranlagung finden die für die vorige Veranlagung maßgebenden Vorschriften Anwendung.

V. Der Gefahrentarif ist nach Ablauf von längstens zwei Rechnungsjahren und sodann mindestens von fünf zu fünf Jahren unter Berücksichtigung der in den einzelnen Betrieben vorgekommenen Unfälle einer Revision zu unterziehen. Die Ergebnisse derselben sind mit dem Verzeichnisse der in den einzelnen Betriebszweigen vorgekommenen, auf Grund dieses Gesetzes zu entschädigenden Unfälle der Genossenschaftsversammlung zur Beschlußfassung über die Beibehaltung oder Aenderung der bisherigen Gefahrenklasse oder Gefahrentarife vorzulegen. Die über die Aenderung der bisherigen Gefahrenklassen oder Gefahrentarife gefaßten Beschlüsse bedürfen zu ihrer Gültigkeit der Genehmigung des Reichs-Versicherungsamts; demselben ist das Verzeichniß der vorgekommenen Unfälle vorzulegen.

VI. Die Genossenschaftsversammlung kann den Unternehmern nach Maßgabe der in ihren Betrieben vorgekommenen Unfälle für die nächste Periode Zuschläge auflegen oder Nachlässe bewilligen.

[1]) die größere oder geringere Unfallgefahr kommt also bei der Höhe der Leistungen der einzelnen Betriebe zu den Kosten der Unfallversicherung sehr in Betracht. Die Verschiedenheit der Gefährlichkeit wird dadurch bestimmt, daß man den Geldwerth der in einer gewissen Zeit durch die Betriebe eines Gewerbszweiges verursachten Entschädigungen im Vergleich stellt mit den anrechnungsfähigen Löhnen und Gehältern, die während derselben Zeit von diesen Betrieben gezahlt worden sind. Diese Durchschnittsgefährlichkeit wird durch sogenannte Gefahrenziffern ausgedrückt, die in Gefahrentarifen zusammengestellt werden. (Vergl. auch H.B., S. 244.)

[2]) die dem R.V.A. in §. 49 ertheilten Befugnisse können auch von den Landesversicherungsämtern wahrgenommen werden (§. 127).

Theilung des Risikos.

§. 50.

I. Durch das Statut kann vorgeschrieben werden, daß die Entschädigungsbeträge bis zu fünfundsiebenzig Prozent von den Sektionen zu tragen sind, in deren Bezirken die Unfälle eingetreten sind.[1])

II. Die hiernach den Sektionen zur Last fallenden Beträge sind auf die Mitglieder derselben nach Maßgabe der für die Genossenschaft festgesetzten Gefahrenklassen und der in diesen zu leistenden Beiträge (§§. 29, 30, 49) umzulegen.

[1]) der Anspruch des Verletzten an die B.G. bleibt dadurch unberührt.

Gemeinsame Tragung des Risikos.

§. 51.

I. Vereinbarungen von Genossenschaften, die von ihnen zu leistenden Entschädigungsbeträge ganz oder zum Theil gemeinsam zu tragen, sind zulässig.[1]) Derartige Vereinbarungen bedürfen zu ihrer Gültigkeit der Zustimmung der betheiligten Genossenschaftsversammlungen sowie der Genehmigung des Reichs-Versicherungsamts.[2]) Dieselben dürfen nur mit dem Beginn eines neuen Rechnungsjahrs in Wirksamkeit treten.

II. Die Vereinbarung hat sich darauf zu erstrecken, in welcher Weise der gemeinsam zu tragende Entschädigungsbetrag auf die betheiligten Genossenschaften zu vertheilen ist.

III. Ueber die Vertheilung des auf eine jede Genossenschaft entfallenden Antheils an der gemeinsam zu tragenden Entschädigung unter die Mitglieder der Genossenschaft entscheidet die Genossenschaftsversammlung. Mangels einer anderweiten Bestimmung wird dieser Antheil in gleicher Weise wie die von der Genossenschaft nach Maßgabe dieses Gesetzes zu leistenden Entschädigungsbeiträge (§§. 29, 30, 49) umgelegt.

[1]) solche Vereinbarungen sind bis zum 1. Januar 1902 noch nicht getroffen worden.

[2]) oder L.V.A. (§. 127).

Abänderung des Bestandes der Berufsgenossenschaften.

§. 52.

I. Nach erfolgtem Abschlusse der Organisation der Berufsgenossenschaften sind Aenderungen in deren Bestande mit dem Beginn eines neuen Rechnungsjahrs unter nachstehenden Voraussetzungen zulässig:

1. Die Vereinigung mehrerer Genossenschaften erfolgt auf übereinstimmenden Beschluß der Genossenschaftsversammlungen mit Genehmigung des Bundesraths.
2. Das Ausscheiden einzelner Gewerbszweige oder örtlich ab-

gegrenzter Theile aus einer Genossenschaft und die Zutheilung derselben zu einer anderen Genossenschaft erfolgt auf Beschluß der betheiligten Genossenschaftsversammlungen mit Genehmigung des Bundesraths. Die Genehmigung kann versagt werden, wenn durch das Ausscheiden die Leistungsfähigkeit einer der betheiligten Genossenschaften in Bezug auf die ihr obliegenden Pflichten gefährdet wird.

3. Wird die Vereinigung mehrerer Genossenschaften oder das Ausscheiden einzelner Gewerbszweige oder örtlich abgegrenzter Theile aus einer Genossenschaft uud die Zutheilung derselben zu einer anderen Genossenschaft auf Grund eines Genossenschaftsbeschlusses beantragt, dagegen von der anderen betheiligten Genossenschaft abgelehnt, so entscheidet anf Anrufen der Bundesrath.

4. Anträge auf Ausscheidung einzelner Gewerbszweige oder örtlich abgegrenzter Theile aus einer Genossenschaft und Errichtung einer besonderen Genossenschaft für dieselben sind zunächst der Beschlußfassung der Genossenschaftsversammlung zu unterbreiten und sodann dem Bundesrathe zur Entscheidung vorzulegen.

II. Die Genehmigung zur Errichtung der neuen Genossenschaft kann versagt werden, wenn die Anzahl der Betriebe, für welche die Berufsgenossenschaft gebildet werden soll, oder die Anzahl der in denselben beschäftigten Arbeiter zu gering ist, um die dauernde Leistungsfähigkeit der Berufsgenossenschaft in Bezug auf die bei der Unfallversicherung ihr obliegenden Pflichten zu gewährleisten, oder wenn Betriebe von der Annahme in die Berufsgenossenschaft ausgeschlossen werden sollen, welche wegen ihrer geringen Zahl oder wegen der geringen Zahl der in ihnen beschäftigten Arbeiter eine eigene leistungsfähige Berufsgenossenschaft zu bilden außer Stande sind und auch einer anderen Berufsgenossenschaft zweckmäßig nicht zugetheilt werden können.

III. Wird die Genehmigung ertheilt, so erfolgt die Beschlußfassung über das Statut für die neue Genossenschaft nach Maßgabe der Bestimmungen in den §§. 36 bis 39.

§. 53.

I. Werden mehrere Genossenschaften zu einer Genossenschaft vereinigt, so gehen mit dem Zeitpunkte, zu welchem die Veränderung in

Wirksamkeit tritt, alle Rechte und Pflichten der vereinigten Genossenschaften auf die neuerrichtete Genossenschaft über.

II. Wenn einzelne Gewerbszweige oder örtlich abgegrenzte Theile aus einer Genossenschaft ausscheiden, und einer anderen Genossenschaft angeschlossen werden, so sind von dem Eintritt dieser Veränderung ab die Entschädigungsansprüche, welche gegen die erstere Genossenschaft aus den in Betrieben der ausscheidenden Genossenschaftstheile eingetretenen Unfällen erwachsen sind, von der Genossenschaft zu befriedigen, welcher die Genossenschaftstheile nunmehr angeschlossen sind.

III. Scheiden einzelne Gewerbszweige oder örtlich abgegrenzte Theile aus einer Genossenschaft unter Errichtung einer neuen Genossenschaft aus, so sind von dem Zeitpunkte der Ausscheidung ab die Entschädigungsansprüche, welche gegen die erstere Genossenschaft aus den in Betrieben der ausscheidenden Genossenschaftstheile eingetretenen Unfällen erwachsen sind, von der neu errichteten Genossenschaft zu befriedigen.

IV. Insoweit zufolge des Ausscheidens von Gewerbszweigen oder örtlich abgegrenzten Theilen Entschädigungsansprüche auf andere Genossenschaften übergehen, haben die letzteren Anspruch auf einen entsprechenden Theil des Reservefonds und des sonstigen Vermögens derjenigen Genossenschaft, aus welcher die Ausscheidung stattfindet.

V. Die Bestimmungen der Abs. 2 und 4 finden entsprechende Anwendung, wenn einzelne Betriebe oder Nebenbetriebe in Folge von Berichtigungen der Kataster[1]) von einer Berufsgenossenschaft auf eine andere übergehen.

VI. Die vorstehenden Bestimmungen können durch übereinstimmenden Beschluß der betheiligten Genossenschaftsversammlungen abgeändert oder ergänzt werden.

VII. Streitigkeiten, welche in Betreff der Vermögensauseinandersetzung zwischen den betheiligten Genossenschaften entstehen, werden mangels Verständigung derselben über eine schiedsgerichtliche Entscheidung von dem Reichs-Versicherungsamt[2]) entschieden.

[1]) vergl. §. 58 Abs. I.

[2]) oder L.V.A. (§. 127).

Auflösung von Berufsgenossenschaften.

§. 54.

Berufsgenossenschaften, welche zur Erfüllung der ihnen durch dieses Gesetz auferlegten Verpflichtungen leistungsunfähig werden, können auf Antrag des Reichs-Versicherungsamts[1]) von dem Bundesrath aufgelöst werden. Diejenigen Gewerbszweige, welche die aufgelöste Genossenschaft gebildet haben, sind anderen Berufsgenossenschaften nach deren Anhörung zuzutheilen. Mit der Auflösung der Genossenschaft gehen deren Rechtsansprüche und Verpflichtungen, vorbehaltlich der Bestimmung im §. 127, auf das Reich über.

[1]) oder L.V.A. (§. 127).

III. Mitgliedschaft des einzelnen Betriebs. Betriebsveränderungen.

Mitgliedschaft.

§. 55.

I. Mitglied der Genossenschaft ist jeder Unternehmer eines Betriebs derjenigen Gewerbszweige, für welche die Genossenschaft errichtet ist, sofern der Betrieb im Bezirke der Genossenschaft seinen Sitz hat. Die Mitgliedschaft beginnt[1]) mit dem Zeitpunkte der Eröffnung des Betriebs oder des Beginns seiner Versicherungspflicht.[2])

II. Stimmberechtigt ist jedes Mitglied der Genossenschaft, sofern es sich im Besitze der bürgerlichen Ehrenrechte befindet.

[1]) also auch dann, wenn ein Mitgliedschein (§. 58 Abs. III) nicht ertheilt oder der Unternehmer nicht in das Genossenschaftskataster aufgenommen worden ist.

[2]) der letztere Fall tritt dann ein, wenn ein bis dahin nicht versicherungspflichtiger Betrieb eines Unternehmers durch Neueinrichtungen (z. B. Aufstellung einer Kraftmaschine) versicherungspflichtig wird.

Betriebsanmeldung.

§. 56.

I. Jeder Unternehmer eines versicherungspflichtigen Betriebs, welcher diesen nicht bereits angemeldet hat, ist verpflichtet, binnen einer Woche, nachdem er Mitglied einer Genossenschaft geworden ist (§. 55), der unteren Verwaltungsbehörde[1]), in deren Bezirke der Betrieb belegen ist, eine Anzeige zu erstatten, welche

1. den Gegenstand und die Art des Betriebs,
2. die Zahl der versicherten Personen,
3. die Berufsgenossenschaft, welcher der Betrieb angehört[2]),
4. falls es sich um einen nach dem Inkrafttreten des Gesetzes neu begonnenen oder versicherungspflichtig gewordenen Betrieb handelt, den Tag der Eröffnung beziehungsweise des Beginns der Versicherungspflicht

angiebt. Die Anzeige ist in zwei Exemplaren einzureichen. Ueber dieselbe ist eine Empfangsbescheinigung zu ertheilen:

II. Wird die Anzeige nicht rechtzeitig erstattet, so ist die untere Verwaltungsbehörde befugt, den Unternehmer zu einer Auskunft über die Beschaffenheit des Betriebs innerhalb einer zu bestimmenden Frist durch Geldstrafen im Betrage bis zu einhundert Mark anzuhalten.

III. In dem Betriebe hat der Unternehmer durch einen Aushang bekannt zu machen, welcher Berufsgenossenschaft und Section der Betrieb angehört, sowie die Adresse des Genossenschafts- und Sectionsvorstandes. Ist ein landwirthschaftlicher Betrieb an den gewerblichen Betrieb gemäß §. 28 angeschlossen, so ist in dem Aushange darauf hinzuweisen.[3])

[1]) vergl. Anm. 2 zu §. 152.

[2]) zur leichteren Auffindung der B.G. hat das R.V.A. ein alphabetisches Verzeichniß der Gewerbszweige veröffentlicht, in dem neben dem Namen des Gewerbszweiges die Berufsgenossenschaften verzeichnet sind, zu denen er gehören kann.

[3]) Abs. III soll verhindern, daß ein verletzter Arbeiter im Unklaren ist, wohin er sich mit seinen Anträgen auf Entschädigung zu wenden hat.

§. 57.

I. Die untere Verwaltungsbehörde[1]) hat jeden in ihrem Bezirke belegenen Betrieb, über welchen die Anzeige (§. 56) erstattet ist, binnen einer Woche nach dem Eingange der letzteren durch Einsendung eines Exemplars derselben dem Vorstande der in der Anzeige bezeichneten Genossenschaft zu überweisen.

II. Gehört der Betrieb nach Ansicht der unteren Verwaltungsbehörde einer anderen als der in der Anzeige bezeichneten Genossenschaft an, so ist dem Vorstande dieser Genossenschaft, unter gleichzeitiger Benachrichtigung des Vorstandes der in der Anzeige bezeichneten Genossenschaft und des Betriebsunternehmers, eine Abschrift der Anzeige zuzustellen.

III. Für Betriebe, über welche eine Anzeige nicht erstattet ist, hat die untere Verwaltungsbehörde die Ueberweisung binnen einer Woche nach Ablauf der von ihr in Gemäßheit des §. 56 Abs. 2 bestimmten Frist dadurch zu bewirken, daß sie die im §. 56 Abs. 1 Ziffer 1 bis 4 bezeichneten Angaben selbst macht.

[1]) vergl. Anm. 2 zu §. 152.

Genossenschaftskataster.

§. 58.

I. Die Genossenschaftsvorstände haben auf Grund der von dem Reichs-Versicherungsamt[1]) ihnen mitzutheilenden Verzeichnisse der versicherungspflichtigen Betriebe (§. 35) und der später erfolgenden Ueberweisungen (§. 57) Genossenschaftskataster[2]) zu führen.

II. Die Aufnahme der einzelnen Genossen in das Kataster erfolgt nach vorgängiger Prüfung ihrer Zugehörigkeit zur Genossenschaft.

III. Den in das Kataster aufgenommenen Genossen werden vom Genossenschaftsvorstande durch Vermittlung der unteren Verwaltungsbehörde[3]) Mitgliedscheine[4]) zugestellt. Ist die Genossenschaft in Sectionen eingetheilt, so muß der Mitgliedschein die Section, welcher der Unternehmer angehört, bezeichnen. Wird die Aufnahme in das Kataster abgelehnt, so ist hierüber ein mit Gründen versehener Bescheid dem Betriebsunternehmer durch Vermittlung der unteren Verwaltungsbehörde zuzustellen.

[1]) oder L.V.A. (§. 127).

[2]) ein Formular zum Genossenschaftskataster, das aber nicht bindend ist, hat das R.V.A. in den A.N. 1885 S. 199ff. bekannt gegeben.

[3]) vergl. Anm. 2 zu §. 152.

[4]) dadurch wird die Zugehörigkeit des Unternehmers zur B.G. beurkundet.

§. 59.

I. Gegen die Aufnahme in das Kataster, sowie gegen die Ablehnung derselben steht dem Unternehmer binnen einer Fist von zwei Wochen nach erfolgter Zustellung des Mitgliedscheins beziehungsweise des ablehnenden Bescheids die Beschwerde an das Reichs-Versicherungsamt[1]) zu. Dieselbe ist bei der unteren Verwaltungsbehörde[2]) einzulegen. Stellt sich bei der Verhandlung der Beschwerde heraus, daß der Betrieb keiner der vorhandenen Genossenschaften zugehört, so ist derselbe durch das Reichs-Versicherungsamt[1]) derjenigen Genossenschaft zuzuweisen, der er seiner Natur nach am nächsten steht.

II. Wird gegen einen ablehnenden Bescheid von dem Betriebsunternehmer innerhalb der angegebenen Frist Beschwerde nicht erhoben, so kann die untere Verwaltungsbehörde den Fall dem Reichs-Versicherungsamte[2]) zur Entscheidung vorlegen. Auf Antrag der Berufsgenossenschaft hat sie von dieser Befugniß Gebrauch zu machen.

III. Wird in dem Falle des §. 57 Abs. 2 die Mitgliedschaft des Unternehmers von dem Vorstande der in der Anzeige bezeichneten Genossenschaft anerkannt, so liegt diesem die Verpflichtung ob, hiervon dem Vorstande der anderen Genossenschaft Mittheilung zu machen. Letzterer ist berechtigt, innerhalb zweier Wochen nach dem Empfange der Mittheilung gegen die Anerkennung der Mitgliedschaft beim Reichs-Versicherungsamte[1]) Beschwerde zu erheben.

[1]) oder L.V.A. (§. 127).

[2]) vergl. Anm. 2 zu §. 152.

§. 60.

I. Den Sectionsvorständen sind Auszüge aus dem Kataster in Betreff der zu ihren Sectionen gehörenden Unternehmer mitzutheilen.

II. Jeder Wechsel in der Person desjenigen, für dessen Rechnung der Betrieb erfolgt[1]), ist von dem Unternehmer[2]) binnen einer durch das Statut festzusetzenden Frist dem Genossenschaftsvorstande behufs Berichtigung des Katasters anzuzeigen. Ist die Anzeige von dem Wechsel nicht erfolgt, so werden die auf die Genossenschaftsmitglieder umzulegenden Beiträge von dem in das Kataster eingetragenen Unternehmer forterhoben. Die Haftung umfaßt noch dasjenige Rechnungsjahr, in welchem die Anzeige geschieht, ohne das dadurch der neue Unternehmer von der auch ihm gesetzlich[3]) obliegenden Haftung für die Beiträge entbunden ist.

[1]) Als Wechsel in der Person des Unternehmers ist die Aenderung der kaufmännischen Firma, der Austritt und Neueintritt von Personen in dieselbe zu behandeln. Dagegen stellt der mit der Concurseröffnung verbundene Eintritt des Concursverwalters an Stelle des Unternehmers in die Vertretung des Betriebes einen solchen Wechsel nicht dar (H.B., S. 277).

[2]) nämlich von dem bisher in das Kataster eingetragenen Unternehmer.

[3]) vergl. Anm. 1 zu §. 55.

Betriebsveränderungen.

§. 61.

I. Jeder Betriebsunternehmer ist verpflichtet, Aenderungen seines Betriebs, welche für die Zugehörigkeit zu einer Genossenschaft von Bedeutung sind[1]), dem Genossenschaftsvorstande binnen einer durch das Statut festzusetzenden Frist anzuzeigen. Erachtet letzterer in Folge dieser Anzeige oder ohne den Empfang einer solchen von Amtswegen die Ueberweisung des Betriebs an eine andere Genossenschaft für geboten, so theilt er dies unter Angabe der Gründe dem Betriebsunternehmer durch Vermittlung der unteren Verwaltungsbehörde[2]) und dem betheiligten Genossenschaftsvorstande mit. Sowohl der letztere als auch der Betriebsunternehmer können innerhalb zweier Wochen gegen die Ueberweisung bei dem überweisenden Genossenschaftsvorstande Widerspruch erheben.

II. Wird innerhalb dieser Frist kein Widerspruch erhoben, so erfolgt die Ab- beziehungsweise Zuschreibung des Betriebs in den Genossenschaftskatastern, sowie die Ausstellung eines anderweiten Mitgliedscheins für den Betriebsunternehmer.

III. Wird gegen die Ueberweisung Widerspruch erhoben oder beansprucht der Vorstand einer dritten Genossenschaft unter dem Widerspruche des Betriebsunternehmers oder des Vorstandes der Genossenschaft, welcher der Betrieb bisher angehörte, die Ueberweisung des letzteren, so hat der Vorstand der Genossenschaft, welcher der Betrieb bisher angehört hat, die Entscheidung des Reichs-Versicherungsamts[3]) zu beantragen. Dasselbe entscheidet nach Anhörung des betheiligten Betriebsunternehmers, sowie der Vorstände der betheiligten Genossenschaften.

VI. Wird dem Ueberweisungsantrage stattgegeben, so tritt die Aenderung in der Zugehörigkeit zur Genossenschaft von dem Tage ab in Wirksamkeit, an welchem der Antrag dem betheiligten Genossenschaftsvorstande zugestellt ist.

[1]) dies wird zumeist nach dem Inhalte der Statuten zu entscheiden sein.
[2]) vergl. Anm. 2 zu §. 152.
[3]) oder des L.V.A. (§. 127).

§. 62.

In Betreff der Anmeldung von Aenderungen in dem Betriebe, welche für dessen Einschätzung in den Gefahrentarif (§. 49) von Bedeutung sind, sowie in Betreff des weiteren Verfahrens hat das Genossenschaftsstatut Bestimmung zu treffen. Gegen den auf die Anmeldung der Aenderung oder von Amtswegen erfolgenden Bescheid des Genossenschaftsvorstandes oder des Ausschusses (§. 49) steht dem Betriebsunternehmer binnen einer Frist von zwei Wochen die Beschwerde an das Reichs-Versicherungsamt[1]) zu.

[1]) oder L.V.A. (§. 127).

IV. Feststellung und Auszahlung der Entschädigung.

Anzeige und Untersuchung der Unfälle.

§. 63.*)

I. Von jedem in einem versicherten Betriebe[1]) vorkommenden Unfalle, durch welchen eine in demselben beschäftigte Person getödtet wird oder eine Körperverletzung erleidet, welche eine völlige oder theilweise Arbeitsunfähigkeit[2]) von mehr als drei Tagen oder den Tod zur Folge hat, ist von dem Betriebsunternehmer[3]) bei der Ortspolizeibehörde[4]) und dem durch Statut zu bestimmenden Genossenschaftsorgane schriftlich Anzeige zu erstatten.[4])

II. Dieselbe muß binnen drei Tagen nach dem Tode erfolgen, an welchem der Betriebsunternehmer von dem Unfalle Kenntniß erlangt hat.

III. Für den Betriebsunternehmer kann derjenige, welcher zur Zeit des Unfalls den Betrieb oder den Betriebstheil, in welchem sich der Unfall ereignete, zu leiten hatte, die Anzeige erstatten; im Falle der Abwesenheit oder Behinderung des Betriebsunternehmers ist er dazu verpflichtet.

IV. Das Formular für die Anzeige wird vom Reichs-Versicherungsamte festgestellt.[5])

V. Die Vorstände der unter Reichs- oder Staatsverwaltung stehenden Betriebe haben die im Abs. 1 vorgeschriebene Anzeige der vorgesetzten Dienstbehörde nach näherer Anweisung derselben zu erstatten.

---

*) §. 63 (§. 70 L.V.U.G.) regelt das Unfallmeldewesen, die §§. 64—68 (§§. 71—74 L.V.U.G.) die ortspolizeiliche Untersuchung der Unfälle, §§. 69—74 (§§. 75—81 L.U.V.G.) die Feststellung der Entschädigung.

[1]) oder wenn der Unfall bei häuslichen und anderen Diensten, zu denen der Verletzte neben der Beschäftigung im Betriebe von seinem Arbeitgeber oder dessen Beauftragten herangezogen worden ist, sich ereignet hat (§. 3).

[2]) der Ausdruck „Arbeitsunfähigkeit" kommt hier das einzige Mal im G.U.V.G. vor; er findet sich auch nicht im K.V.G. und J.V.G. Nach der Begr. 1900 S. 79 muß die Bestimmung möglichst weit aufgefaßt werden; wenn ein Verunglückter selbst seine gewohnte Arbeit nach dem Unfalle nicht unterbrochen hat, aber nach Aussage seiner Mitarbeiter oder eines Betriebsbeamten diese gewohnte Arbeit ihm schwerer von statten geht, so wird die Unfallanzeige an die Ortspolizeibehörde zu richten sein. Dies empfiehlt sich schon wegen der Strafbestimmung des §. 147.

[3]) vergl. Anm. 3 zu §. 152.

[4]) die Motive zum Gesetze von 1884 bemerken zu §. 51, dem jetzigen §. 63: „Für die einfache und sichere Feststellung der den Betheiligten aus der Unfallversicherung erwachsenden Entschädigungsansprüche ist es wichtig, daß die einzelnen Unfälle, welche einen Entschädigungsanspruch zur Folge haben, nicht erst durch die Erhebung des letzteren, sondern sobald als thunlich zur Kenntniß der Organe der Genossenschaft gelangen." Dieser Zweck wird aber in den meisten Fällen durch die Unfallanzeige nicht erreicht, weil weder der Betriebsunternehmer, noch sein nach Abs. III zugelassener Stellvertreter in der Lage ist, die auf die Verletzung bezüglichen Fragen der Unfallanzeige (vergl. Anhang Nr. 5) richtig zu beantworten. Oft beruhen auch die Angaben, die dabei gemacht werden, gar nicht auf eigener Anschauung, sondern auf der Mittheilung von Mitarbeitern des Verletzten oder auf Aussagen, die der letztere selbst macht. So kommt es, daß durch den Inhalt der Unfallanzeige, ganz im Gegensatze zu der beabsichtigten Wirkung, oft der Thatbestand verdunkelt und die Feststellung übermäßig erschwert wird; darüber klagen alle ärztlichen Schriftsteller, die in der Unfallversicherung thätig sind. (Vergl: das Referat S. Marcuse's in den Stenogr. Ber. der Verhandl. der Berl. Aerztekammer III, S. 18 und die Ausführungen Leppmann's ebenda S. 25.)

Nach der Fassung des §. 63 sind die Betriebsunternehmer nicht verpflichtet, der Unfallanzeige ein ärztliches Gutachten über die voraussichtliche Dauer der Erwerbsunfähigkeit des Verletzten anzuschließen. (H.B., S. 307). Die Ortspolizeibehörden haben binnen drei Tagen dem für ihren Bezirk zuständigen Gewerbe-Aufsichtsbeamten (Regierungs- und Gewerberath, Gewerbeinspector oder Hülfsarbeiter desselben) Abschrift der Unfallanzeige für diejenigen Bezirke zu übersenden, die der Beaufsichtigung dieser Beamten unterliegen.

[5]) das vom 1. Jan. 1902 gültige Formular ist vom R.V.A. in der Bekanntm. vom 1. October 1900 veröffentlicht worden (A.N. 1900 S. 710).

Eine Veränderung des Inhalts, der Form, auch der Farbe ist unzulässig. Dasselbe ist im Anhang Nr. 5 abgedruckt.

§. 64.

I. Jeder zur Anzeige gelangte Unfall [1]), durch welchen eine versicherte Person getödtet ist oder eine Körperverletzung erlitten hat, die voraussichtlich einen Entschädigungsanspruch auf Grund dieses Gesetzes zur Folge haben wird [2]), ist sobald als möglich [3]), in den im §. 76b des Krankenversicherungsgesetzes [4]) und im §. 13 dieses Gesetzes bezeichneten Fällen spätestens unmittelbar nach Eingang eines entsprechenden Ersuchens der Berufsgenossenschaft oder der betheiligten Krankenkasse [5]), von der Ortspolizeibehörde einer Untersuchung zu unterziehen [6]), durch welche festzustellen sind:

1. die Veranlassung und Art des Unfalls,
2. die getödteten oder verletzten Personen,
3. die Art der vorgekommenen Verletzungen, [7])
4. der Verbleib der verletzten Personen,
5. die Hinterbliebenen der durch den Unfall getödteten und die Angehörigen der durch den Unfall verletzten Personen, welche auf Grund dieses Gesetzes einen Entschädigungsanspruch erheben können,
6. die Höhe der Renten, welche der Verletzte etwa auf Grund der Unfallversicherungsgesetze oder des Invalidenversicherungsgesetzes bezieht.

II. Auf Antrag des Vorstandes der Genossenschaft oder der Section oder der betheiligten Krankenkasse hat die Ortspolizeibehörde die Untersuchung auch dann vorzunehmen, wenn sie die Voraussetzung des ersten Absatzes nicht als gegeben ansieht. [8])

[1]) oder wenn Mangels einer Anzeige der Unfall überhaupt zur Kenntniß der Ortspolizeibehörde gelangt ist. (H.B., S. 310).

[2]) ob dies der Fall sein wird, haben die Ortspolizeibehörden nach eigenem Ermessen zu prüfen; auch hier fehlt die eigentlich unbedingt nothwendige Voraussetzung eines ärztlichen Gutachtens. Die Ortspolizeibehörde ist aber im Verfolg des Abs. II auch dann zur Vornahme der Untersuchung verpflichtet, wenn sie selbst der Ansicht ist, daß der Unfall voraussichtlich einen Entschädigungsanspruch auf Grund dieses Gesetzes nicht zur Folge haben wird und deshalb von der Untersuchung absehen will, sobald die B.G., in deren Bezirk der Verletzte beschäftigt war, oder die Krankenkasse, deren Mitglied er ist, die Untersuchung verlangt.

[3]) die Unfalluntersuchung ist, falls die Bedeutung des Unfalls sofort feststeht, alsbald nach Eingang der Anzeige vorzunehmen; zeigt sich erst später, daß Entschädigungsansprüche auf Grund dieses Gesetzes erhoben werden können, alsbald, nachdem diese Ueberzeugung gewonnen worden ist. Die Ortspolizeibehörde muß den Unfall thunlichst im Auge behalten, um erforderlichenfalls sobald als möglich eine Untersuchung einleiten zu können (H.B., S. 307).

[4]) vergl. Anm. 7 zu §. 11.

[5]) damit die Untersuchung in unmittelbarem Anschluß an ein Ersuchen vorgenommen wird, welches von der B.G. im Anschluß an die Bestimmung des §. 76b K.V.G. oder behufs Erfüllung der aus §. 13 ihr erwachsenden Aufgaben gestellt werden sollte. Auch die Krankenkassen können ein erhebliches Interesse daran haben, daß die Unfalluntersuchung vorgenommen wird, um bald diejenigen Unterlagen festgestellt zu sehen, auf Grund deren sich beurtheilen läßt, ob demnächst eine Entschädigungspflicht der B.G. eintreten wird. (Begr. 1900, S. 81.)

[6]) die Ortspolizeibehörden sind hierzu für befugt und verpflichtet erklärt worden, weil durch das Untersuchungsresultat die Höhe der Entschädigung naturgemäß sehr beeinflußt wird, und deshalb die Untersuchung von einer außerhalb der Parteien stehenden Instanz geleitet werden sollte. In Folge dieser gesetzlichen Verpflichtung haben die Ortspolizeibehörden keinen Anspruch an die Berufsgenossenschaften auf Erstattung der durch die Unfalluntersuchung erwachsenen Kosten (doch vergl. §. 144 Anm. 4).

[7]) wie diese Frage ohne die Anwesenheit eines Arztes oder ohne ein vorliegendes ärztliches Gutachten richtig beantwortet werden soll, ist unerfindlich. Trotzdem ist die Zuziehung eines Arztes zu der Unfalluntersuchung und, wie schon bei Besprechung des §. 63 ausgeführt worden ist, die Beifügung eines ärztlichen Gutachtens zu der Unfallanzeige nicht obligatorisch; dabei ist über diesen offenbaren Mangel weder bei den Verhandlungen der Reichstagskommission noch denjenigen des Reichstages auch nur ein Wort — auch nicht von den Aerzten, die Mitglieder des hohen Hauses sind — gesprochen worden. Es kann deshalb nicht Wunder nehmen, daß die ortspolizeilichen Untersuchungen für den ihnen zugewiesenen Zweck der unparteiischen Aufklärung des Thatbestandes sehr viel zu wünschen übrig lassen. (Vergl. auch Anm. 6 zu §. 65.)

[8]) die Kosten fallen auch hier der Ortspolizeibehörde zur Last.

§. 65.

I. An den Untersuchungsverhandlungen können Theil nehmen[1]): der staatliche Aufsichtsbeamte (§. 139b der Gewerbeordnung), Vertreter der Genossenschaft, ein von dem Vorstande der Krankenkasse, welcher der Getödtete oder Verletzte zur Zeit des Unfalls angehört hat, bestellter Bevollmächtigter[2]), sowie der Betriebsunternehmer oder ein Vertreter desselben. Zu diesem Zwecke ist dem staatlichen Aufsichtsbeamten, dem Genossenschaftsvorstande, dem Kassenvorstand und dem Betriebsunternehmer von der Einleitung der Untersuchung rechtzeitig[3]) Kenntniß zu geben. Ist die Genossenschaft in Sectionen getheilt oder sind von der Genossenschaft Vertrauensmänner bestellt, so ist die Mittheilung von der Einleitung der Untersuchung an den Sectionsvorstand beziehungsweise an den Vertrauensmann zu richten.

II. Außerdem sind, soweit thunlich, die sonstigen Betheiligten[4]) und auf Antrag und Kosten der Genossenschaft[5]) Sachverständige zuzuziehen.[6])

[1]) der Verletzte oder sein Stellvertreter muß regelmäßig zu den Verhandlungen eingeladen werden. (Komm.Ber. 1884 S. 43.)

[2]) der Kassenvorstand kann den für den Einzelfall bestellten Bevollmächtigten für die im Interesse der Krankenkasse entfaltete Thätigkeit entschädigen. Nach dem Gesetze vom 6. Juli 1884 wurden von dem Kassenvorstande generell Bevollmächtigte zu den Unfalluntersuchungen gewählt, welche Entschädigungen von der B.G. erhielten.

[3]) es bestehen für die Ortspolizeibehörden keine allgemeinen Vorschriften, den erwähnten Personen bestimmte Zeit vorher, etwa 8 Tage vor Beginn der Untersuchung, von dem anberaumten Termine Kenntniß zu geben; die Ortspolizeibehörden entsprechen schon dadurch den Vorschriften des Gesetzes, daß sie jene Personen thunlichst frühzeitig von den angesetzten Terminen benachrichtigen. (H.B., S. 313.)

[4]) die etwaigen Entschädigungsberechtigten (Gatte, Kinder ꝛc.), dann die Personen, welche etwa den Unfall verursacht oder verschuldet haben. Unfallszeugen sind nicht „Betheiligte". (H.B., S. 313.)

[5]) erfolgt die Zuziehung der Sachverständigen nicht auf Antrag der B.G., so trägt die Ortspolizeibehörde die dadurch entstehenden Kosten; ein zur Unfalluntersuchung aufgeforderter Arzt muß sich daher, um Irrthümer zu vermeiden, vergewissern, wer zur Zahlung seiner Gebühren verpflichtet ist.

[6]) das Rundschreiben des R.V.A. vom 11. Januar 1888 an die Berufsgenossenschafts-Vorstände (H.B., S. 882ff.) führt unter Anderem in den §§. 3 und 4 aus: „Insbesondere scheint die auf Antrag der B.Gn. seitens der Untersuchungsbehörde zu bewirkende Zuziehung von Sachverständigen nicht in dem wünschenswerthen Umfange zu erfolgen. Vielfach haben in nicht ganz einfach liegenden Fällen die bei den Schiedsgerichtsverhandlungen später zugezogenen ärztlichen Sachverständigen für die Abgabe eines Gut-

achtens über den ursächlichen Zusammenhang zwischen einem Betriebsunfalle und der eingetretenen Erwerbsunfähigkeit eine alsbald nach Eintritt des Unfalls vorgenommene genaue ärztliche Untersuchung und Feststellung der Verletzungen vermißt. Die Herbeiführung dieser Feststellung wird sehr häufig im Interesse der B.Gn. liegen und auf dem angegebenen Wege unschwer zu erreichen sein. Es leuchtet ein, daß die von den Berufsgenossenschaften zur Erzielung einer rechtzeitigen, gründlichen Sacherörterung etwa aufzuwendenden Kosten weit geringer sind, als die Kosten der dadurch oft zu vermeidenden Verhandlungen und Beweisaufnahmen im schiedsgerichtlichen Verfahren."

Die vom R.V.A. hier trefflich geschilderten Mißstände werden erst dann verschwinden, wenn die Zuziehung von Aerzten zu den Unfalluntersuchungen gesetzlich vorgeschrieben ist. Durch eine solche Aenderung des Gesetzes würde auch am ehesten die so viel beklagte Belastung des R.V.A. eine Verminderung erfahren.

§. 66.

Von dem über die Untersuchung aufgenommenen Protokolle,[1]) sowie von den sonstigen Untersuchungsverhandlungen ist den Betheiligten[2]) auf ihren Antrag Einsicht und gegen Erstattung der Schreibgebühren Abschrift zu ertheilen. Die Erstattung der Schreibgebühren kann erlassen werden.

[1]) vergl. Anhang N. 6.

[2]) dazu gehören auch die B.Gn. und deren Feststellungsorgane.

§. 67.

Bei den im §. 63 Abs. 5 bezeichneten Betrieben bestimmt die vorgesetzte Dienstbehörde diejenige Behörde, welche die Untersuchung nach den Bestimmungen der §§. 64 bis 66 vorzunehmen hat.

§. 68.

I. Ereignet sich ein Unfall auf der Reise, so ist die nach §. 63 Abs. 1 zu erstattende Anzeige an diejenige Ortspolizeibehörde im Inlande zu richten, in deren Bezirke sich der Unfall ereignet hat oder der erste Aufenthalt nach demselben genommen wird. Die Untersuchung des Unfalls (§. 64) erfolgt durch diejenige Ortspolizeibehörde, an welche die Anzeige erstattet ist. Auf Antrag Betheiligter (§. 65) kann jedoch die der Ortspolizeibehörde vorgesetzte Behörde die Untersuchung durch eine andere Ortspolizeibehörde herbeiführen. Die zur Führung der Untersuchung berufene Ortspolizeibehörde hat der

Krankenkasse, welcher der Verletzte angehört, rechtzeitig von dem Zeitpunkt, in welchem die Untersuchung vorgenommen werden wird, Kenntniß zu geben.

II. Hinsichtlich der unter Reichs- oder Staatsverwaltung stehenden Betriebe bewendet es bei den Vorschriften im §. 63 Abs. 5, §. 67.

Feststellung der Entschädigungen.

§. 69.

I. Die Beschlußfassung über die Feststellung der Entschädigungen [1]) (§§. 8 bis 24) erfolgt

1. sofern die Genossenschaft in Sectionen eingetheilt ist, durch den Vorstand der Section, wenn es sich handelt
   a) um die im §. 9 Abs. 1 Ziffer 1 bezeichneten Leistungen, [2])
   b) um die für die Dauer einer voraussichtlich vorübergehenden Erwerbsunfähigkeit [3]) zu gewährende Rente,
   c) um das Sterbegeld,
   d) um die Aufnahme des Verletzten in eine Heilanstalt, [4])
   e) um die den Angehörigen eines Verletzten für die Zeit seiner Behandlung in einer Heilanstalt zu gewährende Rente;
2. in allen übrigen Fällen [5]) durch den Vorstand der Genossenschaft.

II. Das Genossenschaftsstatut kann bestimmen, daß die Feststellung der Entschädigungen in den Fällen des Abs. 1 Ziffer 1 durch einen Ausschuß des Sectionsvorstandes oder durch besondere Kommissionen oder durch örtliche Beauftragte (Vertrauensmänner), in den Fällen des Abs. 1 Ziffer 2 durch den Sectionsvorstand oder durch einen Ausschuß des Genossenschafts- oder Sectionsvorstandes oder durch besondere Kommissionen zu bewirken ist. [6])

III. Soll [7]) auf Grund eines ärztlichen Gutachtens [8]) die Bewilligung einer Entschädigung abgelehnt oder nur eine Theilrente festgestellt werden, so ist vorher der behandelnde Arzt [9]) zu hören. [12]) Steht dieser zu der Genossenschaft in einem Vertragsverhältnisse [10]), so ist auf Antrag [11]) ein anderer Arzt [12]) zu hören. [13])

[1]) die Feststellung der Entschädigung ist niemals Sache des Arztes, indeß wird dieselbe in sehr vielen Fällen erst durch ein ärztliches Gutachten ermöglicht. Die Beschlußfassung über die Feststellung erfolgt nach Lage der Unfallacten; bei sehr vielen B.Gn. bereitet der Geschäftsführer die

Beschlußfassung vor, und diese findet durch schriftliche Umfrage bei den zur Beschlußfassung berufenen Personen statt (Stenogr.Ber. des Reichstages 1900 S. 5342) oder in mündlicher Berathung, deren Genauigkeit doch oft viel zu wünschen übrig lassen muß, da nach Aussage des Abg. Hilbck (Stenogr.Ber. des Reichstages 1900 S. 5346) z. B. von dem Vorstande der Section II der Knappschaftsberufsgenossenschaft 50 — noch dazu zweifelhafte — Fälle in drei Stunden erledigt zu werden pflegen, so daß auf jeden Fall durchschnittlich die Beratungszeit von $3^3/_5$ Minuten kommt.

Die Feststellung der Entschädigung muß nach Möglichkeit beschleunigt werden (vgl. §. 71 und Anm. 1 daselbst).

[2]) hierbei wird es sich oft um Wiedererstattung der Kosten für die im §. 9 Abs. 1 Ziffer 1 bezeichneten Leistungen handeln, also auch um die Bezahlung der Liquidation eines Arztes, der den Verletzten behandelt hat, ohne dazu von der B.G. beauftragt worden zu sein. Es ist schon in Anm. 2 zu §. 9 angeführt worden, daß dann für die B.G. die Kostenersatzpflicht nur in soweit besteht, als sie selbst nach Lage der Umstände hätte aufwenden müssen. Bisher sind die B.Gn. in solchen Fällen immer coulant gegen die Aerzte verfahren; die Liquidationen der Aerzte werden sich hierbei im Rahmen der ortsüblichen Mindesttaxen für Aerzte halten müssen. Verweigert eine B.G. die Zahlung ganz oder theilweise, so braucht sich der Arzt nicht an den Verletzten zu halten, sondern er kann gegen die B.G. Klage auf Grund der §§. 677, 679, 683, 684 B.G.B. (Geschäftsführung ohne Auftrag) und der §§. 812, 818 Abs. II B.G.B. (ungerechtfertigte Bereicherung) bei dem zuständigen Amtsgerichte oder, falls die Liquidation mehr als 300 Mark beträgt, bei dem zuständigen Landgerichte erheben. Doch vergl. Anm. 2 zu §. 125.

[3]) wenn also — wohl wiederum nur nach ärztlichem Gutachten — anzunehmen ist, daß die Erwerbsfähigkeit in absehbarer Zeit wiederkehren wird. In der Praxis gilt dann die Erwerbsunfähigkeit als vorübergehend, wenn erwartet wird, daß sie sechs Monate nach dem Unfalle wieder beseitigt ist. Indeß ist es zulässig, daß als Grenze für die vorübergehende Erwerbsunfähigkeit eine längere Dauer vereinbart wird; als unstatthaft ist es aber erklärt worden (H.B., S. 319), vorübergehende Erwerbsunfähigkeit dann anzunehmen wenn ihr Ende in ferner Zukunft wahrscheinlich ist. Die Rente für die voraussichtlich vorübergehende Erwerbsunfähigkeit darf nicht für eine kalendermäßig bestimmte Zeit — etwa für 3 oder 6 Monate — festgestellt werden, sondern nur für ihre Dauer. (Rundschr. des R.V.A. vom 11. Januar 1888 im H.B., S. 892). Vorübergehende Erwerbsunfähigkeit darf nicht verwechselt werden mit einer dauernden Erwerbsunfähigkeit, deren Grad sich voraussichtlich ändern, im ersten Jahre vielleicht 30 pCt., dann 20 pCt. betragen wird. In diesen Fällen muß nach §. 88 verfahren werden. Auch bei der vorübergehenden Erwerbsunfähigkeit kann sich der Grad ändern. Dies ist

aber für die Entscheidung unerheblich, wenn die Erwerbsunfähigkeit als solche voraussichtlich vorübergehend sein wird. (A.N. 1888 S. 189.)

[4]) vergl. §. 22.

[5]) wenn es sich um Feststellung einer Rente für die Dauer einer voraussichtlich nicht vorübergehenden Erwerbsunfähigkeit handelt oder um die Feststellung einer Rente für die Hinterbliebenen.

Auch für die Gewährung der Hinterbliebenenrente wird oft ein ärztliches Gutachten maaßgebend sein, wenn ein Zweifel über den Zusammenhang des Unfalls und des Todes des Versicherten besteht (vergl. S. 48).

[6]) in den Fällen des Abs. I Ziffer 2 ist also die statutarische Uebertragung der Feststellung an einen einzelnen Vertrauensmann nicht zulässig, da ein Ausschuß aus mindestens zwei Personen bestehen muß. Besteht der Ausschuß nur aus zwei Personen und gelangen diese bei der Feststellung nicht zu einer Meinung, so kann der Vorstand, aus welchem der Ausschuß hervorgegangen ist, entscheiden (H.B., S. 320).

[7]) während §. 69 Abs. I und II die Organe bestimmt, denen die Beschlußfassung über die Feststellung der Entschädigung zusteht, regeln §. 69 Abs. III bis §. 74 das Verfahren, das zum Zwecke der Entscheidung über den Entschädigungsanspruch von den Organen der B.G. einzuschlagen ist.

[8]) also nicht, wenn die Ablehnung aus anderen Gründen — wenn z. B. der Unfall aus einem der am Schluß der Anm. 4 zu §. 1 angegebenen Gründe, nicht als Betriebsunfall angesehen wird — erfolgt. (A.N. 1901 S. 557.)

Sehr viele B.Gn. senden dem Arzte, von dem sie ein Gutachten über einen nicht tödtlich Verletzten zum Zwecke der Feststellung der Entschädigung wünschen, ein bestimmtes Formular zum Ausfüllen zu. Ist dieses nicht der Fall oder verlangt der Verletzte oder eine Behörde zu dem gleichen Zweck ein Gutachten, so hält sich der Arzt bei Abfassung des Gutachtens zweckmäßig an das folgende Schema:

1. Angabe der nachfragenden B.G. (Section) oder Behörde oder Person, des Zweckes der Untersuchung, des Tages der Untersuchung.
2. Angabe des Namens, Alters, Geburtsortes und Berufes des Verletzten.
3. Angabe des Verletzten über frühere Krankheiten.
4. Angabe über den Vorgang des Unfalls nach Aussage des Verletzten und eventuell nach Angabe der Unfallacten.
5. Verlauf der Krankheitserscheinungen von der Zeit unmittelbar nach dem Unfall bis zur Zeit der Untersuchung. (Hierbei darf nicht unterlassen werden, hinzuzufügen, ob die hierauf bezüglichen Mittheilungen auf Angabe des Verletzten und seiner An-

gehörigen bezw. dritter Personen oder auf persönlicher Kenntniß des begutachtenden Arztes beruhen.)

6. gegenwärtige subjective Beschwerden des Untersuchten und seine Angaben, in welcher Weise er dadurch nunmehr in seiner Arbeitsleistung geschädigt ist.
7. objectiv nachweisbare Krankheitserscheinungen. (Hierzu ist immer eine Untersuchung des gesammten Körpers des zu Begutachtenden nothwendig, eventuell auch Untersuchung des Harns und des Sputums. Da das Gutachten von Laien gelesen wird, so ist es sehr zweckmäßig, die nachgewiesenen Schädigungen durch Zeichnungen, Photographien u. dergl. anschaulich zu machen.)
8. zusammenfassende Begründung des Urtheils.
9. Schlußurtheil, in dem die zahlenmäßige Angabe nach Procenten der Erwerbsfähigkeit (vergl. Anm. 10 zu §. 9) nicht fehlen soll.
10. deutliche Unterschrift des Vor- und Zunamens mit Angabe der Wohnung.

Ausführliche Anweisungen für die Abfassung ärztlicher Gutachten in Unfallsachen findet man bei Becker S. 76 ff., Golebiewski S. 201 ff., Thiem, Handbuch der Unfallerkrankungen S. 26 ff., Leppmann in der Aerztl. Sachv. Zeit. 1895 S. 4.

Die Gebühren für ärztliche Gutachten in Unfallsachen, soweit sie von den Berufsgenossenschaften oder Privatpersonen eingefordert werden, normiren sich nach den Gebührenordnungen der einzelnen Bundesstaaten (anders bei Gutachteu, die von Schiedsgerichten und R.V.A. eingefordert werden (vergl. Anm. 2 zu §. 3 H.G. und Anhang N. 4).

Wird ein Arzt mit der Nachprüfung eines ärztlichen, zum Zwecke der Rentenfestsetzung erstatteten Gutachtens betraut, so wird nicht immer eine nochmalige Untersuchung des Rentenbewerbers nothwendig sein, z. B. dann nicht, wenn über die Art des Unfalls und den Körperzustand des Rentenbewerbers vor und nach dem Unfall gar kein Zweifel besteht, aber bestritten wird, daß der Unfall die Ursache der gefundenen körperlichen Veränderung ist.

Glaubt aber ein Arzt in dem Schlußurtheil seines Gutachtens von dem des ersten Gutachtens abweichen zu sollen, so wird er vorher, schon im Hinblick auf die Berufung, wenn irgend möglich, eine nochmalige körperliche Untersuchung des Rentenbewerbers vornehmen müssen.

⁹) das R.V.A. hat sich auf Anfrage einer B.G. in seiner Verfügung vom 14. Januar 1901 (A.N. 1901 S. 180) wie folgt ausgesprochen: Aus den Verhandlungen des Reichstages zu dem Entwurfe des §. 69 Abs. III G.U.V.G. ist zu entnehmen, daß sich diese Vorschrift nicht nur auf den Fall bezieht, daß das Heilverfahren zur Zeit der Rentenfestsetzung noch im Gange ist, also unter

den dort angegebenen Voraussetzungen derjenige Arzt gehört werden muß, in dessen Behandlung der Verletzte zur Zeit der Rentenfestsetzung sich noch befindet, sondern daß sie auch dann Anwendung zu finden hat, wenn das Heilverfahren bereits abgeschlossen ist. Im letzteren Falle wird mithin derjenige Arzt zu hören sein, in dessen Behandlung der Verletzte früher gestanden hat. Ist der Verletzte zu verschiedenen Zeiten von verschiedenen Aerzten behandelt worden, so muß es dem pflichtgemäßen Ermessen des Vorstandes überlassen bleiben, denjenigen Arzt auszuwählen, welcher nach Lage des einzelnen Falles als der „behandelnde Arzt" gelten kann. In der Regel wird es dem Sinne und dem Zwecke des §. 69 Abs. III am meisten entsprechen, wenn der Arzt gehört wird, welcher den Verletzten in der Hauptsache behandelt oder neben anderen Aerzten die Leitung des Heilverfahrens in seiner Hand gehabt hat und danach die Art der Verletzung und die Entwickelung des Verlaufs der Krankheit am besten beurtheilen kann. Sind in einem Falle mehrere Aerzte zu verschiedenen Zeiten in gleicher Weise an dem Heilverfahren betheiligt gewesen, und kann keiner derselben für sich allein als der „behandelnde Arzt" im Sinne des §. 69 Abs. III gelten, so wird sich die Anhörung dieser mehreren Aerzte empfehlen.

Ist der Verletzte Mitglied einer Krankenkasse, so wird der „behandelnde Arzt" auch Kassenarzt sein, ausgenommen wenn die B.G. sehr früh von der ihr im §. 76c K.V.G. gegebenen Befugniß Gebrauch gemacht hat.

[10]) Fast jede gewerbliche B.G. steht mit einem Arzte (oder auch mit mehreren) in einem Vertragsverhältniß, nach welchem derselbe Vertrauensarzt der B.G. ist, die letztere in allen Angelegenheiten zu berathen hat, bei denen sein fachmännisches Urtheil von Belang ist, im Bedarfsfalle die Behandlung der Unfallverletzten, deren Fürsorge der B.G. obliegt, übernimmt und vor allem die für die Rentenfestsetzung nothwendigen Gutachten erstattet. In der Wahl des behandelnden Arztes sollte ein Unfallverletzter nur in Ausnahmefällen, bei Vorhandensein wichtigster Gründe, beschränkt sein! Hiervon abgesehen, ist gegen die Einrichtung berufsgenossenschaftlicher Vertrauensärzte nichts einzuwenden.

Einige landw. B.Gn. (z. B. die rheinische und brandenburgische) haben mit Aerztekammern Verträge abgeschlossen, nach denen sie jeden Arzt des Kammerbezirks als Vertrauensarzt anerkennen, der bei der Behandlung der Verletzten und bei Ausstellung der Gutachten die zwischen der B.G. und der Aerztekammer festgestellten Bedingungen anerkennt. Hierbei besteht zwischen dem einzelnen Arzt und der B.G. kein Vertragsverhältniß im Sinne des Abs. III. Dasselbe würde zutreffen, wenn ein solcher Vertrag mit einem Aerzte-Verein von der B.G. vereinbart wäre. Dagegen ist ein Vertragsverhältniß anzunehmen, wenn die B.G. gewohnheitsgemäß einem Arzte die Behandlung der Verletzten, die ihrer Fürsorge unterstehen, und die Erstattung von Gutachten überträgt, auch wenn sie mit ihm einen besonderen Vertrag nicht abgeschlossen hat.

Es geht aus den Verhandlungen des Reichstages (Stenogr. Ber. 1900 S. 5339 ff.) zweifellos hervor, daß der zu hörende „behandelnde Arzt" ganz unabhängig von der B.G. sein muß, wenn der Verletzte nicht außerdem das Anhören eines anderen Arztes verlangen darf. „Gegenüber der klaren Bestimmung des Gesetzes muß es vermieden werden, daß der unparteiische Arzt, auf den der Verletzte gegenüber dem Vertrauensarzte recurriren kann, in den Verdacht geräth, in irgend einem Abhängigkeitsverhältniß zu der B.G. zu stehen." (Aus der Rede des Staatssecretairs des Innern, Stenogr. Berichte des Reichstags 1902 S. 3941.)

11) nämlich des Entschädigungsfordernden.

12) die Wahl dieses „anderen" Arztes steht der B.G., nicht dem Entschädigungsfordernden zu. Natürlich darf derselbe zu der B.G. in keinem Vertragsverhältniß stehen.

13) der Ausdruck „ist zu hören" ist sehr unglücklich gewählt; er scheint von einigen Berufsgenossenschaften analog der Bedeutung, die er im K.V.G. (§. 23, 64) hat, aufgefaßt zu werden. Diese Berufsgenossenschaften glauben dann der Bestimmung zu genügen, wenn sie den „behandelnden" oder „anderen" Arzt auffordern, sich mündlich über den Fall zu äußern. (Med. Ref. 1900 S. 398 und Aerztl. Vereinsblatt 1902 S. 28.) Dieses Verfahren, bei dem dem Gesetze genügt sein soll, auch wenn der Arzt der Aufforderung aus wohlerwogenen Gründen nicht nachkommt, steht zweifellos im Widerspruch mit der Absicht der Gesetzgebung. Zulässig ist die mündliche Vernehmnng des Arztes zu Protocoll. (Stenogr. Ber. des Reichstages 1900 S. 5345 aus der Rede des Staatssecretairs des Innern: „der behandelnde Arzt kann entweder schriftlich oder mündlich gehört werden.") Diese protocollarische mündliche Vernehmung des Arztes erscheint wenig empfehlenswerth; denn abgesehen davon, daß sich dabei die Kosten für die B.G. beträchtlich erhöhen, wird ein mündliches Gutachten niemals dieselbe sichere Grundlage für eine Entscheidung geben, als ein schriftliches, in Ruhe und vollster Ueberlegung ausgestelltes.

Die endgültige Entscheidung, ob das von der B.G. im Einzelfalle eingeschlagene Verfahren der Vorschrift des §. 69 Abs. III entspricht, kann nur durch das R.V.A. getroffen werden. Aus der Bestimmung des Abs. III erwächst jedem Arzte, vor allem den Kassenärzten, die Pflicht, über jeden in seine Behandlung gekommenen Unfallverletzten genaue Notizen — über Beginn, Verlauf und Dauer der Verletzung, Erwerbsfähigkeit, Körperzustand u. s. w. — so niederzulegen, daß er jederzeit im Stande ist, auf Befragen der B.G. und in Streitfällen genaue Auskunft zu ertheilen.

Unter Umständen kann diese Auskunft erst lange nach Beendigung der Behandlung verlangt werden.

§. 70.

I. Soll die Bewilligung einer Entschädigung abgelehnt werden, so ist diese Absicht dem Verletzten oder im Falle seines Todes seinen Hinterbliebenen, soweit sie nach §§. 16 bis 19, 21 entschädigungsberechtigt sein würden, mitzutheilen. Soll eine Entschädigung bewilligt werden, so ist den genannten Personen die Höhe der in Aussicht genommenen Entschädigung mit den rechnungsmäßigen Grundlagen[1]) mitzutheilen.

II. Der Verletzte, sowie seine Hinterbliebenen (§§. 16 bis 19) sind befugt, auf diese Mittheilung innerhalb zweier Wochen[2]) sich zu äußern. Auf ihren innerhalb der gleichen Frist gestellten Antrag hat die untere Verwaltungsbehörde[3]) die Aeußerung zu Protokoll zu nehmen.[4]) Wird ein solcher Antrag gestellt, so hat hiervon die untere Verwaltungsbehörde unverzüglich dem zuständigen Genossenschaftsorgane Kenntniß zu geben; dieses hat bis zum Eingange des Protokolls den Bescheid auszusetzen.

III. Bei den im Abs. 1 bezeichneten Mittheilungen hat das zuständige Genossenschaftsorgan auf die aus Abs. 2 und aus §. 69 Abs. 3 sich ergebenden Befugnisse sowie auf die im Abs. 2 vorgesehene Frist hinzuweisen.

[1]) da diese alles enthalten sollen, wodurch die Höhe der in Aussicht genommenen Entschädigung gerechtfertigt werden soll, so müssen sie auch in Abschrift das ärztliche Gutachten — entweder ganz oder theilweise — enthalten, falls dasselbe für die beabsichtigte Höhe der Entschädigung maßgebend gewesen ist. (Vergl. Anm. 2 zu §. 9 H.G.)

[2]) haben sie die Mittheilung z. B. am Dienstag den 8. April 1902 bekommen, so läuft die Frist am Dienstag den 22. April 1902 ab; fällt der Tag auf einen Sonntag oder staatlich anerkannten Feiertag, so tritt an die Stelle des Sonntags oder des Feiertags der nächstfolgende Werktag. (§. 187, 188, 193 B.G.B.)

[3]) vergl. §. 152 Anm. 2.

[4]) die untere Verwaltungsbehörde darf sich nicht darauf beschränken, die Aeußerungen des Verletzten einfach niederzuschreiben, sie hat ihm vielmehr mit Rath und That zur Seite zu stehen, und sie hat das Recht, dazu

von der B.G. die Unfallakten zur Einsicht zu verlangen. Dies ist durch eine Verfügung des R.V.A. vom 11. April 1901 (abgedruckt bei Seelmann in der Arb. Vers. 1901 S. 227 ff.) festgestellt worden.

§. 71.

I. Die Feststellung der Entschädigung hat in beschleunigtem Verfahren von Amtswegen [1]) zu erfolgen.

II. Für diejenigen verletzten Personen, für welche noch nach Ablauf von dreizehn Wochen nach dem Unfall eine weitere ärztliche Behandlung behufs Heilung der erlittenen Verletzungen nothwendig ist, hat sich die Feststellung zunächst mindestens auf die bis zur Beendigung des Heilverfahrens zu leistenden Entschädigungen zu erstrecken.[2]) Die weitere Entschädigung ist, sofern deren Feststellung früher nicht möglich ist, nach Beendigung des Heilverfahrens unverzüglich zu bewirken.

III. Kann die endgültige Feststellung nicht sofort erfolgen, so ist eine Entschädigung vorläufig zuzubilligen.[3])

[1]) sobald 13 Wochen nach dem Unfall verstrichen sind und die nothwendigen Unterlagen (Höhe des Jahresarbeitsverdienstes des Verletzten u. dergl.) beschafft sind. Es ist nicht erforderlich, daß eine förmliche Unfalluntersuchung der Feststellung der Entschädigung vorangegangen ist. (H.B., S. 317.)

[2]) vergl. letzten Absatz der Anm. 7 zu §. 9.

[3]) vergl. §. 17 des Rundschreibens des R.V.A. vom 11. Januar 1888 (H.B., S. 890 ff.). In der Regel soll ein anerkannter Entschädigungsanspruch eines Verletzten thunlichst und sofort endgültig, bei noch nicht beendetem Heilverfahren aber wenigstens für die Dauer desselben festgestellt werden; nur in einzelnen Fällen, in denen trotz rechtzeitiger vorbereiteter Beschlußfassung die Feststellnng nicht sofort erfolgen kann — z. B. weil bestehende Zweifel über den Jahresarbeitsverdienst noch Erörterungen nöthig machen — soll die Entschädigung vorläufig zugebilligt werden, um den wirthschaftlichen Nothstand des Verletzten zu verhüten.

§. 72.

I. Entschädigungsberechtigte, für welche Entschädigung nicht von Amtswegen festgestellt ist[1]) haben ihren Entschädigungsanspruch bei Vermeidung des Ausschlusses vor Ablauf von zwei Jahren nach dem Eintritte des Unfalls bei derjenigen Berufsgenossenschaft anzumelden, welcher die Entschädigungspflicht obliegt. Die Frist gilt auch dann als gewahrt, wenn die Anmeldung bei einem nicht zuständigen Genossenschaftsorgan oder bei einer anderen Berufsgenossenschaft oder bei der für den Wohnort des Entschädigungsberechtigten zuständigen unteren Verwaltungsbehörde[2]) erfolgt ist. In solchem Falle ist die Anmeldung unverzüglich an die zuständige Stelle abzugeben und der Betheiligte davon zu benachrichtigen.

II. Nach Ablauf der Frist ist der Anmeldung nur dann Folge zu geben, wenn zugleich glaubhaft bescheinigt wird, daß eine einen Entschädigungsanspruch begründende Folge des Unfalls erst später bemerkbar geworden[3]) oder daß der Entschädigungsberechtigte von der Verfolgung seines Anspruchs durch außerhalb seines Willens liegende Verhältnisse[4]) abgehalten worden ist, und wenn die Anmeldung innerhalb dreier Monate, nachdem eine Unfallfolge bemerkbar geworden oder das Hinderniß für die Anmeldung weggefallen, erfolgt ist.

[1]) in der Regel sollen die Entschädigungen von Amtswegen festgestellt werden. Es kann dies aber unterblieben sein, weil z. B. der Unfall garnicht angemeldet worden ist oder weil nach der Anmeldung des Unfalls eine mehr als 13wöchige Erwerbsunfähigkeit nicht angenommen wurde und auch anscheinend nach Ablauf von 13 Wochen Heilung eingetreten war. (Woedtke-Caspar S. 384.)

[2]) vergl. §. 152 Anm. 2.

[3]) wenn z. B. eine Knieverletzung, die den Arbeiter zunächst nur wenig bei seiner Arbeit beschränkte, nach Ablauf von zwei Jahren die Amputation des Beins nothwendig macht (Begr. 1900 S. 86); oder wenn ein die Erwerbsfähigkeit beeinträchtigendes Leiden zwar innerhalb der zwei Jahre erkennbar war, aber nicht als Unfallfolge angesehen wurde und sich erst später als Folge dieses Unfalls erweist (wie oft bei traumatischen Geisteserkrankungen).

[4]) hierunter kann Gesetzesunkunde oder Unkunde des Lesens oder Schreibens oder die Schwierigkeit, persönlich an Ort und Stelle den Anspruch anzumelden, nicht verstanden werden; dagegen können als solche Verhältnisse unter Umständen auch unrichtige, dem Verletzten von hierzu berufenen Personen oder von behördlichen Stellen ertheilte Rechtsbelehrungen über die Art der Verfolgung seiner Ansprüche, Rechtsunkenntniß berufener Richter u. s. w. angesehen werden. (H.B., S. 328.)

§. 73.

I. Wird der angemeldete Entschädigungsanspruch anerkannt, so ist die Entschädigung sofort festzustellen. Ist die Berufsgenossenschaft der Ansicht, daß ein entschädigungspflichtiger Unfall nicht vorliegt[1]), so ist der Anspruch durch schriftlichen Bescheid abzulehnen. Der Bescheid ist mit Gründen zu versehen.

II. Ist die Genossenschaft der Ansicht, daß zwar ein entschädigungspflichtiger Unfall vorliegt, die Entschädigung aber von einer anderen Genossenschaft zu gewähren ist, so hat der Genossenschaftsvorstand dem Entschädigungsberechtigten eine vorläufige Fürsorge zuzuwenden und sich unter Mittheilung der gepflogenen Verhandlungen wegen Anerkennung der Entschädigungspflicht mit dem Vorstande der anderen Genossenschaft ins Benehmen zu setzen. Wird von diesem die Entschädigungspflicht abgelehnt oder innerhalb einer Frist von sechs Wochen eine Erklärung nicht abgegeben, so ist eine Entscheidung des Reichsversicherungsamts[2]) darüber herbeizuführen, welche Berufsgenossenschaft entschädigungspflichtig ist. Die Entscheidung ist auch dem Entschädigungsberechtigten zuzustellen.

[1]) Vergl. dazu §. 1 Anm. 4 und 5.
[2]) oder L.V.A. (§. 127).

§. 74.

Die Mitglieder der Genossenschaften sind verpflichtet, auf Erfordern der Behörden und der nach §. 69 zur Feststellung der Entschädigung berufenen Stellen binnen einer Woche diejenigen Gehalts- und Lohnnachweisungen zu liefern, welche zur Feststellung der Entschädigung erforderlich sind.

Bescheid der Vorstände.

§. 75.

Ueber die Feststellung der Entschädigung hat diejenige Stelle (§. 69), welche sie vorgenommen hat, dem Entschädigungsberechtigten einen schriftlichen Bescheid[1]) zu ertheilen, aus welchem die Höhe der Entschädigung und die Art ihrer Berechnung zu ersehen ist.[2]) Bei Entschädigungen für erwerbsunfähig gewordene Verletzte ist namentlich anzugeben, in welchem Maße die Erwerbsunfähigkeit angenommen worden ist.[3])

[1]) vergl. auch Anm. 3 zu §. 22 und §. 23. In den dort bezeichneten Fällen ist ebenfalls ein schriftlicher Bescheid nothwendig.

[2]) außerdem die Bezeichnung des für die Berufung zuständigen Schiedsgerichts, sowie die Belehrung über die einzuhaltende Frist (§. 76 Abs. IV).

[3]) es wird also auch in diesem Bescheide ein ärztliches Gutachten, das auf die Höhe der Entschädigung von Einfluß gewesen ist, ganz oder auszugsweise mitgetheilt werden müssen (vergl. Anm. 1 zu §. 70 und Anm. 2 zu §. 9 H.G.).

Berufung.

§. 76.

I. Gegen den Bescheid, durch welchen der Entschädigungsanspruch abgelehnt wird, sowie gegen den Bescheid, durch welchen die Entschädigung festgestellt wird[1]), findet die Berufung auf schiedsgerichtliche Entscheidung statt.[2])

II. Die Berufung ist bei Vermeidung des Ausschlusses innerhalb eines Monats nach der Zustellung des Bescheids bei dem Schiedsgerichte (Gesetz, betreffend die Abänderung der Unfallversicherungsgesetze, §. 3) zu erheben, in dessen Bezirke der Betrieb, in welchem der Unfall sich ereignet hat, belegen ist.

III. Die Frist gilt auch dann als gewahrt, wenn innerhalb derselben die Berufung bei einer anderen inländischen Behörde oder bei einem Genossenschaftsorgan eingegangen ist. Diese haben die Berufungsschrift unverzüglich an das zuständige Schiedsgericht abzugeben.

IV. Der Bescheid muß die Bezeichnung des für die Berufung zuständigen Schiedsgerichts, sowie die Belehrung über die einzuhaltende Frist enthalten.

V. Die Berufung hat, ausgenommen im Falle des §. 23, keine aufschiebende Wirkung.[3])

[1]) die letzteren Fälle, bei denen der Verletzte mit der Höhe der Entschädigung nicht zufrieden ist, sind die weitaus häufigeren.

[2]) die Berufung kann nur eine Abänderung des Bescheides in einem dem Betreffenden günstigeren Sinne zur Folge haben. Die B.G. bleibt an die im Bescheide übernommenen Verpflichtungen gebunden. (H.B., S. 342.)

[3]) vergl. Anm. 1 zu §. 23. Auch die Berufung gegen den Bescheid, durch welchen eine Kapitalabfindung festgesetzt ward, hat aufschiebende Wirkung (§. 95 Abs. I).

§. 77.

I. Bildet in dem Falle des §. 15 Abs. 1 Ziffer 2 die Anerkennung oder Nichtanerkennung des Rechtsverhältnisses zwischen dem Getödteten und dem die Entschädigung Beanspruchenden die Voraussetzung des Anspruchs, so kann das Schiedsgericht den Betheiligten aufgeben, zuvörderst die Feststellung des betreffenden Rechtsverhältnisses im ordentlichen Rechtswege herbeizuführen. In diesem Falle ist die Klage bei Vermeidung des Ausschlusses binnen einer vom Schiedsgerichte zu bestimmenden, mindestens auf einen Monat zu bemessenden Frist nach der Zustellung des hierüber ertheilten Bescheids des Schiedsgerichts zu erheben.

II. Nachdem im ordentlichen Rechtsweg eine rechtskräftige Entscheidung ergangen ist, hat das Schiedsgericht auf erneuten Antrag über den Entschädigungsanspruch zu entscheiden.

§. 78.

Das Schiedsgericht hat, wenn es den Entschädigungsanspruch für begründet erachtet, zugleich die Höhe der Entschädigung und den Beginn der Rente festzustellen. Hat das Schiedsgericht in besonderen Ausnahmefällen, welche das Reichs-Versicherungsamt näher bestimmen darf[1]), den Anspruch nur dem Grunde nach anerkannt und nicht gleichzeitig über die Höhe der Ensch ädigung und den Beginn der Rente entschieden, so hat das Schiedsgericht unverzüglich eine vorläufige Entschädigung zu bewilligen, gegen deren Feststellung ein Rechtsmittel nicht stattfindet. Sobald der Entschädigungsanspruch rechtskräftig feststeht, ist die Höhe der Entschädigung und der Beginn der Rente, sofern dies nicht bereits früher geschehen ist, festzustellen. Die vorläufig gezahlten Beträge werden auf die endgültig angewiesene Rente angerechnet.

[1]) dies ist bisher nicht geschehen.

§. 79.

Die Entscheidung des Schiedsgerichts ist dem Berufenden und demjenigen Genossenschaftsorgane, welches den angefochtenen Bescheid erlassen hat, in Ausfertigung zuzustellen.

Rekurs.

§. 80.

I. Gegen die Entscheidung des Schiedsgerichts steht in den Fällen des §. 69 Abs. 1 Ziffer 2[1]) vorbehaltlich der Bestimmungen des §. 90 Abs. 2 und des §. 95 Abs. 1 dem Verletzten oder dessen Hinterbliebenen, sowie dem Genossenschaftsvorstande das Rechtsmittel des Rekurses zu.[1]) Der Rekurs des Vorstandes hat aufschiebende Wirkung insoweit, als es sich um Beträge handelt, die für die Zeit vor dem Erlasse der angefochtenen Entscheidung nachträglich gezahlt werden sollen. Im Uebrigen hat der Rekurs keine aufschiebende Wirkung.

II. Werden mit der Anfechtung einer Entscheidung des Schiedsgerichts in den im §. 69 Abs. 1 Ziffer 1 bezeichneten Angelegenheiten Rekursanträge wegen der im §. 69 Abs. 1 Ziffer 2 bezeichneten Angelegenheiten verbunden, so darf die Entscheidung des Schiedsgerichts über die zuerst bezeichneten Angelegenheiten in dem Rekursverfahren nur dann abgeändert werden, wenn im Uebrigen den Rekursanträgen Folge gegeben wird.[3])

III. Ueber den Rekurs entscheidet das Reichs-Versicherungsamt.[4]) Das Rechtsmittel ist bei demselben zur Vermeidung des Ausschlusses innerhalb eines Monats nach der Zustellung der Entscheidung des Schiedsgerichts einzulegen; die Bestimmung des §. 76 Abs. 3 findet entsprechende Anwendung.

[1]) wenn es sich um Rentengewährung für die Dauer einer voraussichtlich nicht vorübergehenden Erwerbsunfähigkeit oder um Gewährung einer Hinterbliebenen-Rente handelt. Nicht zulässig ist der Rekurs gegen die Entscheidungen des Schiedsgerichts, wenn es sich um Ersatz für die Kosten des Heilverfahrens nach Ablauf der ersten 13 Wochen, um die Feststellung der Rente bei voraussichtlich vorübergehender Erwerbsunfähigkeit, um das Sterbegeld, um Aufnahme in eine Heilanstalt und die dabei zu gewährende Rente an die Angehörigen handelt.

Hat ein Verletzter nur eine Rente für voraussichtlich vorübergehende Erwerbsunfähigkeit erhalten und ist seine Berufung von dem Schiedsgericht, vor dem er behauptet hat, daß es sich um dauernde Erwerbsunfähigkeit handele, zurückgewiesen worden, so steht ihm doch der Rekurs offen; hat die Rekursinstanz entweder durch ein ärztliches Gutachten oder auch durch Augenschein (H B., S. 349) die Ansicht gewonnen, daß es sich nicht um voraussichtlich vorübergehende, sondern dauernde Erwerbsunfähigkeit handele, so ist es competent, daß Urtheil des Schiedsgerichts aufzuheben. Es muß dann eine neue Feststellung nach §. 69 Abs. I Ziffer 2 erfolgen.

[2]) Nach der Begr.' S. 88 sind vor allen Rentenbescheiden (in den Jahren 1886—1898) 23 pCt. durch Berufung vor die Schiedsgerichte gebracht worden, von diesen 23 pCt. sind etwa der vierte Theil (5,06 pCt. der

Gesammtzahl der Rentenbescheide) vor das Rekursgericht gekommen. $1/5$ der Berufungen, die von den Versicherten eingelegt worden sind, sind zu ihren Gunsten verändert worden. In Anm. 2 zu §. 16 H.G. ist ausgeführt worden, daß bei der Erledigung von 2067 Rekursfällen, die im Jahre 1900 das R.V.A. beschäftigten, ärztliche Gutachten entweder allein oder in Verbindung mit anderen Beweismitteln die nöthige Aufklärung des Sachverhalts verschafften. Diesem Bedürfnisse nach ärztlichem Obergutachten wird durch die Inanspruchnahme ärztlicher Sachverständiger entsprochen, welche als Lehrer an den Universitäten, als Krankenhausleiter oder sonst eine hervorragende Stellung einnehmen. Die Anregung, durch Schaffung ärztlicher Collegien für die Erstattung von Obergutachten allgemein im Reiche für besonders zweifelhafte und schwierige Fälle eine geeignete höhere Sachverständigenstelle bereit zu stellen, hat bisher zu einem allgemeinen Erfolge nicht geführt. (H.B., S. 435.)

In Bayern ist nach der Bekanntmachung des Kgl. Staatsministeriums des Innern vom 27. Juli 1894 in jedem Regierungsbezirke am Sitze der Aerztekammer ein ärztliches Collegium in Unfallversicherungsangelegenheiten errichtet worden. (Dieselbe ist im Anhange Nr. 2 abgedruckt.) Auch diese ärztlichen Collegien scheinen nicht oft in Anspruch genommenzu werden.

Seit einigen Jahren veröffentlichen das R.V.A. und das bayr. L.V.A. diejenigen ärztlichen Obergutachten, die von allgemeinem Interesse sind.

[3]) dadurch soll verhindert werden, daß gewitzigte Rekurskläger die beabsichtigte Ausschließung der Rekursfähigkeit bei den Ansprüchen aus §. 69 Abs. I Ziffer 1 auf einem kostenlosen Umwege umgehen, indem sie diese Ansprüche mit einem völlig aus der Luft gegriffenen Anspruch aus §. 69 Abs. I Ziffer 2 verbinden (Begr. S. 89).

[4]) oder das L.V.A. (§. 127) vergl. §§. 11—22 H.G.

§. 81.

I. Ist der Rekurs unzulässig (§. 80 Abs. 1) oder verspätet (§. 80 Abs. 3), so hat das Reichs-Versicherungsamt[1]) den Rekurs ohne mündliche Verhandlung zurückzuweisen; ebenso kann es verfahren, wenn die bei dem Beschlusse mitwirkenden Mitglieder einstimmig den Rekurs für offenbar ungerechtfertigt erachten. Anderen Falls hat das Reichs-Versicherungsamt nach mündlicher Verhandlung zu entscheiden.

II. Wird das angefochtene Urtheil aufgehoben, so kann das Reichs-Versicherungsamt, statt in der Sache selbst zu entscheiden, dieselbe an das Schiedsgericht oder an das zuständige Genossenschaftsorgan zurückverweisen. Dabei kann das Reichs-Versicherungsamt bestimmen, daß dem Entschädigungsberechtigten eine ihrem Betrage nach bestimmte Rente vorläufig zu zahlen ist. Im Falle der Zurückverweisung ist die rechtliche Beurtheilung, auf welche das Reichs-Versicherungsamt die Aufhebung gestützt hat, den weiteren Entscheidungen oder Bescheiden zu Grunde zu legen.

[1]) oder das L.V.A. (§. 127).

§. 82.

Kommt nach Ansicht des Reichs-Versicherungsamts nicht die im Verfahren in Anspruch genommene, sondern eine andere Berufsgenossenschaft als entschädigungspflichtig in Frage, so kann das Reichs-Versicherungsamt[1]) diese andere Genossenschaft zur Verhandlung beiladen und gegebenen Falles zur Leistung der Entschädigung verurtheilen, auch wenn ein Anspruch gegen dieselbe bereits rechtskräftig abgelehnt worden ist.

[1]) vergl. §. 127 Abs. II über die Competenz des L.V.A.

§. 83.

I. Sobald einem Verletzten oder dessen Hinterbliebenen ein Entschädigungsanspruch gegenüber einer Genossenschaft rechtskräftig zuerkannt ist, kann auf Antrag ein gegenüber einer anderen Genossenschaft wegen desselben Unfalls etwa schwebendes Verfahren durch Beschluß des Reichs-Versicherungsamts[1]) eingestellt werden.

II. Sind, abgesehen von den Fällen des §. 85, wegen desselben Unfalls Entschädigungsansprüche gegen mehrere Genossenschaften rechtskräftig anerkannt, so hat das Reichs-Versicherungsamt die zu Unrecht ergangene Feststellung oder Entscheidung aufzuheben.

III. Die auf Grund der aufgehobenen Feststellung oder Entscheidung geleisteten Zahlungen sind zu ersetzen; der Anspruch des Verletzten geht insoweit auf die ersatzberechtigte Genossenschaft über.

[1]) vergl. §. 127 Abs. II über die Competenz des L.V.A.

§. 84.

Auf die Anfechtung rechtskräftiger Entscheidungen über einen Entschädigungsanspruch finden, unbeschadet der Bestimmungen der §§. 82, 83, die Vorschriften der Civilprozeßordnung über die Wiederaufnahme des Verfahrens[1]) entsprechende Anwendung, soweit nicht durch Kaiserliche Verordnung mit Zustimmung des Bundesraths etwas Anderes bestimmt wird.[2])

[1]) Civilproceßordnung §§. 578 ff.

[2]) eine solche Verordnung ist noch nicht ergangen.

§. 85.

I. Hat die Beschäftigung, bei welcher sich der Unfall ereignet hat, für mehrere zu verschiedenen Berufsgenossenschaften gehörende Betriebe stattgefunden, so können die betheiligten Genossenschaften die Entschädigungsverpflichtung unter sich vertheilen. Kommt eine Einigung nicht zu Stande, so ist das Reichs-Versicherungsamt berechtigt[1]), auf Antrag der betheiligten Genossenschaft die Vertheilung zu bestimmen. In solchem Falle ist nach Anhörung der betheiligten Vorstände nach billigem Ermessen festzustellen, mit welchem Antheile jede Genossenschaft an der Unfallentschädigung betheiligt ist, und welche Beträge derjenigen, welche vorläufig Entschädigung geleistet hat, zu erstatten sind.

II. Die Heranziehung einer der im vorstehenden Absatze bezeichneten Genossenschaften zur Aufbringung eines Antheils an der Entschädigung kann auch dann noch erfolgen, wenn ein ablehnender Bescheid der Genossenschaft oder eine den Anspruch des Entschädigungsberechtigten ihr gegenüber zurückweisende Entscheidung rechtskräftig geworden ist.

III. Die für die Feststellung der Entschädigung zuständige Genossenschaft ist mangels einer Vereinbarung durch das Reichs-Versicherungsamt zu bestimmen.

[1]) vergl. §. 127 Abs. II über die Competenz des R.V.A.

§. 86.

Die Berufsgenossenschaften sind befugt, von der Rückforderung der gemäß §§. 76, 78, 81 Abs. 2 vor rechtskräftiger Entscheidung gezahlten Entschädigungen abzusehen.

§. 87.

Nach erfolgter Feststellung der Entschädigung (§§. 69 ff.) hat der Genossenschaftsvorstand dem Berechtigten die mit der Zahlung beauftragte Postanstalt (§. 97) zu bezeichnen und der unteren Verwaltungsbehörde des Wohnorts[1]) über die dem Berechtigten zustehenden Bezüge Mittheilung zu machen. Das Gleiche gilt beim Eintritte von Veränderungen.

[1]) vergl. §. 152 Anm. 2.

Veränderung der Verhältnisse.

§. 88.

I. Tritt in den Verhältnissen, welche für die Feststellung der Entschädigung maßgebend gewesen sind, eine wesentliche Veränderung[1]) ein, so kann eine anderweite Feststellung erfolgen.

II. Nach Ablauf von zwei Jahren von der Rechtskraft des Bescheids oder der Entscheidung ab, durch welche die Entschädigung zuerst endgültig festgestellt worden ist,[2]) darf wegen einer im Zustande des Verletzten eingetretenen Veränderung eine anderweite Feststellung, sofern nicht zwischen der Berufsgenossenschaft und dem Empfangsberechtigten über einen kürzeren Zeitraum ausdrückliches Einverständniß erzielt ist,[3]) nur in Zeiträumen von mindestens einem Jahre beantragt oder vorgenommen werden.[4])

III. Die anderweite Feststellung erfolgt innerhalb der ersten fünf Jahre von der Rechtskraft der erwähnten Bescheide oder Entscheidungen ab auf Antrag oder von Amtswegen durch Bescheid der Berufsgenossenschaft, später, sofern nicht über die anderweite Feststellung zwischen der Berufsgenossenschaft und dem Empfangsberechtigten ausdrückliches Einverständniß erzielt ist,[5]) nur auf Antrag durch Entscheidung des Schiedsgerichts.[6])

IV. Zu dem Antrag auf Wiederaufnahme eines Heilverfahrens ist neben dem Verletzten auch die Krankenkasse, der er angehört, berechtigt.

[1]) abgesehen von dem Fortfalle der Bedürftigkeit der Rentenempfänger bei Gewährung von Hinterbliebenenrente in den Fällen der §§. 17—19 kommt hier hauptsächlich die Besserung oder Verschlechterung des Gesundheitszustandes des Verletzten in Betracht, aber nach ständiger Praxis des R.V.A. nur dann, wenn diese Besserung oder Verschlechterung des Gesundheitszustandes auf den entschädigten Unfall zurückgeführt werden kann. Eine Verschlimmerung des Gesundheitszustandes, die ganz unabhängig hiervon aufgetreten ist, stellt keine wesentliche Veränderung dar, die eine Erhöhung der Rente erheischt (andere Meinung vertritt Weymann in der Arb. Vers. 1901 S. 173, vergl. auch Arb. Vers. 1901 S. 241 u. S. 266). Die anderweite Feststellung muß durch förmlichen Bescheid erfolgen, bei dem die Vorschriften des §. 75 und §. 76 Abs. IV genau zu befolgen sind. Für die Anwendbarkeit des §. 88 bei Veränderung des Gesundheitszustandes kommt ausschließlich das ärztliche Gutachten in Betracht, das natürlich der selbst-

ständigen Nachprüfung des Feststellungsorgans unterliegt. „Nach dem Rundschreiben des R.V.A. vom 20. Juni 1891 (A.N. 1891 S. 222 Ziffer 1) genügt es aber nicht, daß in einem früheren (etwa dem der ersten Rentenfeststellung zu Grunde gelegten) Gutachten der Eintritt einer wesentlichen Besserung für einen bestimmten, inzwischen erreichten Zeitpunkt in Aussicht gestellt worden ist, um nunmehr ohne Weiteres mit der anderweiten Bemessung der Rente vorzugehen. Vielmehr muß eine schon vorhandene Veränderung gegen den früheren Befund vom Arzte bescheinigt sein, ehe der §. 88 angewendet werden kann. Ferner reicht hierzu, was auch häufig verkannt wird, nicht schon eine Besserung des körperlichen Zustandes des Verletzten aus, sondern die Erwerbsfähigkeit muß wesentlich gestiegen sein. Daher ist Werth darauf zu legen, daß schon der Arzt in die Lage gebracht wird, ein in dieser Beziehung klares Gutachten abzugeben; zu diesem Zwecke wird er der Einsicht in die früheren Gutachten, namentlich in dasjenige, auf welchem die etwa abzuändernde Feststellung der Entschädigung beruht, nicht wohl entrathen können. Es empfiehlt sich ferner, ihm den Gegenstand des Gutachtens genau zu bezeichnen, dahin, er möge sich äußern, ob gegenüber dem letzten maßgeblichen ärztlichen Befunde eine wesentliche Besserung nicht nur des körperlichen Gesammtzustandes, sonderu auch der darauf beruhenden Erwerbsfähigkeit des Verletzten eingetreten, und wie hoch zutreffendenfalls diese Besserung zu veranschlagen sei.“ Hieraus ergiebt sich, daß der in solchen Fällen begutachtende Arzt die Beschaffenheit der Verletzungsfolgen (Narben, Knochenwucherungen, Reibegeräusche, electrische Erregbarkeit u. dergl.), den körperlichen Gesammtzustand des Verletzten genau feststellen und darüber entscheiden muß, ob etwa gefundene Veränderungen gegen den bei der früheren Feststellung gemachten Befund auf die Erwerbsfähigkeit des Verletzten von wesentlichem Einflusse sind; Verbesserungen oder Verschlechterungen der Erwerbsfähigkeit um 5—10 pCt. können als wesentliche Veränderungen nicht aufgefaßt werden. Die Lohnverhältnisse des Verletzten dürfen das ärztliche Gutachten nicht beeinflussen. Es ist sehr wohl möglich, daß ein durch einen Unfall (z. B. ausgedehnte Verletzung der rechten Hand) zu einem Handwerk unbrauchbar gewordener Handwerker einen, seiner früheren Berufssphäre ganz fern liegenden Beruf ergreift, durch großen Fleiß z. B. eine ganz ausgezeichnete Handschrift mit der linken Hand und kaufmännische Kenntnisse sich zu eigen macht und nun als Buchhalter ein höheres Einkommen bezieht, wie früher als Tischler, dabei aber in der Beschaffenheit der Verletzungsfolgen auch nicht die geringste Veränderung aufweist.

Viele Berufsgenossenschaften befolgen, wie schon in Anm. 7 zu §. 9 auf S. 73 erwähnt worden ist, den sehr lobenswerthen Brauch, schweren Verletzten zwischen dem Ablaufe des Heilverfahrens und der völligen Ueberwindung der hiernach noch verbleibenden allgemeinen körperlichen Schwäche, zur Schonung und nachhaltigen Kräftigung, welche bei sofortiger Aufnahme der Arbeit nicht möglich wäre, zunächst über das Heilverfahren hinaus die Rente für völlige Erwerbsunfähigkeit zu belassen oder ihnen wenigstens eine erheblich höhere Rente zu gewähren, als der Abschätzung ihrer körperlichen Leistungsfähigkeit streng genommen entspricht (Uebergangsrente). Ist nun nach Ablauf der für ausreichend zu erachtenden Uebergangszeit vom ärztlichen Standpunkte aus eine wesentliche Veränderung in dem äußeren Befund und der Functionsfähigkeit der dem Verletzten verbliebenen Gliedmaßen nicht eingetreten, dagegen aber durch Uebung und Gewohnheit eine wesentlich bessere Fähigkeit aufgetreten, die verbliebenen körperlichen Kräfte im Erwerbsleben auszunutzen und ist somit thatsächlich die Erwerbsfähigkeit des Verletzten gesteigert worden, so kann dann die Rente auf das, dem nunmehr vorhandenen Grade der Erwerbsunfähigkeit entsprechende Maaß herabgesetzt werden, vorausgesetzt, daß der abzuändernde Bescheid die darin getroffene Festsetzung als nur für eine Uebergangszeit bestimmte, dies entweder ausdrücklich bezeichnete oder doch zum mindesten als nach der Sachlage dafür gemeint zweifellos hat erkennen lassen (nach dem Rundschreiben des R.V.A. vom 20. Juni 1891 A.N. 1891 S. 221 ff.).

²) also entweder von dem nicht angefochtenen Bescheide der B.G. oder der endgültigen Enscheidung des Schiedsgerichts bezw. des R.V.A. (L.V.A.) ab.

³) von dem Entschädigungsberechtigten darf nicht eine allgemeine Erklärung gefordert werden, wonach er sich mit der Abänderung der Rente in kürzeren Zwischenräumen einverstanden erklärt. Nur von Fall zu Fall darf das Einverständniß des Berechtigten eingeholt werden. (Komm. Bericht 1900 zum G.U.V.G., S. 17.)

⁴) diese Bestimmung und Abs. III sollen verhindern, daß dem Verletzten, der nach Ablauf von 2 Jahren seine ganze Wirthschaftsführung auf die ihm zugebilligte Entschädigung eingerichtet hat, Herabsetzungen dieser Entschädigung in schnell aufeinander folgenden Zeiträumen drohen.

⁵) nach Ablauf von fünf Jahren seit der Rechtskraft der endgültigen Bescheide oder Entscheidungen (vergl. Anm. 2) darf die B.G. Bescheide überhaupt nicht mehr erlassen, ausgenommen, wenn zwischen ihr und dem Empfangsberechtigten ausdrückliches Einverständniß über die anderweite Feststellung erzielt ist.

⁶) da die Krankenkassen ein sehr berechtigtes Interesse haben, ihre Mitglieder von den Folgen erlittener Unfälle geheilt zu sehen (Begr. 1900 S. 94).

§. 89.

I. Wird innerhalb der ersten fünf Jahre ein neuer Bescheid erlassen, bevor die frühere Entscheidung über die Höhe der Entschädigung die Rechtskraft erlangt hat, so muß die Rechtsmittelbelehrung in dem die Rente abändernden Bescheide darauf hinweisen, daß durch das gegen den früheren Bescheid eingelegte Rechtsmittel der Eintritt der Rechtskraft des neuen Bescheids nicht gehemmt wird. Abschrift des neuen Bescheid ist derjenigen Stelle,[1]) bei welcher das Verfahren über den älteren Bescheid schwebt, mitzutheilen. Diese ist berechtigt, bei Entscheidung der älteren Sache darüber zu befinden, welche Entschädigung für die Zeit nach Erlaß des neuen Bescheids zu gewähren ist. Ein in Folge der Anfechtung des neuen Bescheids etwa eingeleitetes Verfahren ist alsdann einzustellen.

II. Vor einer Herabsetzung oder Aufhebung der Rente ist dem Rentenempfänger unter Mittheilung derjenigen Unterlagen, auf Grund deren die Herabsetzung oder Aufhebung erfolgen soll, Gelegenheit zur Aeußerung zu geben.

III. Eine Erhöhung der Rente kann nur für die Zeit nach Anmeldung des höheren Anspruchs gefordert werden.

IV. Eine Minderung, Einstellung (§. 94) oder Aufhebung der Rente tritt mit Ablauf des Monats in Wirksamkeit, in welchem der die Veränderung aussprechende Bescheid zugestellt worden ist.

[1]) Schiedsgericht oder R.V.A. (L.V.A.)

§. 90.

I. Die anderweite Festſtellung einer Rente nach Ablauf der ersten fünf Jahre kann nur für die Zeit nach Zustellung des Antrags gefordert werden. Im Uebrigen wird der Zeitpunkt, von welchem an die Erhöhung, Minderung oder Aufhebung der Rente in Kraft treten soll, in der Entscheidung des Schiedsgerichts festgesetzt. Ebenso bestimmt das Schiedsgericht, in welchen Summen und Fristen die seit dem Inkrafttreten der Rentenminderung etwa bezahlten Mehrbeträge durch Kürzung späterer Rentenbezüge zur Erstattung gelangen sollen. Das Schiedsgericht kann auf Antrag auch schon vor dieser Entscheidung im Wege der einstweiligen Verfügung anordnen, daß die fernere Rentenzahlung bis zur rechtskräftigen Entscheidung über den Antrag auf Aufhebung oder Minderung der Rente ganz oder theilweise eingestellt werde.

II. Auf die Entscheidungen des Schiedsgerichts finden die Bestimmungen der §§. 80 ff. über das Rechtsmittel des Rekurses entsprechende Anwendung. Gegen die im Abs. 1 Satz 2 bis 4 bezeichneten Entscheidungen und Verfügungen des Schiedsgerichts findet jedoch ein Rechtsmittel nicht statt.

III. Wird der Antrag auf Abänderung der Rente dem Schiedsgericht unterbreitet, bevor die frühere Entscheidung über die Höhe der Entschädigung die Rechtskraft erlangt hat, so ist die Stelle, bei welcher das frühere Verfahren anhängig ist, berechtigt, in diesem darüber zu befinden, welche Entschädigung für die Zeit nach Zustellung des Antrags auf Abänderung der Rente zu gewähren ist.

§. 91.

Die anderweite Rentenfestsetzung nach Abschluß eines neuen Heilverfahrens, die Einstellung von Rentenzahlungen (§. 94) sowie die Ablösung einer Rente durch Kapitalzahlung (§. 95) erfolgt auch Ablauf des im §. 88 Abs. 3 vorgesehenen Zeitraums durch Bescheid der Berufsgenossenschaft.

§. 92.

Ist der Verletzte, für welchen eine Entschädigung festgestellt war, in Folge der Verletzung gestorben, so muß der Anspruch auf Gewährung einer Entschädigung für die Hinterbliebenen, falls diese Entschädigung nicht von Amtswegen festgestellt ist, bei Vermeidung des Ausschlusses vor Ablauf von zwei Jahren nach dem Tode des Verletzten bei dem zuständigen Vorstand oder bei der für den Wohnort des Entschädigungsberechtigten zuständigen unteren Verwaltungsbehörde[1]) angemeldet werden. Nach Ablauf dieser Frist ist der Anmeldung nur dann Folge zu geben, wenn zugleich glaubhaft bescheinigt wird, daß der Entschädigungsberechtigte von der Verfolgung seines Anspruchs durch außerhalb seines Willens liegende Verhältnisse[2]) abgehalten worden ist, und die Anmeldung innerhalb dreier Monate, nachdem das Hinderniß weggefallen, erfolgt ist. Im Uebrigen finden auf das Verfahren die Vorschriften der §§. 69 bis 87 entsprechende Anwendung.

[1]) vergl. §. 152 Anm. 2.

[2]) vergl. Anm. 4 zu §. 72.

Fälligkeitstermine.

§. 93.

I. Kosten des Heilverfahrens und Sterbegelder sind binnen einer Woche nach ihrer Feststellung, Renten in monatlichen, und wenn sich der Jahresbetrag auf sechzig Mark oder weniger beläuft, in vierteljährlichen Beträgen im voraus zu zahlen,[1]) letzteres insoweit, als nicht im voraus anzunehmen ist, daß die Rente vor Ablauf des Vierteljahrs fortfällt. Die Renten werden auf volle fünf Pfennig für den Monat beziehungsweise das Vierteljahr nach oben abgerundet.

II. Im Einverständnisse mit dem Entschädigungsberechtigten kann die Berufsgenossenschaft anordnen, daß die Zahlung in längeren Zeitabschnitten erfolgt.

III. Fällt das Recht auf den Rentenbezug im Laufe des Monats, für welchen die Rente gezahlt war, fort, so ist von einer Rückforderung abzusehen. Wenn für einen Theil des Monats die Rente für den Verletzten mit der Rente für die Hinterbliebenen zusammentrifft, so haben die Hinterbliebenen den höheren Betrag zu beanspruchen.

IV. Ein Verzicht auf die Rückforderung ist auch dann zulässig, wenn die Rente für längere Zeitabschnitte gezahlt war.

[1]) vergl. §. 97.

Ruhen der Rente.

§. 94.

I. Das Recht auf Bezug der Rente ruht:

1. solange der Berechtigte eine die Dauer von einem Monat übersteigende Freiheitsstrafe verbüßt oder solange er in einem Arbeitshaus oder einer Besserungsanstalt untergebracht ist. Hat der Berechtigte im Inlande wohnende Angehörige, welche im Falle seines Todes Anspruch auf Rente haben würden, so ist diesen die Rente bis zur Höhe jenes Anspruchs zu überweisen.
2. solange der berechtigte Ausländer nicht im Inlande seinen gewöhnlichen Wohnsitz hat. Diese Bestimmung kann durch Beschluß des Bundesraths für bestimmte Grenzgebiete oder für solche auswärtige Staaten, durch deren Gesetzgebung deutschen, durch einen Betriebsunfall verletzten Arbeitern eine entsprechende Fürsorge gewährleistet ist, außer Kraft gesetzt werden;[1])
3. solange der berechtigte Inländer im Auslande sich aufhält und es unterläßt, der Berufsgenossenschaft seinen Aufenthalt mitzutheilen.

II. Das Reichsversicherungsamt hat über die Mittheilung des Aufenthaltsorts nähere Vorschriften zu erlassen,[2]) und darin anzuordnen, daß der Rentenberechtigte sich von Zeit zu Zeit bei einem deutschen Konsul persönlich vorzustellen hat.

III. Weist der Entschädigungsberechtigte nach, daß er der Vorstellungspflicht ohne sein Verschulden nicht hat genügen können, so lebt insoweit das Recht auf den Bezug der Rente wieder auf.

[1]) dies ist durch die Bekanntmachung des Bundesrathes vom 16. October 1900 (Centr. Bl. für das Deutsche Reich 1900 S. 540) erfolgt, Für Grenzgebiete von Dänemark, Oesterreich-Ungarn, Rußland, der Schweiz, der Niederlande, das neutrale Gebiet Moresnet und Großherzogthum Luxemburg ist Ziffer 2 außer Kraft gesetzt worden.

Ferner sind die Angehörigen von Oesterreich (unter Ausschluß von Ungarn) und von Italien den Inländern im Bereiche des G.U.V.G. und und B.U.VG. gleichgestellt worden.

[2]) dies ist durch die Bekanntmachung vom 5. Juli 1901 (A.N. 1901 S. 455) erfolgt.

Kapitalabfindungen.

§. 95.

I. Ist bei theilweiser Erwerbsunfähigkeit eine Rente von fünfzehn oder weniger Procent der Vollrente festgestellt, so kann nach Anhörung der unteren Verwaltungsbehörde[1]) die Berufsgenossenschaft den Entschädigungsberechtigten auf seinen Antrag durch eine entsprechende Kapitalzahlung abzufinden. Der Verletzte muß vor Annahme seines Antrags darüber belehrt werden, daß er nach der Abfindung auch in dem Falle keinerlei Anspruch auf Rente mehr habe, wenn sein Zustand sich erheblich verschlechtern würde. Gegen den Bescheid, durch welchen die Kapitalabfindung festgesetzt wird, ist Berufung (§. 76) zulässig. Das Rechtsmittel hat in diesem Falle aufschiebende Wirkung. Bis zur Verkündigung der Entscheidung kann der Antrag zurückgezogen werden. Die Entscheidung des Schiedsgerichts ist endgültig. Sie kann nur auf Bestätigung oder auf Aufhebung des Bescheids lauten.

II. Ist der Entschädigungsberechtigte ein Ausländer, so kann er, falls er seinen Wohnsitz im Deutschen Reiche aufgiebt, auf seinen Antrag mit dem dreifachen Betrage der Jahresrente abgefunden werden. Durch Beschluß des Bundesraths kann diese Bestimmung für bestimmte Grenzgebiete oder für die Angehörigen solcher auswärtiger Staaten, durch deren Gesetzgebung deutschen, durch Unfall verletzten Arbeitern eine entsprechende Fürsorge gewährleistet ist, außer Kraft gesetzt werden.[1])

III. Diese Bestimmungen finden auch Anwendung auf solche Renten, welche vor dem Inkrafttreten dieses Gesetzes festgestellt worden sind. Wird eine solche Abfindung im Laufe der ersten drei Jahre nach Inkrafttreten des Gesetzes ausgesprochen, so sind die Berufsgenossenschaften berechtigt, die erforderlichen Mittel aus dem Reservefonds zu entnehmen. Dieser ist nach näherer Anordnung des Reichs-Versicherungsamts[3]) (§. 34 Abs. 2) wieder zu ergänzen.

[1]) vergl. §. 152 Anm. 2.

[2]) vergl. Anm. 1 zu §. 94.

[3]) oder L.V.A. (§. 127).

Uebertragung der Ansprüche.

§. 96.

I. Die Uebertragung der aus diesem Gesetze sich ergebenden Ansprüche auf Dritte sowie deren Verpfändung oder Pfändung hat nur insoweit rechtliche Wirkung, als sie erfolgt:

1. zur Deckung eines Vorschusses, welcher dem Berechtigten auf seine Ansprüche vor Anweisung der Rente oder des Sterbegeldes von dem Betriebsunternehmer oder einem Genossenschaftsorgan oder dem Mitglied eines solchen Organs gegeben worden ist;
2. zur Deckung der im §. 850 Abs. 4 der Civilprozeßordnung bezeichneten Forderungen;[1])
3. zur Deckung von Forderungen der nach §§. 25, 27 ersatzberechtigten Gemeinden, Armenverbände und an deren Stelle getretenen Betriebsunternehmer und Kassen, der Krankenkassen sowie der Versicherungsanstalten für Invalidenversicherung.

II. Die Ansprüche dürfen nur auf geschuldete Beiträge, auf gezahlte Vorschüsse, auf zu Unrecht gezahlte Entschädigungen, auf die zu erstattenden Kosten des Verfahrens,[2]) auf die vom Vorstande verhängten Geldstrafen sowie auf die im §. 136 Abs. 1 bezeichneten Regreßansprüche der Berufsgenossenschaften aufgerechnet werden.

III. Ausnahmsweise darf der Berechtigte den Anspruch ganz oder zum Theil auf Andere übertragen,[3]) sofern dies von der unteren Verwaltungsbehörde[4]) genehmigt wird.[5])

¹) Forderungen der Verwandten des Ehegatten oder des früheren Ehegatten oder eines unehelichen Kindes auf die ihnen kraft Gesetzes zustehenden Unterhaltsbeiträge. Für die Forderung eines unehelichen Kindes gegen seinen Vater ist eine Pfändung nur zulässig, wenn der Vater die Bezüge nicht zur Bestreitung seines nothwendigen Unterhalts und zur Erfüllung der ihm seinen Verwandten, seiner Ehefrau oder seiner früheren Ehefrau gegenüber gesetzlich obliegenden Unterhaltungspflicht bedarf; die Forderung der erstgenannten Kategorien ist nur insoweit pfändbar, als die Forderungen für die Zeit nach Erhebung der Klage und für das diesen Zeitpunkt vorangehende letzte Vierteljahr bestehen.

²) vergl. §. 10 H.G. Abs. IV, §. 19 H.G. Abs. II (§. 22 H.G. Abs. VII).

³) z. B. wenn er sich dadurch eine Aufnahme in eine Versorgungsanstalt, Invalidenheim oder dergl. verschaffen kann.

⁴) vergl. §. 152 Anm. 2.

⁵) die untere Verwaltungsbehörde hat zu prüfen, ob die Uebertragung dem Interesse des Rentenempfängers dient.

Auszahlungen durch die Post.

§. 97.

I. Die Auszahlung der auf Grund dieses Gesetzes zu leistenden Entschädigungen wird auf Anweisung des Genossenschaftsvorstandes vorschußweise durch die Postverwaltung und zwar durch diejenigen Postanstalten bewirkt, in deren Bezirke die Empfangsberechtigten ihren Wohnsitz haben.¹)

II. Verlegt der Empfangsberechtigte seinen Wohnsitz, so hat er die Ueberweisung der Auszahlung der ihm zustehenden Entschädigung an die Postanstalt seines neuen Wohnorts bei dem Vorstande, von welchem die Zahlungsanweisung erlassen worden ist, oder bei der Postanstalt des bisherigen Wohnsitzes zu beantragen.

¹) durch die Post sind hiernach nur die den Verletzten oder ihren Hinterbliebenen zu zahlenden Entschädigungen zu zahlen, nicht aber die an andere Empfangsberechtigte wie z. B. an Aerzte, Genossenschaftsmitglieder, Genossenschaftsbeamte u. s. w. zu leistenden Zahlungen (Komm.Ber. 1900 S. 103).

Liquidationen der Post.

§. 98.

Binnen acht Wochen nach Ablauf jedes Rechnungsjahrs haben die Central-Postbehörden den einzelnen Genossenschaftsvorständen

Nachweisungen der auf Anweisung der Vorstände geleisteten Zahlungen zuzustellen und gleichzeitig die Postkassen zu bezeichnen, an welche die zu erstattenden Beträge einzuzahlen sind.

Umlage- und Erhebungsverfahren.

§. 99.

I. Die von den Central-Postverwaltungen zur Erstattung liquidirten Beträge sind von den Genossenschaftsvorständen gleichzeitig mit den Verwaltungskosten unter Berücksichtigung der auf Grund der §§. 50, 51 etwa vorliegenden Verpflichtungen und Berechtigungen nach dem festgestellten Vertheilungsmaßstab auf die Genossenschaftsmitglieder umzulegen und von denselben einzuziehen.

II. Zu diesem Zwecke hat jedes Mitglied der Genossenschaft, soweit nicht gemäß §. 30 Abs. 2 Pauschbeträge der Berechnung der Beiträge zu Grunde zu legen oder Mindestbeiträge zu entrichten sind, binnen sechs Wochen nach Ablauf des Rechnungsjahrs[1]) dem Genossenschaftsvorstand eine Nachweisung einzureichen[2]), welche enthält:

1. die während des abgelaufenen Rechnungsjahrs im Betriebe beschäftigten versicherten Personen und die von denselben verdienten Gehälter und Löhne,[3])
2. sofern nicht die statutarische Bestimmung im Sinne des §. 30 Abs. 1 getroffen ist, eine Berechnung der bei der Umlegung der Beiträge in Anrechnung zu bringenden Beträge der Gehälter und Löhne,[4])
3. die Gefahrenkasse, in welche der Betrieb eingeschätzt worden ist (§. 49).

III. Durch Statut kann vorgeschrieben werden, daß die Lohnnachweisungen viertel- oder halbjährlich eingereicht und fortlaufend Lohnlisten (Lohnbücher) geführt werden, aus welchen diese Nachweisungen entnommen werden können. Durch Statut kann ferner vorgeschrieben werden, daß diese Lohnlisten (Lohnbücher) drei Jahre lang aufzubewahren sind.

IV. Für Genossenschaftsmitglieder, welche mit der rechtzeitigen Einsendung der Nachweisung im Rückstande sind, erfolgt deren Aufstellung durch den Genossenschafts- beziehungsweise Sectionsvorstand.

[1]) bis zum 11. Februar, und wenn dieser Tag auf einen Sonntag fällt, bis zum 12. Februar.

²) die Nachweisung und Berechnung ist rechtzeitig und ohne besondere Aufforderung von jedem Genossenschaftsmitglied einzureichen, sonst erfolgt die Aufstellung durch den Genossenschafts- oder Sectionsvorstand (vgl. auch §. 102 Abs. III) und die im §. 147 vorgesehene Strafe.

³) die thatsächlich verdienten Löhne (einschließlich Naturalbezüge, Trinkgelder, Tantièmen und dergl.).

⁴) vergl. §. 10.

§. 100.

I. Von dem Genossenschaftsvorstande wird auf Grund der ihm vorliegenden Nachweisungen (§. 99) und der gemäß §. 30 Abs. 2 festgesetzten Pauschbeträge, sowie unter Berücksichtigung der zu entrichtenden Mindestbeiträge eine summarische Gesammtnachweisung der im abgelaufenen Rechnungsjahr von den Mitgliedern der Genossenschaft beschäftigten versicherten Personen und der von denselben verdienten anrechnungsfähigen Gehälter und Löhne aufgestellt und demnächst für jedes Genossenschaftsmitglied der Beitrag berechnet, welcher auf dasselbe zur Deckung des Gesammtbedarfs (§. 99 Abs. 1) entfällt. Bei denjenigen Genossenschaftsmitgliedern, deren Betriebe durch die Vorschriften des §. 1 Abs. 1 Ziffer 1, 2, 5, 7, §. 2 Abs. 2 der Versicherungspflicht erst unterstellt sind, wird, wenn sie einer bereits bestehenden Berufsgenossenschaft zugetheilt werden und sie einen Mindestbeitrag nicht zu entrichten haben (§. 30 Abs. 2), während der ersten vierzig Jahre nach dem Inkrafttreten dieses Gesetzes nur ein Theil der in ihren Betrieben verdienten anrechnungsfähigen Gehälter und Löhne der Beitragsberechnung zu Grunde gelegt. Dieser Theil bemißt sich in den ersten fünf Jahren auf zwei Fünftel, vom sechsten bis zum zehnten Jahre auf drei Fünftel, vom elften bis zum zwanzigsten Jahre auf drei Viertel, vom einundzwanzigsten bis zum dreißigsten Jahre auf neun Zehntel und vom einunddreißigsten bis zum vierzigsten Jahre auf neunzehn Zwanzigstel.

III. Nach Ablauf des vierzigsten Jahres wird für Betriebe dieser Art der volle Betrag der in ihnen verdienten anrechnungsfähigen Gehälter und Löhne der Beitragsberechnung zu Grunde gelegt.

§. 101.

I. Jedem Genossenschaftsmitglied ist ein Auszug aus der zu diesem Zwecke aufzustellenden Heberolle mit der Aufforderung zuzustellen, den festgesetzten Beitrag unter Verrechnung der nach §. 32

erhobenen Vorschüsse zur Vermeidung der zwangsweisen Beitreibung binnen zwei Wochen einzuzahlen. Der Auszug muß diejenigen Angaben enthalten, welche den Zahlungspflichtigen in den Stand setzen, die Richtigkeit der angestellten Beitragsberechnung zu prüfen.

II. Nach der Zustellung des Auszugs aus der Heberolle ist die Genossenschaft zu einer anderweiten Feststellung des Beitrags befugt, wenn die Veranlagung des Betriebs zu den Gefahrenklassen nach §. 49 Abs. 4 nachträglich abgeändert oder eine im Laufe des Rechnungsjahrs eingetretene Aenderung des Betriebs nachträglich bekannt wird oder die Unrichtigkeit einer Lohnnachweisung sich ergiebt.

III. Sind in solchen Fällen oder in Folge unterlassener Anmeldung der Eröffnung eines neuen Betriebs schon in früheren Rechnungsjahren der Genossenschaft Beiträge, auf die sie Anspruch hatte, entgangen, so hat der Unternehmer den Fehlbetrag, soweit nicht Verjährung eingetreten ist (§. 103), nachträglich zu entrichten.

IV. Bei der erneuten oder nachträglichen Feststellung des Beitrags ist ebenso zu verfahren wie bei der erstmaligen Feststellung.

§. 102.

I. Die Mitglieder der Genossenschaften können gegen die Feststellung ihrer Beiträge binnen zwei Wochen nach Zustellung des Auszugs aus der Heberolle, unbeschadet der Verpflichtung zur vorläufigen Zahlung, Widerspruch bei dem Genossenschaftsvorstand erheben.[1]) Wird demselben entweder überhaupt nicht, oder nicht in dem beantragten Umfang Folge gegeben, so steht ihnen innerhalb zweier Wochen nach der Zustellung der Entscheidung des Genossenschaftsvorstandes die Beschwerde an das Reichs-Versicherungsamt[2]) zu.

II. Die Beschwerde ist nur zulässig, wenn dieselbe sich entweder auf Rechenfehler oder auf die unrichtige Feststellung des anrechnungsfähigen Betrags der Gehälter und Löhne oder auf den irrthümlichen Ansatz einer anderen Gefahrenklasse, als wozu der Betrieb eingeschätzt ist, gründet.

III. Aus den letzteren beiden Gründen ist die Beschwerde jedoch nicht zulässig, wenn die Feststellung in dem Falle der von dem Genossenschaftsmitglied unterlassenen Einsendung der Nachweisung durch den Vorstand bewirkt worden war (§. 99 Abs. 4).

IV. Tritt in Folge des erhobenen Widerspruchs oder der erhobenen Beschwerde eine Herabminderung des Beitrags ein, so ist der Ausfall bei dem Umlageverfahren des nächsten Rechnungsjahres zu decken.

V. Ergiebt sich nachträglich, daß ein ohne Widerspruch (Abs. 1) bezahlter Beitrag zu Unrecht oder in zu hohem Betrag erhoben worden ist, so kann die Rückerstattung auf dem im Abs. 1 bezeichneten Wege verlangt werden. Der Anspruch verjährt in sechs Monaten nach der Zustellung des Auszugs aus der Heberolle.

[1]) Rechtsweg ist ausgeschlossen.

[2]) oder L.V.A. (§. 127).

§. 103.

I. Rückständige Beiträge, Vorschüsse auf die Beiträge (§. 32), sowie Cautionsbeträge (§§. 33, 37 Ziffer 7) werden in derselben Weise beigetrieben wie Gemeindeabgaben.

II. Der Anspruch auf rückständige Beiträge verjährt, soweit nicht eine absichtliche Hinterziehung vorlegt, in zwei Jahren nach Ablauf des Kalenderjahres, in welchem sie hätten gezahlt werden müssen.

III. Uneinziehbare Beiträge fallen der Gesammtheit der Berufsgenossen zur Last. Sie sind vorschußweise aus dem Betriebsfonds (§. 31 Abs. 2) oder erforderlichen Falles aus dem Reservefonds der Berufsgenossenschaft zu decken und bei dem Umlageverfahren des nächsten Rechnungsjahrs zu berücksichtigen.

§. 104.

I. Auf Antrag des Genossenschaftsvorstandes kann die untere Verwaltungsbehörde[1]) widerruflich anordnen[2]), daß bei Unternehmern der unter §. 1 Abs. 1 Ziffer 2 fallenden versicherungspflichtigen Baubetriebe, sofern sie mit der Zahlung ihrer Beiträge im Rückstande geblieben sind und ihre Zahlungsunfähigkeit im Zwangsbeitreibungsverfahren festgestellt worden ist, der Bauherr[3]) für die Beiträge während eines Jahres nach deren endgültiger Feststellung insoweit haftet, als sie nach Erlaß der Anordnung erwachsen sind. Sind im Falle einer solchen Anordnung Zwischenunternehmer vorhanden, so haften diese vor dem Bauherrn.

II. Die Anordnung muß diejenigen Unternehmer, für welche sie gelten soll, nach Namen, Wohnort und Geschäftsbetrieb deutlich bezeichnen und ist diesen Unternehmern, sowie den Ortspolizeibehörden ihres Betriebssitzes und ihres Wohnorts schriftlich mitzutheilen. Wenn der Unternehmer seinen Betriebssitz oder seinen Wohnort verlegt, so hat die Ortspolizeibehörde die für den neuen Betriebssitz oder Wohnort zuständige Ortspolizeibehörde von der getroffenen Anordnung zu benachrichtigen. Die Ortspolizeibehörden haben auf Ersuchen jedem Betheiligten von der getroffenen Anordnung Kenntniß zu geben.

III. Die von solchen Anordnungen betroffenen Unternehmer sind verpflichtet, vor der Uebernahme eines auf ihr Bauunternehmen bezüglichen Auftrags dem Auftraggeber von der Anordnung schriftlich Kenntniß zu geben. Unterlassen sie dies und wird in Folge dessen der Auftraggeber geschädigt, so werden sie mit Gefängniß bis zu einem Jahre bestraft, neben welchem auf Geldstrafe bis zu dreitausend Mark erkannt werden kann.

[1]) vergl. §. 152 Anm. 2.

[2]) vergl. §. 105 Abs. II.

[3]) Um als Bauherr im Sinne dieser Bestimmung zu gelten, ist es nicht erforderlich, daß die betreffende Person Eigenthümer oder ein Nutzungsberechtigter der Baustelle ist, oder daß seine Verfügungsgewalt über den Bauunternehmer sich in Rechtsgeschäften äußert, welche die Form von Dienst- oder Werkverträgen haben. Entscheidend soll hier die wirthschaftliche Gestaltung der Verhältnisse sein, nicht ihre sachliche Form (Begr. 1900 S. 109).

§. 105.

I. Die untere Verwaltungsbehörde[1]) hat die Anordnung (§. 104) aufzuheben, sobald ihr durch eine Bescheinigung des Genossenschaftsvorstandes nachgewiesen wird, daß von dem Unternehmer oder für dessen Rechnung alle rückständigen und fälligen Verpflichtungen gegenüber der Genossenschaft erfüllt sind.

II. Gegen die Anordnung der unteren Verwaltungsbehörde[1]), gegen die Versagung einer solchen Anordnung, sowie gegen den auf den Antrag wegen Aufhebung der Anordnung erlassenen Bescheid findet binnen zwei Wochen nach der Zustellung die Beschwerde an die höhere Verwaltungsbehörde[2]) statt. Die Beschwerde hat keine aufschiebende Wirkung. Die Entscheidung der höheren Verwaltungsbehörde ist endgültig.

III. Streitigkeiten, welche zwischen den Berufsgenossenschaften einerseits und den nach §. 104 Abs. 1 haftenden Bauherren oder Zwischenunternehmern andererseits über die Haftung entstehen, entscheidet mit Ausschluß des Rechtswegs das Reichs-Versicherungsamt.[3])

IV. Auf die von den Bauherren und den Zwischenunternehmern zu leistenden Beiträge finden die Bestimmungen im §. 103 Abs. 1 Anwendung.

¹) vergl. §. 152 Anm. 2.
²) vergl. §. 152 Anm. 1.
³) oder L.V.A. (§. 127).

Abführung der Beiträge an die Postkassen.

§. 106.

I. Die Genossenschaftsvorstände haben die von den Centralpostbehörden liquidirten Beträge innerhalb dreier Monate nach Empfang der Liquidationen an die ihnen bezeichneten Postkassen abzuführen.

II. Gegen Genossenschaften, welche mit der Erstattung der Beträge im Rückstande bleiben, ist auf Antrag der Centralpostbehörden von dem Reichs-Versicherungsamte¹), vorbehaltlich der Bestimmungen des §. 54, das Zwangsbeitreibungsverfahren einzuleiten.

III. Das Reichs-Versicherungsamt¹) ist befugt, zur Deckung der Ansprüche der Postverwaltungen zunächst über bereite Bestände der Genossenschaftskassen zu verfügen. Soweit diese nicht ausreichen, hat dasselbe das Beitreibungsverfahren gegen die Mitglieder der Genossenschaft einzuleiten und bis zur Deckung der Rückstände durchzuführen.

¹) oder L.V.A. (§. 127).

Vermögensverwaltung.

§. 107.

I. Die Einnahmen und Ausgaben der Berufsgenossenschaften sind von allen den Zwecken der letzteren fremden Vereinnahmungen und Verausgabungen gesondert festzustellen und zu verrechnen, ebenso sind die Bestände gesondert zu verwahren.

II. Das Reichs-Versicherungsamt trifft nach Bedarf Bestimmung über die Aufbewahrung von Werthpapieren.

§. 108.¹)

I. Die Bestände der Berufsgenossenschaften müssen in der durch §§. 1806 bis 1808 des Bürgerlichen Gesetzbuchs bezeichneten Weise angelegt werden.²)

II. Außerdem dürfen dieselben in Werthpapieren, welche nach landesgesetzlichen Vorschriften zur Anlegung von Mündelgeldern zugelassen sind[3]), sowie in solchen auf den Inhaber lautenden Pfandbriefen deutscher Hypotheken-Actien-Banken angelegt werden, welche die Reichsbank in Klasse I beleiht.[4])

[1]) Eine Uebersicht der zugelassenen Anlagewerthe giebt Illing in der Arb.Vers. 1901 S. 633 ff.

[2]) Hiernach sind zugelassen mündelsichere Hypotheken, Grundschulden oder Rentenschulden; für mündelsicher erklärte Sparkasseneinlagen; Reichs- und Staatsanleihen; verbriefte Forderungen, deren Verzinsung vom Reiche oder einem Bundesstaate gewährleistet ist; verbriefte Forderungen jeder Art gegen eine inländische communale Körperschaft, wenn dieselben von Seiten des Gläubigers kündbar sind oder einer regelmäßigen Tilgung unterliegen, wie Provinzialanleihen, Kreisanleihen, Stadtanleihen; Schuldverschreibungen, die mit Genehmigung einer staatlichen Aufsichtsbehörde von einer Kirchengemeinde oder einem Kirchenverband ausgestellt sind; Anlagen bei der Reichsbank, bei einer Staatsbank oder bei einer anderen durch Landesgesetz dazu für geeignet erklärten inländischen Bank oder bei einer Hinterlegungstelle.

[3]) z. B. Rentenbriefe der zur Vermittelung der Ablösung von Renten in Preußen bestehenden Rentenbanken.

[4]) es sind dies die Pfandbriefe von 29 deutschen Hypotheken-Actien-Banken.

§. 109.

I. Die Landes-Centralbehörde desjenigen Bundesstaats, in dessen Gebiete die Berufsgenossenschaft ihren Sitz hat, kann genehmigen, daß die Bestände der Berufsgenossenschaft auch in Darlehen an Gemeinden und weitere Communalverbände[1]) angelegt werden; sie kann ferner anordnen, daß bei der Anlegung des Genossenschaftsvermögens einzelne Gattungen zinstragender Papiere nur bis zu einem näher zu bestimmenden Betrag erworben werden dürfen.[2]) Erstreckt sich der Bezirk der Genossenschaft auf Gebiete oder Gebietstheile mehrerer Bundesstaaten, so bedarf es der Zustimmung der Centralbehörden dieser Bundesstaaten oder, sofern ein Einverständniß nicht erzielt wird, der Zustimmung des Bundesraths.

II. Die Landes-Centralbehörde desjenigen Bundesstaats, in dessen Gebiete die Berufsgenossenschaft ihren Sitz hat, kann widerruflich gestatten, daß zeitweilig verfügbare baare Bestände auch in anderer als der im §. 108 bezeichneten Weise vorübergehend angelegt werden.[3])

[1]) ohne daß verbriefte Forderungen darüber ausgestellt werden.

[2]) bis zum 20. Januar 1902 sind derartige Anordnungen nicht bekannt geworden.

[3]) dadurch soll ein Kontokurrentverkehr mit sicheren Bankhäusern am Sitze der Berufsgenossenschaft ermöglicht werden, um diesen die vorübergehende Aufbewahrung großer Baarbestände, z. B. beim Einlaufen der Umlagebeiträge, zu übertragen und den Vorstandsmitgliedern die damit anderenfalls für sie verbundene Verantwortlichkeit zu ersparen (Begr. 1900 S. 111).

§. 110.

Die Berufsgenossenschaften können mit Genehmigung des Reichs-Versicherungsamts[1]) einen Theil ihres Vermögens in anderer als der nach §§. 108, 109 zulässigen Weise, insbesondere in Grundstücken anlegen.[2]) Will eine Genossenschaft mehr als den vierten Theil ihres Vermögens in dieser Weise anlegen, so bedarf sie dazu außerdem, sofern sie der Aufsicht eines Landes-Versicherungsamts unterstellt ist, der Genehmigung der Landes-Centralbehörde, im Uebrigen der Genehmigung des Bundesraths. Eine solche Anlage ist jedoch nur in Werthpapieren, oder für die Zwecke der Verwaltung, zur Vermeidung von Vermögensverlusten für die Genossenschaft, oder für solche Veranstaltungen zulässig, welche ausschließlich oder überwiegend der versicherungspflichtigen Bevölkerung zu gute kommen. Mehr als die Hälfte ihres Vermögens darf jedoch eine Berufsgenossenschaft in der bezeichneten Weise nicht anlegen.

[1]) oder L.V.A. (§. 127).

[2]) R.V.A. (L.V.A.) darf nicht entgegen den Anordnungen und Vereinbarungen des Bundesrathes und der Landes-Centralbehörden, insbesondere soweit sich dieselben auf Werthpapiere beziehen, entscheiden.

Bei der Anlage des Vermögens in Grundstücken kommen Verwaltungsgebäude, Arbeiterwohnungen, Heilanstalten, auch die Erwerbungen bei Zwangsversteigerungen von Grundstücken, die von der B.G. beliehen sind, in Betracht. (Begr. 1900 S. 111.)

§. 111.

Ueber die gesammten Rechnungsergebnisse eines Rechnungsjahrs ist nach Abschluß desselben alljährlich dem Reichstag eine vom Reichs-Versicherungsamt aufzustellende Nachweisung vorzulegen.[1])

Das Rechnungsjahr beginnt mit dem 1. Januar und endet mit dem 31. December.

[1]) die Nachweisung für das Jahr 1900 ist dem Reichstage im Jan. 1902 zugegangen (Drucksache N. 425; auch A.N. 1902 S. 1 ff).

V. Unfallverhütung. Ueberwachung der Betriebe.

Unfallverhütungsvorschriften.

§. 112.

I. Die Genossenschaften sind befugt[1]) und können im Aufsichtswege angehalten werden[2]), Vorschriften zu erlassen[3]):

1. über die von den Mitgliedern zur Verhütung von Unfällen in ihren Betrieben zu treffenden Einrichtungen[4]) und Anordnungen unter Bedrohung der Zuwiderhandelnden mit Geldstrafen bis zu eintausend Mark oder mit der Einschätzung ihrer Betriebe in eine höhere Gefahrenklasse[5]) oder, falls sich die letzteren bereits in der höchsten Gefahrenklasse befinden, mit Zuschlägen bis zum doppelten Betrag ihrer Beiträge.

   Für die Herstellung der vorgeschriebenen Einrichtungen ist den Mitgliedern eine angemessene Frist zu bewilligen;

2. über das in den Betrieben von den Versicherten[6]) zur Verhütung von Unfällen zu beobachtende Verhalten unter Bedrohung der Zuwiderhandelnden mit Geldstrafen bis zu sechs Mark.[7])

II. Die Genossenschaften sind außerdem befugt, solche Vorschriften für bestimmt abgrenzende Bezirke oder für bestimmte Gewerbszweige oder Betriebsarten[8]) zu erlassen.

III. In den Unfallverhütungsvorschriften ist anzugeben, in welcher Art diese Vorschriften zur Kenntniß der Versicherten zu bringen sind.

[1]) vergl. §. 37 Ziffer 10.

[2]) das R.V.A. (L.V.A.) kann die säumigen Genossenschaften auf Grund dieser Bestimmung an ihre „Pflichten" erinnern. Das Recht, bestimmte Vorschriften zur Verhütung von Unfällen zu oktropiren, hat das R.V.A. (L.V.A.) nicht. (Komm.Ber. 1900 S. 116.)

[3]) die bis zum Jahre 1900 von den B.Gn. erlassenen Unfallverhütungsvorschriften sind in den A. N. veröffentlicht; außerdem giebt es eine vom Verbande der Deutschen Berufsgenossenschaften herausgegebene Uebersicht derselben. Hiernach haben von den damals bestehenden 65 B.Gn. 62 Unfallverhütungsvorschriften erlassen.

[4]) Allgemeine hygienische Vorschriften zum Schutze von Leben und Gesundheit des Arbeiters zu erlassen, sind die B.Gn. nicht befugt. (Komm.Ber. 1900 S. 117.) Andererseits werden sehr oft Unfallverhütungsvorschriften mit derartigen Vorschriften zusammenfallen, so z. B. wenn sie Bestimmungen über Belichtung, Lüftung, Reinhaltung ꝛc. enthalten. Es ist ferner unzulässig, in den Unfall-

verhütungsvorschriften zu bestimmen, daß die Arbeiter vor ihrer Annahme ärztlich untersucht werden müssen, daß die Arbeitgeber feststellen lassen sollen, welche ihrer Arbeiter mit Brüchen oder Bruchanlagen behaftet sind, daß Gewohnheitstrinker und Epileptiker zu entlassen und Personen, welche einen Bruchschaden oder Bruchanlage haben, von der Annahme thunlichst auszuschließen sind (H.B., S. 406). Nach dem Rundschreiben des R.V.A. vom 4. April 1886 (A.N. 1886 S. 62) zerfallen diese Vorschriften: 1. in solche, welche die Einrichtung der Betriebsanlagen betreffen, bei denen es sich um die Wahrung von Treppen, Fahrstühlen, Luken, Gruben rc., um die schützende Einfriedigung von Schwung- und Zahnrädern, von Transmissionsriemen rc. handelt, die den Schutz von Kreissägen über und unter den Tisch oder die Sicherung der Gerüste bei Bauten und dergl. festsetzen; 2. in Vorschriften, welche den Unternehmer zur Ausrüstung der Arbeiter mit gewissen Schutzmitteln (Schutzhüllen, Masken, Hand- und Fußbekleidungsbestücken rc.) verpflichten, oder ihm gewisse Verhaltungsmaßregeln (z. B. Nichtverwendung jugendlicher Arbeiter zur Bedienung sehr gefährlicher Maschinen) auferlegen und ihn dafür verantwortlich machen, daß die zum Schutze der Arbeiter vorhandenen Einrichtungen zu gegebener Zeit auch wirklich in Benutzung genommen werden oder genommen werden können, z. B. daß die vorhandenen Lampen bei eingetretener Dunkelheit angezündet, daß Nothausgänge nicht durch schwere Ballen versperrt werden oder dergl.

Hierunter gehören auch die Anleitungen zur ersten Hülfe bei Betriebsunfällen, die in jedem Betriebe durch Aushang bekannt gegeben werden müssen, die Anordnungen über die Beschaffenheit und Aufbewahrung der vorräthig zu haltenden Arzneimittel und Verbandmaterialien, damit dieselben zu jeder Zeit im tadellosem Zustande vorhanden sind.

[5]) vergl. Anm. 1 zu §. 49.

[6]) dazu gehören auch bei Vorhandensein einer betreffenden Statutenbestimmung die im §. 5 Abs. III bezeichneten Personen.

[7]) diese Vorschriften dürfen die Versicherten nur zur Beobachtung gewisser Vorsichtsmaßregeln verpflichten; es darf aber nicht in ihnen bestimmt werden, daß Arbeiter, welche sich wiederholt grobe Verstöße gegen die Unfallverhütungsvorschriften schuldig gemacht haben, von den Arbeitgebern zu entlassen sind, oder daß das eigenmächtige Entfernen oder Nichtbenutzen der Schutzvorrichtungen den Verdacht der vorsätzlichen Verletzung nach sich ziehe und daß hierdurch der Verlust des Entschädigungsanspruches herbeigeführt werden könne. (H.B., S. 400).

[8]) aber nicht etwa eine Sondervorschrift für einen einzelnen Betrieb.

§. 113.

I. Die zu erlassenden Vorschriften sind vor der Beschlußfassung dem Reichs-Versicherungsamt [1]) einzureichen und, sofern die Genossenschaft in Sectionen eingetheilt ist, den Vorständen derjenigen Sectionen, für welche sie Gültigkeit haben sollen[2]), zur Begutachtung vorzulegen.

II. Zu der Berathung und Beschlußfassung über diese Vorschriften, sowie zur Begutachtung der nach §. 120e Abs. 2 der Gewerbeordnung zu erlassenden Vorschriften[3]) haben die Genossenschaftsvorstände Vertreter der Arbeiter[4]) mit vollem Stimmrecht und in gleicher Zahl wie die betheiligten Vorstandsmitglieder zuzuziehen.[5])

III. Das Reichs-Versicherungsamt[1]) ist zu der vom Genossenschaftsvorstand anberaumten Sitzung, in welcher über die von der Genossenschaft zu erlassenden Vorschriften berathen und Beschluß gefaßt werden soll, einzuladen.

IV. Sollen die von der Genossenschaft oder die auf Grund des §. 120e Abs. 2 der Gewerbeordnung zu erlassenden Vorschriften nur für den Bezirk einzelner Sectionen Gültigkeit haben, so sind zur Begutachtung durch die Sectionsvorstände auch Vertreter der Arbeiter gemäß Abs. 2 zuzuziehen.

V. Mit der Einladung zu der zur Begutachtung oder zur Berathung und Beschlußfassung anberaumten Sitzung ist den Vertretern der Arbeiter der Entwurf der Vorschriften zuzustellen, welcher der Begutachtung oder der Berathung und Beschlußfassung unterliegen soll.

[1]) oder L.V.A. (§. 127).

[2]) vergl. §. 112 Abs. II.

[3]) die §§. 120a—120e Gew.Ord. bestimmen die von dem Gewerbeunternehmer zum Schutze der Arbeiter gegen Gefahren für Leben, Gesundheit und Sittlichkeit zu treffenden Einrichtungen. §. 120e befugt in erster Linie den Bundesrath, Vorschriften zu erlassen, welchen Anforderungen in bestimmten Arten von Anlagen zur Durchführung der in den §§. 120a—120c enthaltenen Grundsätzen zu genügen ist und ermächtigt die Landes-Centralbehörden oder die zu Polizeiverordnungen befugten Behörden, falls der Bundesrath derartige Vorschriften nicht erlassen hat, ihrerseits solche Vorschriften zu erlassen. Vergl. auch §. 117 Abs. II.

[4]) vergl. §. 114.

[5]) die Beschlußfähigkeit ist nicht von dem vollzähligen Erscheinen der Geladenen abhängig, auch stimmen alle Erschienenen mit, gleichgültig, ob die gleiche Zahl von Arbeitgebern und Arbeitnehmern anwesend ist. (Begr. 1900 S. 113.)

§. 114.

I. Die Vertreter der Arbeiter werden von den Ausschüssen derjenigen Versicherungsanstalten[1]) gewählt, auf deren Bezirke sich die

Berufsgenossenschaft oder Section erstreckt. Wahlberechtigt sind jedoch nur diejenigen Mitglieder der Ausschüsse, die als Vertreter der Versicherten berufen sind.

II. Wählbar sind deutsche, männliche, volljährige, auf Grund dieses Gesetzes versicherte Personen, welche in Betrieben der Mitglieder derjenigen Berufsgenossenschaft, für welche die Unfallverhütungsvorschriften erlassen werden sollen, beschäftigt sind. Nicht wählbar ist, wer zum Amte eines Schöffen unfähig ist (§. 32 des Gerichtsverfassungsgesetzes).[2])

III. Die Wahl erfolgt auf fünf Jahre nach näherer Bestimmung einer Wahlordnung, welche vom Reichs-Versicherungsamte[3]) zu erlassen ist; die erste Wahlperiode endet am 1. Januar 1906. Für jeden Vertreter ist ein erster und ein zweiter Ersatzmann zu wählen, welche denselben in Behinderungsfällen zu ersetzen und im Falle des Ausscheidens für den Rest der Periode in der Reihenfolge ihrer Wahl einzutreten haben. Die Leitung der Wahl liegt einem Beauftragten des Reichs-Versicherungsamts[3]) ob. Streitigkeiten über die Wahlen werden vom Reichs-Versicherungsamt entschieden. Die Bestimmung des §. 47 findet entsprechende Anwendung.

IV. Die Vertreter der Arbeiter erhalten Ersatz für entgangenen Arbeitsverdienst und für Reisekosten nach festen von der Genossenschaft zu bestimmenden Sätzen. Die Feststellung erfolgt durch den Vorsitzenden des Vorstandes.

[1]) vergl. Anm. 1 zu §. 4 H.G.

[2]) vergl. Anm. 1 zu §. 43.

[3]) oder L.V.A. (§. 127). Das R.V.A. hat eine solche Wahlordnung am 8. August 1901 erlassen (A.N. 1901 S. 549 ff.).

§. 115.

I. Die Unfallverhütungsvorschriften bedürfen der Genehmigung des Reichs-Versicherungsamts.[1])

II. Das Reichs-Versicherungsamt[1]) kann anordnen, daß vor der Genehmigung, soweit dies nicht gemäß §. 113 Abs. 4 schon geschehen ist, zur Begutachtung der Vorschriften oder einzelner Theile derselben durch die Sectionsvorstände auch die Vertreter der Arbeiter zuzuziehen sind.

III. Wenn durch Beschluß der Genossenschaftsversammlung (§. 37 Ziffer 10) die gemäß §. 113 Abs. 2 vom Vorstande und den Vertretern der Arbeiter gefaßten Beschlüsse abgeändert worden sind, so hat das Reichs-Versicherungsamt [1]) zu bestimmen, ob die Vorschriften vor deren Genehmigung einer nochmaligen Berathung und Beschlußfassung seitens des Vorstandes und der Vertreter der Arbeiter zu unterwerfen sind. Wenn das Reichs-Versicherungsamt [1]) seine Genehmigung von der Abänderung der beschlossenen Vorschriften abhängig macht, so hat es gleichfalls zu bestimmen, ob zur Berathung und Beschlußfassung (§. 113 Abs. 2) über die erforderliche Abänderung die Vertreter der Arbeiter zuzuziehen sind.

IV. Dem Antrag auf Genehmigung ist das über die Verhandlungen bei den Vorständen aufgenommene Protokoll, aus welchem die Abstimmung der Vertreter der Arbeiter ersichtlich sein muß, sowie die gutachtliche Aeußerung der Vorstände derjenigen Sectionen, für welche die Vorschriften Gültigkeit haben sollen, beizufügen. Vor der Genehmigung ist den Landes-Centralbehörden derjenigen Bundesstaaten, auf deren Gebiete sich die Vorschriften erstrecken sollen, Gelegenheit zu einer Aeußerung zu geben.

V. Die genehmigten Vorschriften sind den höheren Verwaltungsbehörden [2]), auf deren Bezirke dieselben sich erstrecken, durch den Genossenschaftsvorstand mitzutheilen.

[1]) vergl. oder L.V.A. (§. 127).
[2]) vergl. §. 152 Anm. 1.

§. 116.

Die Festsetzung der im §. 112 Abs. 1 Ziffer 1 vorgesehenen Geldstrafen, sowie die höhere Einschätzung des Betriebs und die Festsetzung von Zuschlägen erfolgt durch den Vorstand der Genossenschaft, die Festsetzung der im §. 112 Abs. 1 Ziffer 2 vorgesehenen Geldstrafen durch den Vorstand der Betriebs- (Fabrik-) oder Bau-Krankenkasse oder, wenn eine solche für den Betrieb nicht errichtet ist, durch die Ortspolizeibehörde. Gegen die Verfügung findet innerhalb zweier Wochen nach der Zustellung die Beschwerde statt. Ueber dieselbe entscheidet, soweit es sich um eine Verfügung des Genossenschaftsvorstandes handelt, das Reichs-Versicherungsamt [1]), im Uebrigen die der Krankenkasse oder Ortspolizeibehörde vorgesetzte Aufsichtsbehörde. [2])

[1]) oder L.V.A. (§. 127).
[2]) vergl. Anm. 3 zu §. 14.

§. 117.

I. Die von den Landesbehörden für bestimmte Gewerbszweige oder Betriebsarten zur Verhütung von Unfällen zu erlassenden Anordnungen sollen, sofern nicht Gefahr im Verzug ist, den betheiligten Genossenschafts- oder Sectionsvorständen zur Begutachtung nach Maßgabe des §. 115 Abs. 4 vorher mitgetheilt werden. Dabei finden §. 113 Abs. 2, §. 114 entsprechende Anwendung.

II. Die Polizeibehörden sind verpflichtet, von den gemäß §. 120d Abs. 1 der Gewerbeordnung zur Verhütung von Unfällen getroffenen Anordnungen derjenigen Genossenschaft, welcher der betheiligte Betrieb angehört, Kenntniß zu geben.

§. 118.

Auf Unfallverhütungsvorschriften, welche sich auf die Sicherheit des Eisenbahnbetriebs beziehen, finden die Bestimmungen der §§. 113, 117, 132 keine Anwendung.

Ueberwachung der Betriebe.

§. 119.

I. Die Genossenschaften sind verpflichtet, für die Durchführung der gemäß §. 112 erlassenen Unfallverhütungsvorschriften Sorge zu tragen. Sie sind befugt, durch technische Aufsichtsbeamte die Befolgung der zur Verhütung von Unfällen erlassenen Vorschriften zu überwachen und von den Einrichtungen der Betriebe, soweit sie für die Zugehörigkeit zur Genossenschaft oder für die Einschätzung in den Gefahrentarif von Bedeutung sind, Kenntniß zu nehmen. Sie sind ferner befugt, durch Rechnungsbeamte behufs Prüfung der von den Betriebsunternehmern auf Grund gesetzlicher oder statutarischer Bestimmungen eingereichten Arbeiter- und Lohnnachweisungen diejenigen Geschäftsbücher und Listen einzusehen, aus welchen die Zahl der beschäftigten Arbeiter und Beamten und die Beträge der verdienten Gehälter und Löhne ersichtlich werden.[1])

II. Die Functionen des technischen Aufsichtsbeamten und des Rechnungsbeamten können mit Genehmigung des Reichs-Versicherungsamts[2]) in einer Person vereinigt werden.

III. Die einer Genossenschaft angehörenden Betriebsunternehmer sind verpflichtet, den als solchen legitimirten technischen Aufsichtsbeamten der betheiligten Genossenschaft auf Erfordern den Zutritt zu ihren Betriebsstätten während der Betriebszeit zu gestatten und den Rechnungsbeamten die bezeichneten Bücher und Listen an Ort und Stelle zur Einsicht vorzulegen. Sie können hierzu, vorbehaltlich der Bestimmungen des §. 120, auf Antrag der technischen Aufsichtsbeamten oder der Rechnungsbeamten von der unteren Verwaltungsbehörde[3]) durch Geldstrafen im Betrage bis zu dreihundert Mark angehalten werden.

[1]) im Jahre 1900 gaben die gewerblichen B.Gn. für Ueberwachung der 478752 Betriebe, aus denen sie bestanden, zur Befolgung der Unfallverhütungsvorschriften 619228 M. aus; es waren 232 technische Aufsichtsbeamte bezw. Rechnungsbeamte bei ihnen thätig.

Der Prüfung der Lohnnachweisungen dient auch §. 76a Abs. II K.B.G., nach welchem die Verwaltungen der Krankenkassen (Gemeindekrankenversicherungen) verpflichtet sind, den B.Gn. zu gestatten, zur Ermittelung der Beschäftigungszeit und Lohnhöhe der Versicherten durch Beauftragte von den Listen und Büchern der Kasse in deren Geschäftsräumen während der Geschäftsstunden Einsicht zu nehmen.

[2]) oder L.V.A. §. 127.

[3]) vergl. §. 152 Anm. 2.

§. 120.

Befürchtet der Betriebsunternehmer die Verletzung eines Fabrikgeheimnisses oder die Schädigung seiner Geschäftsinteressen in Folge der Besichtigung des Betriebs durch den technischen Aufsichtsbeamten der Genossenschaft, so kann derselbe die Besichtigung durch andere Sachverständige beanspruchen. In diesem Falle hat er dem Genossenschaftsvorstande, sobald er den Namen des technischen Aufsichtsbeamten erfährt, eine entsprechende Mittheilung zu machen und einige geeignete Personen zu bezeichnen, welche auf seine Kosten die erforderliche Einsicht in den Betrieb zu nehmen und dem Vorstande die für die Zwecke der Genossenschaft nothwendige Auskunft über die Betriebseinrichtungen zu geben bereit sind. In Ermangelung einer Verständigung zwischen dem Betriebsunternehmer und dem Vorstand entscheidet auf Anrufen des letzteren das Reichs-Versicherungsamt.[1])

[1]) oder L.V.A. (§. 127).

§. 121.

Die Mitglieder der Vorstände der Genossenschaften, sowie deren technische Aufsichtsbeamte und Rechnungsbeamte (§§. 119, 120) und die nach §. 120 ernannten Sachverständigen haben über die Thatsachen, welche durch die Ueberwachung und Controlle der Betriebe zu ihrer Kenntniß kommen, Verschwiegenheit zu beobachten und sich der Nachahmung der von den Betriebsunternehmern geheim gehaltenen, zu ihrer Kenntniß gelangten Betriebseinrichtungen und Betriebsweisen, solange als diese Betriebsgeheimnisse sind, zu enthalten.[1]) Die technischen Aufsichtsbeamten und Rechnungsbeamten der Genossenschaften und die Sachverständigen sind hierauf von der unteren Verwaltungsbehörde[2]) ihres Wohnortes zu beeidigen.

[1]) vergl. §§. 150, 151.

[2]) vergl. §. 152 Anm. 2.

§. 122.

I. Namen und Wohnsitz der technischen Aufsichtsbeamten und Rechnungsbeamten sind von dem Genossenschaftsvorstande den höheren Verwaltungsbehörden[1]), auf deren Bezirke sich ihre Thätigkeit erstreckt, anzuzeigen.

II. Die Genossenschaften sind verpflichtet, über die Ueberwachungsthätigkeit der technischen Aufsichtsbeamten und deren Ergebnisse dem Reichs-Versicherungsamte Bericht zu erstatten[2]) und den nach Maßgabe des §. 139b der Gewerbeordnung bestellten staatlichen Aufsichtsbeamten auf Ersuchen Mittheilung zu machen.

[1]) vergl. §. 152 Anm. 1.

[2]) Für die Erstattung dieses Berichtes hat das R.V.A. neuerdings eine ausführliche Anleitung erlassen (A.N. 1902 S. 251 ff).

§. 123.

I. Hat der technische Aufsichtsbeamte der Genossenschaft bei seiner Ueberwachungsthätigkeit von Anordnungen, welche der staatliche Aufsichtsbeamte zur Verhütung von Unfällen getroffen hat, Kenntniß erhalten, so darf er abweichende Bestimmungen nicht treffen. Erscheinen ihm solche geboten, oder glaubt er, daß eine Anordnung des staatlichen Aufsichtsbeamten einer von der Genossenschaft erlassenen Unfallverhütungsvorschrift widerspricht, so hat er an den Genossenschaftsvorstand zu berichten, welcher die vorgesetzte Behörde des staatlichen Aufsichtsbeamten anrufen kann.

II. Hält der staatliche Aufsichtsbeamte Anordnungen des technischen Aufsichtsbeamten der Genossenschaft für zweckwidrig oder den erlassenen Unfallverhütungsvorschriften widersprechend, so hat er dem Vorstande der zuständigen Berufsgenossenschaft davon Mittheilung zu machen. Hält der Genossenschaftsvorstand den Einspruch des staatlichen Aufsichtsbeamten nicht für gerechtfertigt, so kann er die vorgesetzte Behörde des staatlichen Aufsichtsbeamten anrufen.

III. Von sämmtlichen nach Abs. 1 und 2 geführten Verhandlungen hat der Genossenschaftsvorstand dem Reichs-Versicherungsamte[1]) Kenntniß zu geben.

[1]) oder L.V.A. (§. 127).

§. 124.

I. Die durch die Ueberwachung und Kontrolle der Betriebe entstehenden Kosten gehören zu den Verwaltungskosten der Genossenschaft.

II. Wenn ein Betriebsunternehmer durch Nichterfüllung der ihm obliegenden Verpflichtungen zur Aufwendung solcher Kosten Anlaß gegeben hat, so kann der Vorstand diese Kosten, soweit sie in baaren Auslagen bestehen, dem Betriebsunternehmer auferlegen und gegen diesen außerdem eine Geldstrafe bis zu einhundert Mark verhängen.

III. Gegen die Auferlegung dieser Kosten und Geldstrafen findet innerhalb zweier Wochen nach Zustellung des Beschlusses die Beschwerde an das Reichs-Versicherungsamt statt.[1]) Die Beitreibung erfolgt in derselben Weise wie bei Gemeindeabgaben.

[1]) oder L.V.A. (§. 127).

VI. Beaufsichtigung der Berufsgenossenschaften.

§. 125.

I. Die Genossenschaften unterliegen in Bezug auf die Befolgung dieses Gesetzes der Beaufsichtigung durch das Reichs-Versicherungsamt.[1]) Die Aufsicht hat sich auf die Beobachtung der gesetzlichen und statutarischen Vorschriften zu erstrecken.[2])

II. Das Reichs-Versicherungsamt[1]) ist befugt, jederzeit eine Prüfung der Geschäftsführung der Genossenschaften vorzunehmen.

III. Die Vorstandsmitglieder, Vertrauensmänner und Beamten der Genossenschaften sind auf Erfordern des Reichs-Versicherungsamts[1]) zur Vorlegung ihrer Bücher, Beläge und ihrer auf den Inhalt der Bücher erforderlichen Korrespondenzen sowie der auf die Festsetzung der Entschädigungen und Jahresbeiträge bezüglichen Schriftstücke an die Beauftragten des Reichs-Versicherungsamts[1]) oder an das letztere selbst verpflichtet. Dieselben können hierzu durch Geldstrafen bis zu eintausend Mark angehalten werden.

IV. Der Aufsicht des Reichs-Versicherungsamts[1]) unterstehen ferner die von den Berufsgenossenschaften errichteten oder unterhaltenen Heilanstalten. Das Reichs-Versicherungsamt[2]) kann zu den zum Zwecke der Aufsicht stattfindenden Revisionen Vertreter der Berufsgenossenschaften und der Arbeiter zuziehen.[4])

[1]) oder des L.V.A. (§. 127). Ueber die Organisation des R.V.A. vergl. §. 19 ff. H.G., über die der Landesversicherungsämter §. 21 und §. 22 H.G.

[2]) mithin kann jeder — auch ein Arzt — der glaubt, daß Organe einer B.G. in einem bestimmten Falle gesetzliche oder statutarische Vorschriften übertreten haben, bei dem R.V.A. (L.V.A.) Beschwerde führen. Auch in solchen Fällen, wie in Anm. 2 zu §. 69, wird es sich für den Arzt zuerst empfehlen, die Vermittelung des R.V.A. anzurufen.

[3]) obgleich dies eigentlich aus Abs. I schon hervorgeht, ist das Aufsichtsrecht des R.V.A. (L.V.A.) zur Ausschließung von Zweifeln ausdrücklich hervorgehoben.

[4]) Die Zuziehung der Vertreter der Arbeiter, die ja nicht zu erfolgen braucht, wird sich bei derartigen Revisionen immer empfehlen, da dadurch jede Möglichkeit des Vorwurfs, daß bei der Revision etwaige Beschwerden der Versicherten nicht genügende Beachtung finden, ausgeschlossen wird.

§. 126.

Das Reichs-Versicherungsamt[1]) entscheidet, unbeschadet der Rechte Dritter, über Streitigkeiten, welche sich auf die Rechte und Pflichten der Inhaber der Genossenschaftsämter auf die Auslegung der Statuten und die Gültigkeit der vollzogenen Wahlen beziehen. Dasselbe kann die Inhaber der Genossenschaftsämter zur Befolgung der gesetzlichen und statutarischen Vorschriften durch Geldstrafen bis zu eintausend Mark anhalten.

[1]) oder L.V.A. (§. 127).

§. 127.

I. Ist für das Gebiet eines Bundesstaats ein Landes-Versicherungsamt[1]) errichtet[2]), so unterliegen Berufsgenossenschaften, welche nur solche Betriebe umfassen, deren Sitz im Gebiete des betreffenden Bundesstaats belegen ist[3]), der Beaufsichtigung durch das Landes-Versicherungsamt. In den Angelegenheiten dieser Berufsgenossenschaften gehen die in den §§. 23, 26 des Gesetzes, betreffend die Abänderung der Unfallversicherungsgesetze, sowie in den §§. 31, 34, 39, 44, 46 bis 49, 51, 53, 54, 58, 59, 61, 62, 73, 80 bis 85, 95, 102, 105 bis 107, 110, 112 bis 116, 119, 120, 123 bis 126, 128 dieses Gesetzes dem Reichs-Versicherungsamt übertragenen Zuständigkeiten auf das Landes-Versicherungsamt über.

II. Soweit jedoch in den Fällen der §§. 51, 53, 58, 61, 73, 82, 83, 85 eine der Ansicht eines anderen Landes-Versicherungsamts oder des Reichs-Versicherungsamts unterstellte Berufsgenossenschaft oder eine Ausführungsbehörde eines anderen Bundesstaats mitbetheiligt ist, entscheidet das Reichs-Versicherungsamt. Das Landes-Versicherungsamt hat in solchen Fällen die Akten an das Reichs-Versicherungsamt zur Entscheidung abzugeben.

III. Hat das Reichs-Versicherungsamt einen Entschädigungsanspruch um deswillen abgelehnt, weil nicht der in Anspruch genommene Träger der Versicherung, sondern ein anderer Träger zur Entschädigung verpflichtet ist, so kann der Anspruch gegen den letzteren nicht mit der Begründung abgelehnt werden, daß der erstere entschädigungspflichtig sei.

IV. Treten für eine der im Abs. 1 genannten, der Aufsicht eines Landes-Versicherungsamts unterstellten Berufsgenossenschaften die Voraussetzungen des §. 54 ein, so gehen die Rechtsansprüche und Verpflichtungen auf den betreffenden Bundesstaat über.

[1]) vergl. §. 21 und 22 H.G.

[2]) in Anm. 1 zu §. 21 H.G. sind diejenigen Bundesstaaten, die ein L.V.A. errichtet haben, aufgeführt.

[3]) daher unterstehen von den gewerblichen B.Gn. nur 2 bayerische, 2 sächsische, 1 württembergische den betreffenden L.V.A.; von den landwirthschaftlichen B.Gn. dagegen 8 bayerische, 4 württembergische und je eine für Kgr. Sachsen, Baden, Hessen, Mecklenburg-Schwerin, Mecklenburg-Strelitz, Reuß ä. L.

VII. Reichs- und Staatsbetriebe.

§. 128.

I. Für die Post-, Telegraphen-, Marine- und Heeresverwaltungen sowie für die vom Reiche oder von einem Bundesstaate für Reichsbeziehungsweise Staatsrechnung verwalteten Eisenbahnbetriebe, sämmtlich einschließlich der Bauten, welche von denselben für eigene Rechnung ausgeführt werden, tritt an die Stelle der Berufsgenossenschaft das Reich beziehungsweise der Staat, für dessen Rechnung die Verwaltung geführt wird.

II. Dasselbe gilt hinsichtlich der vom Reiche oder von einem Bundesstaate für Reichs- beziehungsweise Staatsrechnung verwalteten Baggerei-, Binnenschifffahrts-, Flößerei-, Prahm- und Fährbetriebe, sofern nicht der Reichskanzler beziehungsweise die Landes-Central-behörde nach Maßgabe des §. 2 des Gesetzes vom 28. Mai 1885 (Reichs-Gesetzbl. S. 159) rechtzeitig erklärt hat, daß diese Betriebe den für sie errichteten Berufsgenossenschaften angehören sollen.[1])

III. Soweit hiernach das Reich oder ein Bundesstaat an die Stelle der Berufsgenossenschaft tritt, werden die Befugnisse und Obliegenheiten der Genossenschaftsversammlung und des Vorstandes der Genossenschaft durch Ausführungsbehörden wahrgenommen, welche für die Heeresverwaltungen von der obersten Militärverwaltungs-behörde des Kontingents, im Uebrigen für die Reichsverwaltungen vom Reichskanzler, für die Landes-Verwaltungen von der Landes-Zentralbehörde zu bezeichnen sind. Dem Reichs-Versicherungsamt ist mitzutheilen, welche Behörden als Ausführungsbehörden bezeichnet worden sind. Die auf Grund des §. 2 des Gesetzes vom 28. Mai 1885 (Reichs-Gesetzbl. S. 159) eingesetzten Ausführungsbehörden bleiben bestehen.

[1]) vergl. auch Anm. 4 zu §. 3 H.G. und Anm. 1 zu §. 28

§. 129.

Soweit das Reich oder ein Bundesstaat an die Stelle der Berufsgenossenschaft tritt, finden die §§. 29 bis 52, 54 bis 62, 74, 99 bis 105, 106 Abs. 2, 3, §§. 107 bis 110, 112 bis 117, 119 bis 126, 134, 146 bis 151 keine Anwendung.

§. 130.

Die Erstreckung der Versicherungspflicht auf Betriebsbeamte mit einem dreitausend Mark übersteigenden Jahresarbeitsverdienste (§. 5 Abs. 1 lit. c) kann durch die Ausführungsvorschriften erfolgen, soweit diese Beamten nicht nach §. 7 von der Anwendung dieses Gesetzes ausgeschlossen sind.

§. 131.

Die Feststellung der Entschädigungen (§§. 69 ff.) erfolgt durch die in den Ausführungsvorschriften zu bezeichnende Behörde.

§. 132.

Vorschriften der Ausführungsbehörden über das in den Betrieben von den Versicherten zur Verhütung von Unfällen zu beobachtende Verhalten sind, sofern sie Strafbestimmungen enthalten sollen, vor dem Erlasse mindestens drei Vertretern der Arbeiter zur Berathung und gutachtlichen Aeußerung vorzulegen. Die Berathung findet unter Leitung eines Beauftragten der Ausführungsbehörde statt. Der Beauftragte darf kein unmittelbarer Vorgesetzter der Vertreter der Arbeiter sein.

§. 133.

Die zur Durchführung der Bestimmungen in §§. 128 bis 132 erforderlichen Ausführungsvorschriften sind für die Heeresverwaltungen von der obersten Militärverwaltungsbehörde des Kontingents, im Uebrigen für die Reichsverwaltungen vom Reichskanzler, für die Landesverwaltungen von der Landes-Centralbehörde zu erlassen.

VIII. Schluß- und Strafbestimmungen.

Knappschafts-Berufsgenossenschaften.

§. 134.

I. Unternehmer von Betrieben, welche landesgesetzlich bestehenden Knappschaftsverbänden angehören, können auf Antrag der Vorstände der letzteren vom Bundesrathe zu Knappschafts-Berufsgenossenschaften vereinigt werden.[1])

II. Die Knappschaftsberufsgenossenschaften können durch Statut bestimmen:

a) daß die Entschädigungsbeträge auch über fünfundsiebenzig Procent hinaus (§. 50) von denjenigen Sectionen zu tragen sind, in deren Bezirken die Unfälle eingetreten sind;

b) daß den Knappschaftsältesten die Funktionen der in den §§. 113 bis 115 bezeichneten Vertreter der Arbeiter übertragen werden;

c) daß Knappschaftsälteste stimmberechtigte Mitglieder des Genossenschaftsvorstandes oder, sofern die Knappschafts-Berufsgenossenschaft in Sectionen eingetheilt ist, der Sectionsvorstände sind;

d) daß die Auszahlung der Entschädigungen durch die Knappschaftskassen bewirkt wird (§. 97).

[1]) nach den Beschlüssen des Bundesraths ist nur eine Knappschaftsberufsgenossenschaft für das Reichsgebiet errichtet worden.

Haftung der Betriebsunternehmer und Betriebsbeamten.

§. 135.

I. Die nach Maßgabe dieses Gesetzes versicherten Personen und die in den §§. 16 bis 19 bezeichneten Hinterbliebenen können, auch wenn sie einen Anspruch auf Rente nicht haben[1]), einen Anspruch auf Ersatz des in Folge eines Unfalls erlittenen Schadens gegen den Betriebsunternehmer, dessen Bevollmächtigten oder Repräsentanten, Betriebs- oder Arbeiteraufseher nur dann geltend machen[2]), wenn durch strafgerichtliches Urtheil festgestellt worden ist[3]), daß der in Anspruch Genommene den Unfall vorsätzlich herbeigeführt hat.

II. In diesem Falle beschränkt sich der Anspruch auf den Betrag, um welchen die den Berechtigten nach anderen gesetzlichen Vorschriften gebührende Entschädigung diejenige übersteigt, auf welche sie nach diesem Gesetz Anspruch haben.

III. Für das über einen solchen Anspruch erkennende ordentliche Gericht ist die Entscheidung bindend, welche in dem durch dieses Gesetz geordneten Verfahren über die Frage ergeht, ob ein Unfall vorliegt, für welchen aus der Unfallversicherung Entschädigung zu leisten ist, und in welchem Umfang Entschädigung zu gewähren ist.[4])

[1]) vergl. §. 72, und wenn die Ehe erst nach dem Unfalle geschlossen ist (§. 16 Abs. III) oder die Ascendenten oder Enkel nicht bedürftig sind und der Verstorbene nicht überwiegend ihren Lebensunterhalt bestritten hatte (§. 18, 19).

[2]) also durch Klage vor den ordentlichen Gerichten.

[3]) liegt ein solches Strafurtheil vor, dann darf der Civilrichter weder die Schuldfrage selbstständig entscheiden, noch darf er wegen mitwirkender Fahrlässigkeit des Verletzten die Klage zurückweisen. (Entsch. des Reichsgerichts vom 9. April 1894, mitgetheilt in A.N. 1894 S. 336.)

[4]) die Frage, ob ein nach dem G.U.V.G. entschädigungspflichtiger Betriebsunfall vorliege, kann vor den ordentlichen Gerichten zur Sprache kommen, wenn ein auf Schadensersatz verklagter Betriebsunternehmer, Bevollmächtigter oder Repräsentant, Betriebs- oder Arbeiteraufseher seine persönliche Ersatzpflicht mit der Begründung in Abrede stellt, daß ein von der Genossenschaft zu entschädigender Betriebsunfall vorliege. Wenn die Entscheidung auch über diesen Punkt dem ordentlichen Gerichte überlassen bleibt, so kann es sich ereignen, daß Verletzte bei verschiedener Beurtheilung der Frage durch die Gerichte einerseits und die B.G. bezw. Schiedsgericht, oder

R.V.A. (L.V.A.) andererseits, entweder keine oder eine doppelte Entschädigung erstreiten. Abs. III tritt diesem Mißstande entgegen. Hiernach ist für die ordentlichen Gerichte die Entscheidung der Berufsgenossenschaft oder, im Falle der Berufung, die des Schiedsgerichtes oder R.V.A. (L.V.A.) über die Frage, ob ein nach dem G.U.V.G. zu entschädigender Betriebsunfall vorliegt, und in welchem Umfange Entschädigung zu gewähren ist, bindend (Begr. 1900 S. 118).

§. 136.

I. Diejenigen Betriebsunternehmer, Bevollmächtigten oder Repräsentanten, Betriebs- oder Arbeiteraufseher, gegen welche durch strafgerichtliches Urtheil festgestellt ist, daß sie den Unfall vorsätzlich oder durch Fahrlässigkeit mit Außerachtlassung derjenigen Aufmerksamkeit, zu der sie vermöge ihres Amtes, Berufs oder Gewerbes besonders verpflichtet sind, herbeigeführt haben, haften für alle Aufwendungen, welche in Folge des Unfalls auf Grund dieses Gesetzes oder des Krankenversicherungsgesetzes von den Gemeinden, Armenverbänden, Krankenkassen und solchen Unterstützungskassen (§. 25 Abs. 1) gemacht worden sind.

II. Dieselben Personen haften der Genossenschaft für deren Aufwendungen auch ohne Feststellung durch strafgerichtliches Urtheil. Ist der Fall durch Fahrlässigkeit mit Außerachtlassung derjenigen Aufmerksamkeit, zu der sie vermöge ihres Amtes, Berufs oder Gewerbes verpflichtet sind, herbeigeführt, so ist die Genossenschaftsversammlung befugt, von der Verfolgung des Antrags abzusehen.[1] Durch das Statut kann diese Befugniß auf den Vorstand übertragen werden.

III. In gleicher Weise haftet als Betriebsunternehmer eine Aktiengesellschaft, eine Innung oder eingetragene Genossenschaft für die durch ein Mitglied ihres Vorstandes sowie eine Handelsgesellschaft, eine Innung oder eingetragene Genossenschaft für die durch einen der Liquidatoren herbeigeführten Unfälle.

IV. Als Ersatz für die Rente kann in diesen Fällen deren Kapitalwerth gefordert werden.

[1]) also nicht bei vorsätzlicher Herbeiführung des Unfalls.

§. 137.

I. Will der Vorstand den Ersatzanspruch aus §. 136 Abs. 1 Satz 3 geltend machen, so hat er den Beschluß dem Ersatzpflichtigen schriftlich mitzutheilen. Der Ersatzpflichtige kann hiergegen die Beschlußfassung der Genossenschaftsversammlung anrufen.

II. Die Klage darf nicht vor Ablauf eines Monats nach der Zustellung dieser Mittheilung und nur dann angestellt werden, wenn nicht innerhalb dieser Frist die Beschlußfassuug seitens des Ersatzpflichtigen angerufen ist. Ist letzteres der Fall, so ist die Beschlußfassung der Genossenschaftsversammlung abzuwarten.

§. 138.

Der Anspruch (§. 136 Abs. 1 Satz 1) verjährt in achtzehn Monaten von dem Tage, an welchem das strafgerichtliche Urtheil rechtskräftig geworden ist, im Uebrigen in zwei Jahren nach dem Unfalle. Die Anrufung der Beschlußfassung der Genossenschaftsversammlung (§. 137 Abs. 1) unterbricht die Verjährung.

Die Bestimmung des §. 135 Abs. 3 findet Anwendung.

§. 139.

Die in den §§. 135, 136 bezeichneten Ansprüche können, auch ohne daß die daselbst vorgesehene Feststellung durch strafgerichtliches Urtheil stattgefunden hat, geltend gemacht werden, falls diese Feststellung wegen des Todes oder der Abwesenheit des Betreffenden oder aus einem anderen in seiner Person liegenden Grunde nicht erfolgen kann.

Haftung Dritter.

§. 140.

Die Haftung dritter, in den §§. 135, 136 nicht bezeichneter Personen[1]) bestimmt sich nach den sonstigen gesetzlichen Vorschriften. Insoweit den nach Maßgabe dieses Gesetzes entschädigungsberechtigten Personen ein gesetzlicher Anspruch auf Ersatz des ihnen durch den Unfall entstandenen Schadens gegen Dritte erwachsen ist, geht dieser Anspruch auf die Berufsgenossenschaft im Umfang ihrer durch dieses Gesetz begründeten Entschädigungspflicht über.[2])

[1]) also anderer Personen, als Betriebsunternehmer, Bevollmächtigte oder Repräsentanten, Betriebs- oder Arbeitsaufseher.

[2]) hat also die Berufsgenossenschaft eine Entschädigung gewährt, so hat sie in solchen Fällen Anspruch auf Erstattung der ihr dadurch entstandenen Kosten durch die dritten Personen.

Verbot vertragsmäßiger Beschränkungen.

§. 141.

I. Den Berufsgenossenschaften sowie den Betriebsunternehmern und ihren Angestellten ist untersagt, durch Uebereinkunft oder mittelst Arbeitsordnungen die Anwendungen der Bestimmungen dieses Gesetzes zum Nachtheile der Versicherten ganz oder theilweise auszuschließen oder die Versicherten in der Uebernahme oder Ausübung eines in Gemäßheit dieses Gesetzes ihnen übertragenen Ehrenamts zu beschränken. Vertragsbestimmungen, welche diesem Verbot zuwiderlaufen, haben keine rechtliche Wirkung.

II. Betriebsunternehmer oder Angestellte, welche gegen die vorstehende Bestimmung verstoßen, werden, sofern nicht nach anderen gesetzlichen Vorschriften eine härtere Strafe eintritt, mit Geldstrafe bis zu dreihundert Mark oder mit Haft bestraft.

III. Die gleiche Strafe trifft Betriebsunternehmer oder Angestellte, welche Beiträge zur Unfallversicherung den Versicherten ganz oder theilweise auf den Lohn in Anrechnung bringen oder eine solche Anrechnung wissentlich bewirken.

Unbehinderte Ausübung der Funktionen.

§. 142.

Die Vertreter der Arbeiter (§§. 113 bis 115) und die Schiedsgerichtsbeisitzer aus der Klasse der Versicherten (Gesetz, betreffend die Abänderung der Unfallversicherungsgesetze, §§. 4, 5, 7) haben in jedem Falle, in welchem sie zur Wahrnehmung ihrer Obliegenheiten berufen werden, die Arbeitgeber hiervon in Kenntniß zu setzen. Die Nichtleistung der Arbeit während der Zeit, in welcher die bezeichneten Personen durch die Wahrnehmung jener Obliegenheiten an der Arbeit verhindert sind, berechtigt den Arbeitgeber nicht, das Arbeitsverhältniß vor dem Ablaufe der vertragsmäßigen Dauer aufzuheben.

Aeltere Versicherungsverträge.

§. 143.

Die Rechte und Pflichten aus Versicherungsverträgen, welche von Unternehmern der durch die Vorschriften des §. 1 Abs. 1 Ziffer 1, 2, 5, 7, §. 2 Abs. 2 der Versicherungspflicht erst unterstellten Betriebe, oder von den in diesen Betrieben beschäftigten versicherten Personen gegen die Folgen der in diesem Gesetze bezeichneten Unfälle vor dem Inkrafttreten desselben mit Versicherungsanstalten abgeschlossen sind, gehen von dem Zeitpunkte ab, zu welchem die Unfallversicherung für den betreffenden Betrieb in Kraft getreten ist oder in Kraft tritt,[1]) auf die Berufsgenossenschaft, welcher der Betrieb angehört, über, wenn die Versicherungsnehmer dieses bei dem Vorstande der Genossenschaft beantragen. Die der Genossenschaft hieraus erwachsenden Zahlungsverbindlichkeiten werden durch Umlage auf die Mitglieder (§§. 29, 32, 49) gedeckt.

[1]) als Zeitpunkt ist durch die Kaiserl. Verordnung vom 2. Dezember 1901 der 1. Januar 1902 bestimmt worden.

Rechtshülfe.

§. 144.

I. Die öffentlichen Behörden sind verpflichtet, den im Vollzuge dieses Gesetzes an sie ergehenden Ersuchen des Reichs-Versicherungsamts, der Landes-Versicherungsämter, der Schiedsgerichte, anderer öffentlicher Behörden, sowie der Genossenschafts- und Sectionsvorstände zu entsprechen[1]) und den Organen der Berufsgenossenschaften[2]) auch unaufgefordert alle Mittheilungen zukommen zu lassen, welche für deren Geschäftsbetrieb von Wichtigkeit sind. Die gleiche Verpflichtung liegt den Organen der Genossenschaften gegen einander und gegenüber den Behörden sowie den Organen der Versicherungsanstalten für Invalidenversicherung und der Krankenkassen ob.[3]) Die Verpflichtung der Behörden erstreckt sich insbesondere auch auf die Vollstreckung rechtskräftiger Bescheide und Erkenntnisse.

II. Die durch die Erfüllung dieser Verpflichtungen entstehenden Kosten sind von den Genossenschaften als eigene Verwaltungskosten (§. 29) insoweit zu erstatten, als sie in Tagegeldern und Reisekosten sowie in Gebühren für Zeugen und Sachverständige oder in sonstigen baaren Auslagen bestehen.[4])

[1]) auch die Section der Leiche einer durch einen Betriebsunfall getödteten, versicherten Person — zu deren Vornahme übrigens unter Umständen die Ortspolizeibehörde gemäß §. 64 von Amtswegen verpflichtet sind — kann im Wege des §. 144 erwirkt werden (H.B., S. 433).

Die Frage, ob die Amtsgerichte auf Ersuchen der B.G. verpflichtet sind, Zeugen und Sachverständige, also auch Aerzte, eidlich zu vernehmen, ist strittig. Woedtke-Caspar (S. 521) hält die Gerichte hierzu nicht für verpflichtet, während das Oberlandesgericht zu Breslau in einem Beschlusse vom 28. November 1901 (Berufsgenossenschaft 1902 S. 56) gegentheilig entschieden hat. Bisher haben einige Gerichte einem solchen Ersuchen entsprochen, andere es abgelehnt; in Bundesstaaten, in denen auch Verwaltungsbehörden zu eidlichen Vernehmungen berechtigt sind, haben diese einem diesbezüglichen Wunsche der B.G. gewillfahrt (Woedtke-Caspar S. 521).

Fordert der Vorstand einer B.G. oder einer Section derselben von einem Arzte die Erstattung eines Gutachtens, und lehnt der Arzt dies ab, so muß das zuständige Amtsgericht, falls es von dem Vorstande der B.G. oder dem Sectionsvorstande darum ersucht wird, von dem Arzte das Gutachten einfordern. Verweigerung des Gutachtens ist dann nur aus den, in den §§. 383—385 der Civilprozeßordnung angegebenen Gründen statthaft, also z. B. wenn das Gutachten über einen Unfallverletzten von dem behandelnden Arzte desselben verlangt wird, und der Unfallverletzte den Arzt auf dessen Anfrage ausdrücklich zur Geheimhaltung des durch seine ärztliche Untersuchung gefundenen Thatbestandes verpflichtet hat, anderenfalls kann der Arzt zu einer Geldstrafe bis zu 300 Mk., im Wiederholungsfalle bis zu 600 Mk. verurtheilt werden.

2) also außer den Genossenschafts- und Sectionsvorständen, die von den berufsgenossenschaftlichen Organen das alleinige Recht des Ersuchens im Sinne des §. 144 haben, noch der Generalversammlung, den Vertrauensmännern, der Sectionsversammlung, den Ausschüssen und Kommissionen zur Feststellung von Entschädigungen, dem Ausschusse zur Aufstellung des Gefahrentarifs, den technischen Aufsichtsbeamten und Rechnungsbeamten.

3) In dem Entwurfe der verbündeten Regierungen befand sich in diesem Satze hinter dem Worte „Behörden" ein Komma (N. 523 der Drucksachen des Reichstages 1898/1900 Anlage I S. 127); mit diesem Komma ist der Paragraph vom Reichstage angenommen worden. (N. 703a Anl. I, 773a, 868a der Drucksachen und Stenogr. Ber. 1900 S. 5415 und S. 5780.) Dieses Komma ist in der amtlichen Veröffentlichuug des Gesetzes (R.G.Bl. 1900 S. 637) fortgefallen, und durch diesen Fortfall ist der Satz zweideutig geworden. Er soll nicht die Verpflichtung der Organe der B.G. gegenüber den Organen der Versicherungsanstalten für Invalidenversicherung — dies ist schon durch §. 172 J.V.G. geschehen — und der Krankenkassen regeln, sondern umgekehrt die Verpflichtung der Organe der Versicherungsanstalten für Invalidenversicherung und der Krankenkassen gegenüber den Organen der B.G. feststellen.

Hält also ein Kassenarzt zur schnelleren Heilung eines unfallverletzten Kassenmitgliedes die Anwendung solcher Maßnahmen für unbedingt nothwendig, deren Gewährung die Kasse verweigert, so muß letztere die B.G. von der Ansicht des Arztes und ihrer Weigerung in Kenntniß setzen, damit die B.G. ihrerseits sich über die Zweckmäßigkeit der ärztlichen Vorschläge schlüssig machen, eventuell, auf Grund des §. 76c K.V.G., selbst die Behandlung des Verletzten übernehmen kann.

4) auch bei der ortspolizeilichen Unfalluntersuchung, sofern der Zeuge oder Sachverständige auf Antrag der B.G. zugezogen worden ist (vergl. §. 64 Anm. 6 und §. 65 Anm. 6).

Gebühren- und Stempelfreiheit.

§. 145.

Alle zur Begründung und Abwickelung der Rechtsverhältnisse zwischen den Berufsgenossenschaften einerseits und den Versicherten andererseits erforderlichen schiedsgerichtlichen und außergerichtlichen Verhandlungen und Urkunden [1]) sind gebühren- und stempelfrei. Dasselbe gilt für die in §. 42 Abs. 3 bezeichneten Legitimationsbescheinigungen und für die behufs Vertretung von Berufsgenossen ausgestellten privatschriftlichen Vollmachten.

1) die landesgesetzlich für amtsärztliche Atteste vorgeschriebene Verwendung von Stempelbogen kann daher in den Fällen, wo es sich um Atteste für die Folgen der durch Betriebsunfälle im Sinne der U.V.G. verursachten Verletzungen handelt, unterbleiben. (A.N. 1886 S. 74).

Strafbestimmungen.

§. 146.

Die Genossenschaftsvorstände sind befugt, gegen Betriebsunternehmer Geldstrafen bis zu fünfhundert Mark zu verhängen:

1. wenn die von denselben auf Grund gesetzlicher oder statutarischer Bestimmung eingereichten Arbeiter- und Lohnnachweisungen oder die den zuständigen Genossenschaftsorganen behufs Veranlagung der Betriebe zu den Klassen des Gefahrentarifs abgegebenen Erklärungen thatsächliche Angaben enthalten, deren Unrichtigkeit ihnen bekannt war oder bei Anwendung angemessener Sorgfalt nicht entgehen konnte;
2. wenn in der von ihnen gemäß §. 56 erstatteten Anzeige als Zeitpunkt der Eröffnung oder des Beginns der Versicherungspflicht des Betriebs ein späterer Tag angegeben ist als der, an welchem die Eröffnung stattgefunden oder die Versicherungspflicht begonnen hat, vorausgesetzt, daß die Unrichtigkeit der Angabe ihnen bekannt war oder bei Anwendung angemessener Sorgfalt nicht entgehen konnte.

§. 147.

I. Betriebsunternehmer, welche den ihnen obliegenden Verpflichtungen in Betreff der Anmeldung der Betriebe und Betriebsänderungen (§§. 35, 56, 61, 62), in Betreff der Führung und Aufbewahrung der Lohnlisten (Lohnbücher) sowie der Einreichung der Arbeiter- und Lohnnachweisungen (§§. 74, 79) oder in Betreff der Erfüllung der für Betriebseinstellungen und für einen Wechsel des Betriebsunternehmers gegebenen statutarischen Vorschriften (§. 37 Ziffer 7) nicht rechtzeitig nachkommen, können von dem Genossenschaftsvorstande mit Geldstrafen bis zu dreihundert Mark belegt werden.

II. Die gleiche Strafe kann, wenn die Anzeige eines Unfalls in Gemäßheit des §. 63 nicht rechtzeitig erfolgt ist, gegen denjenigen verhängt werden, welcher zu der Anzeige verpflichtet war.

§. 148.

Die Strafvorschriften der §§. 146, 147 finden auch gegen die gesetzlichen Vertreter handlungsunfähiger Betriebsunternehmer, desgleichen gegen die Mitglieder des Vorstandes einer Aktiengesellschaft, Innung oder eingetragenen Genossenschaft sowie gegen die Liquidatoren einer Handelsgesellschaft, Innung oder eingetragenen Genossenschaft Anwendung.

§. 149.

Gegen Straffestsetzungen des Genossenschaftsvorstandes steht den Betheiligten innerhalb zweier Wochen nach der Zustellung die Beschwerde zu. Ueber dieselbe entscheidet, vorbehaltlich der Bestimmungen der §§. 116, 124 Abs. 3, diejenige Behörde [1]), welche von der für den Sitz des Betriebs zuständigen Landes-Zentralbehörde bestimmt ist.

[1]) in Preußen Regierungspräsident (für Berlin Polizeipräsident), im Bereiche der Bergverwaltung das Oberbergamt; in Bayern, Baden, Hessen, beiden Mecklenburg das L.V.A.; in Sachsen die Kreishauptmannschaft, im Bereiche der Bergverwaltung die Kreishauptmannschaft Dresden; in Württemberg die Kreisregierungen; in Sachsen-Weimar das Staatsministerium, Dep. des Innern; in Elsaß-Lothringen der Bezirkspräsident. (A.N. 1900 S. 791.)

§. 150.

I. Die Mitglieder der Vorstände der Genossenschaften, deren technische Aufsichtsbeamte und Rechnungsbeamte (§§. 119, 120) und die nach §. 120 ernannten Sachverständigen, sowie die Beisitzer der

Schiedsgerichte (§. 9 des Gesetzes, betreffend die Abänderung der Unfallversicherungsgesetze) werden, wenn sie unbefugt Betriebsgeheimnisse offenbaren, welche kraft ihres Amtes oder Auftrags zu ihrer Kenntniß gelangt sind, mit Geldstrafe bis zu eintausendfünfhundert Mark oder mit Gefängniß bis zu drei Monaten bestraft.

II. Die Verfolgung tritt nur auf Antrag des Betriebsunternehmers ein.

§. 151.

I. Die im §. 150 bezeichneten Personen werden mit Gefängniß, neben welchem auf Verlust der bürgerlichen Ehrenrechte erkannt werden kann, bestraft, wenn sie absichtlich zum Nachtheile der Betriebsunternehmer Betriebsgeheimnisse, welche kraft ihres Amtes oder Auftrags zu ihrer Kenntniß gelangt sind, offenbaren, oder geheim gehaltene Betriebseinrichtungen oder Betriebsweisen, welche kraft ihres Amtes oder Auftrags zu ihrer Kenntniß gelangt sind, so lange als diese Betriebsgeheimnisse sind, nachahmen.

II. Thun sie dies, um sich oder einem Anderen einen Vermögensvortheil zu verschaffen, so kann neben der Gefängnißstrafe auf Geldstrafe bis zu dreitausend Mark erkannt werden.

Zuständige Landesbehörden.

§. 152.

I. Die Centralbehörden der Bundesstaaten bestimmen, von welchen Staats- oder Gemeindebehörden die in diesem Gesetze den höheren Verwaltungsbehörden [1]), den unteren Verwaltungsbehörden [2]) und den Ortspolizeibehörden [3]) zugewiesenen Verrichtungen wahrzunehmen sind.

II. Die in Gemäßheit dieser Vorschrift erlassenen Bestimmungen sind durch den Reichsanzeiger bekannt zu machen.

III. Die höhere Verwaltungsbehörde kann bestimmte Gemeindebehörden als untere Verwaltungsbehörden im Sinne des §. 70 bezeichnen und mit der Wahrnehmung der dort vorgesehenen Geschäfte betrauen.

[1]) Preußen: Regierungspräsident (Berlin der Polizeipräsident), für die Bergverwaltung die Oberbergämter; Bayern: die Kreisregierungen Kammer des Innern; Kgr. Sachsen: Kreishauptmannschaft; Württem-

berg: Verwaltungsausschuß der Centralstelle für Handel und Gewerbe; Baden: Ministerium des Innern; Hessen: Kreisämter, in den Fällen der §§. 14, 35, 105 das L.V.A.; Mecklenburg-Schwerin: Ministerium des Innern; Mecklenburg-Strelitz: die Landesregierung in Neustrelitz; Sachsen-Weimar: Bezirksausschuß bezw. der Bezirksdirector als dessen Vorsitzender; Elsaß-Lothringen: der Bezirkspräsident; Hamburg: in den Fällen der §§. 35, 105 der Senat, sonst die städtische Polizeibehörde, für Ritzebüttel und Bergedorf die Landherrenschaften; Bremen: Polizeicommission des Senats; Lübeck: Senatsausschuß für Gewerbe- und Versicherungswesen. (A.N. 1900 S. 792ff.)

²) Preußen: in Städten von mehr als 10000 Einw. die Magistrate, sonst die Landräthe, in der Bergverwaltung die Revierbeamten; Bayern: in Stadtbezirken die Magistrate, sonst die Bezirksämter; Kgr. Sachsen: in Stadtbezirken der Stadtrath, in Landbezirken die Amtshauptmannschaft; Württemberg: die Oberämter; Baden: die Bezirksämter; Hessen: die Kreisämter; in Darmstadt, Offenbach, Gießen, Mainz, Worms die Bürgermeisterei; beide Mecklenburg: die Ortsobrigkeiten; für ritterschaftl. Güter die Gutsobrigkeiten oder ritterschaftl. Polizeiämter; Sachsen-Weimar: die Bezirksdirectoren; Elsaß-Lothringen: in Gemeinden von mehr als 10000 Einw. der Bürgermeister, im Uebrigen die Kreisdirectoren; Hamburg: dieselben Behörden wie höhere Verw.Beh.; Bremen: für Stadt Br. die Polizeidirection, für das Landgebiet der Landherr, für die Hafenstädte die Stadträthe; Lübeck: Stadt und Landamt. (A.N. 1900 S. 792ff.)

³) Preußen: die für die örtliche Polizeiverwaltung zuständigen Behörden und Beamten, für die Bergverwaltung die Revierbeamten und Werksdirectoren; Bayern: in Stadtgemeinden der Magistrat, in Landgemeinden und in der Pfalz der Bürgermeister; Kgr. Sachsen und Baden: die unt. Verw.Beh.; Württemberg: die Ortsvorsteher; Hessen: die Bürgermeistereien; in Darmstadt und Gießen die Localpolizeibeamten; beide Mecklenburg; die Ortsobrigkeiten; Sachsen-Weimar: die Gemeindevorstände; Elsaß-Lothringen: die Bürgermeister; in Straßburg, Metz, Mühlhausen die Revierpolizeicommissarien; Hamburg: für Stadt, Vorstadt, Vororte die städtische Polizeibehörde, für Ritzebüttel der Amtsverwalter, für Bergedorf der Bürgermeister, für das übrige Landgebiet die Landherrenschaft: Bremen: für Stadt Br. die Polizeidirection, für Landgebiet der Gemeindevorsteher, für die Hafenstädte die Aemter; Lübeck: das Polizeiamt (nach Woedtke-Caspar S. 535ff.).

Strafvollstreckung.

§. 153.

Geldstrafen, welche auf Grund dieses Gesetzes verhängt werden, mit Ausnahme derjenigen, auf welche von den Gerichten erkannt ist[1]), werden in derselben Weise beigetrieben wie Gemeindeabgaben.

[1]) vergl. §§. 104 Abs. III, 141 Abs. II, 150 Abs. I, 151 Abs. II.

§. 154.

I. Die im §. 112 Abs. 1 Ziffer 2 bezeichneten Geldstrafen fließen in die Krankenkasse, welcher der zu ihrer Zahlung Verpflichtete zur Zeit der Zuwiderhandlung angehört, oder, wenn er keiner Krankenkasse angehört, in die Kasse der Gemeinde-Krankenversicherung des Beschäftigungsorts. Das Gleiche gilt von den Geldstrafen, welche auf Grund der im §. 133 bezeichneten Vorschriften verhängt sind.

II. Die übrigen auf Grund dieses Gesetzes verhängten Geldstrafen fließen, soweit sie nicht von den Gerichten erkannt sind, in die Genossenschaftskasse.

Zustellungen.

§. 155.

I. Zustellungen, welche den Lauf von Fristen bedingen[1]), können durch die Post mittelst eingeschriebenen Briefes erfolgen. Posteinlieferungsscheine begründen nach Ablauf von zwei Jahren seit ihrer Ausstellung die Vermuthung für die in der ordnungsmäßigen Frist nach der Einlieferung erfolgte Zustellung.

II. Personen, welche nicht im Inlande wohnen, können von den zustellenden Behörden und Genossenschaftsorganen aufgefordert werden, einen Zustellungsbevollmächtigten zu bestellen.

III. Ist der Aufenthalt einer Person, welcher zugestellt werden soll, nicht ermittelt oder wird der nach Abs. 2 ergangenen Aufforderung nicht innerhalb der gesetzten Frist genügt, so kann die Zustellung durch öffentlichen Aushang während einer Woche in den Geschäftsräumen der zustellenden Behörden oder Genossenschaftsorgane ersetzt werden.

[1]) das sind Zustellungen, die Entscheidungen enthalten, welche innerhalb eines bestimmten im Gesetze angegebenen Zeitraumes angefochten werden können (vergl. z. B. §§. 102, 105).

Anhang.

No. 1.

Wahl der ärztlichen Sachverständigen bei den Schiedsgerichten für Arbeiterversicherung.

a) Anweisung des Königlich preußischen Ministeriums für Handel und Gewerbe vom 29. Dezember 1900.

1. Die Zahl der zu wählenden ärztlichen Sachverständigen, welche bei den Verhandlungen des Schiedsgerichts über Streitigkeiten aus der Unfallversicherung zugezogen werden sollen, und die Grundsätze, nach denen die Auswahl zu erfolgen hat, bestimmt der Vorsitzende nach Anhörung des stellvertretenden Vorsitzenden.

2. Bis zum 1. November jeden Jahres hat der Vorsitzende den Vorstand der Aerztekammer, in deren Bezirk das Schiedsgericht gelegen ist, unter Mittheilung der für die Auswahl maßgebenden Grundsätze um Bezeichnung von doppelt so vielen approbirten Aerzten, als zu wählen sind, zu ersuchen.

3. Die zu wählenden ärztlichen Sachverständigen müssen am Sitze des Schiedsgerichts wohnen. Die Wahl von Aerzten, die in Vororten wohnen, ist zulässig, insofern dadurch höhere Kosten nicht entstehen. Werden an außerhalb des Sitzes des Schiedsgerichts belegenen Orten regelmäßig Verhandlungen abgehalten, so können auch an diesen Orten wohnende Aerzte gewählt werden.

4. Die Wahl der ärztlichen Sachverständigen erfolgt durch das Schiedsgericht in der ersten Sitzung im Kalenderjahr. Dem Vorsitzenden bleibt die Entscheidung darüber überlassen, ob er für diese Sitzung bei der Zuziehung der Beisitzer von der festgesetzten Regel abweichen will.

5. Der Vorsitzende hat eine Vorschlagsliste aufzustellen, in der für jeden der zu wählenden Sachverständigen die Namen von mindestens zwei approbirten Aerzten einzutragen sind. Abschrift der Liste ist

mit der Einladung zur Sitzung den Beisitzern zuzustellen. In der Liste sind, sofern ein Bedürfniß hierfür vorliegt, diejenigen approbirten Aerzte, welche als ständige Vertrauensärzte allen Verhandlungen des Schiedsgerichts über Streitigkeiten aus der Unfallversicherung beiwohnen sollen, zu bezeichnen.

6. Die Wahl erfolgt in nichtöffentlicher Sitzung durch Stimmenmehrheit. Das Schiedsgericht kann andere approbirte Aerzte, als in der Vorschlagsliste aufgeführt sind, wählen. Nicht wählbar sind Vertrauensärzte der Landesversicherungsanstalten, der zugelassenen besonderen Kasseneinrichtungen, der Berufsgenossenschaften und der Ausführungsbehörden. Vertrauensärzte des Schiedsgerichts, welche während des Kalenderjahres in ein Vertragsverhältniß zu einer Berufsgenossenschaft, Ausführungsbehörde, Landesversicherungsanstalt oder einer zugelassenen besonderen Kasseneinrichtung treten, scheiden aus.

7. Unmittelbar nach der Sitzung hat der Vorsitzende die Gewählten zu benachrichtigen und den Vorstand der Versicherungsanstalt um Festsetzung der Vergütung zu ersuchen.

8. Wird die Wahl abgelehnt, so findet innerhalb der nächsten 6 Wochen in einer Sitzung des Schiedsgerichts eine Ersatzwahl statt. Darüber, ob in anderen Fällen, in denen ein Vertrauensarzt ausscheidet, eine Ersatzwahl stattzufinden hat, entscheidet der Vorsitzende des Schiedsgerichts.

9. Die Namen der gewählten ärztlichen Sachverständigen sind im Bezirk des Schiedsgerichts in der für die Veröffentlichungen der höheren und unteren Verwaltungsbehörden bestimmten Blättern bekannt zu machen.

10. Die Zuziehung der ärztlichen Sachverständigen zu den einzelnen Sitzungen wird durch den Vorsitzenden oder den stellvertretenden Vorsitzenden, sofern dieser die betreffende Sitzung abhält, veranlaßt. Der Vorsitzende oder stellvertretende Vorsitzende ist berechtigt, in besonderen Fällrn andere als die gewählten ärztlichen Sachverständigen zur Sitzung des Schiedsgerichts zuzuziehen. Sie sind ferner befugt, die ärztlichen Sachverständigen zu Verhandlungen der Schiedsgerichte über Streitigkeiten aus der Invalidenversicherung zuzuziehen; in solchen Fällen ist den Sachverständigen die Einsicht in die Akten der Landesversicherungsanstalt und des Schiedsgerichts zu gestatten.

b) Entschließung des Königlich bayerischen Staatsministeriums des Innern vom 26. Dezember 1900.

Nach §. 8 des Reichsgesetzes vom 30. Juni 1900, die Abänderung der Unfallversicherungsgesetze betreffend, hat das Schiedsgericht für Arbeiterversicherung bei Beginn eines jeden Geschäftsjahres in seiner Spruchsitzung, in der Regel nach Anhörung der zuständigen Aerztevertretung, aus der Zahl der am Sitze des Schiedsgerichtes wohnenden praktischen Aerzte diejenigen auszuwählen, welche als Sachverständige bei den Verhandlungen vor dem Schiedsgerichte in der Regel nach Bedarf beizuziehen sind.

In Vollzug dieser Vorschrift sind, da es nicht thunlich erscheint, die Aerztekammern zu diesem Zwecke eigens einberufen, erstmals die Ausschüsse derselben unverzüglich zu verständigen, daß sie möglichst bis 10. Januar 1901, den Vorsitzenden der Schiedsgerichte entsprechend qualifizirte Aerzte in Vorschlag zu bringen haben.

Wie aus der im Abdruck mitgetheilten Registratur über die Besprechung der Schiedsgerichtsvorsitzenden vom 19. d. Mts. zu entnehmen ist, haben die Letzteren sich in Uebereinstimmung darüber befunden, daß ein ärztlicher Sachverständiger in der Regel zu allen Sitzungen des Schiedsgerichts beizuziehen sein wird. Mit Rücksicht hierauf werden für das Schiedsgericht in Oberbayern mindestens vier, für die Schiedsgerichte der übrigen Regierungsbezirke mindestens zwei Aerzte als Sachverständige zur Verfügung stehen müssen und werden deshalb, um dem Schiedsgerichte eine „Wahl“ zu ermöglichen, für Oberbayern mindestens acht, für die übrigen Bezirke mindestens vier Aerzte von dem Ausschusse der Aerztekammer vorzuschlagen sein.

Bei diesen Vorschlägen wäre zu beachten, daß die zu wählenden Aerzte nicht Vertrauensärzte der Versicherungsanstalten, Berufsgenossenschaften oder Ausführungsbehörden sein sollen. Auch wird hierbei schon mit Rücksicht auf die voraussichtlich sehr starke Inanspruchnahme der Sachverständigen weniger auf beamtete Aerzte, die ohnehin schon von den Trägern der Versicherungen vielfach um Gutachtenabgabe angegangen werden, als hervorragend tüchtige nach allen Seiten unabhängige praktische Aerzte Bedacht zu nehmen sein.

Die Erholung spezialärztlicher Gutachten bleibt den Schiedsgerichten selbstverständlich vorbehalten. Für die Zukunft ist dafür Sorge zu tragen, daß die Aerztekammern alljährlich bei ihrem regelmäßigen Zusammentreten den Schiedsgerichten für die zu wählenden

Aerzte geeignete Vorschläge machen und daß diese Vorschläge bis längstens 31. Dezember jeden Jahres den Vorsitzenden der Schiedsgerichte übermittelt werden.

c) Verordnung der Königlich sächsischen Ministerien des Innern und der Finanzen vom 18. Dezember 1900.

(Auszug nach dem Korrespondenzblatt der ärztlichen Kreis- und Bezirksvereine im Königreich Sachsen, Band 70 Nr. 1.)

3. Bei jeden der fünf Schiedsgerichte für Arbeiterversicherung sind in der ersten Spruchsitzung eines jeden Geschäftsjahres aus der Zahl der am Sitze des Schiedsgerichts wohnenden approbirten Aerzte mindestens zwei Sachverständige, die bei den Verhandlungen vor dem Schiedsgerichte in der Regel nach Bedarf zuzuziehen sind, und zwei Stellvertreter derselben zu wählen. Auf Antrag des Vorsitzenden kann das Schiedsgericht beschließen, daß für das jeweilige Geschäftsjahr eine größere Zahl von Sachverständigen oder Stellvertretern zu wählen ist.

4. Der Vorsitzende hat dem Schiedsgerichte die erforderlichen Wahlvorschläge zu unterbreiten. Er soll in der Regel die Listen der Aerzte, welche er als Sachverständige oder Stellvertreter vorzuschlagen gedenkt, dem Ausschusse des für den Bezirk des Schiedsgerichts zuständigen ärztlichen Kreisvereins und zwar spätestens am 1. Oktober zur gutachtlichen Aussprache übersenden. Soweit er eine Ergänzung dieser Liste für nothwendig erachtet, hat er den Ausschuß des ärztlichen Kreisvereins um weitere Vorschläge zu ersuchen. Der Kreisvereinsausschuß hat sein Gutachten spätestens bis Ende November an den Vorsitzenden des Schiedsgerichts zu erstatten.

8. Die gewählten Sachverständigen und deren Stellvertreter werden durch den Vorsitzenden von der auf sie gefallenen Wahl schriftlich in Kenntniß gesetzt. Die Ablehnung der Wahl ist zulässig, sofern nicht der Gewählte bereits vor der Wahl die Bereitwilligkeit zur Annahme derselben gegenüber dem Vorsitzenden des Schiedsgerichtes oder gegenüber dem Ausschusse des ärztlichen Kreisvereins erklärt hat.

9. Nach Annahme der Wahl seitens der Gewählten sind die Namen der letzteren durch den Vorsitzenden des Schiedsgerichts in der „Leipziger Zeitung“ bekannt zu machen. Die Gewählten treten ihr Amt am Tage des Erscheinens dieser Bekanntmachung an. Bis dahin führen die bisherigen Sachverständigen ihr Amt weiter.

10. Eine Ergänzungswahl hat zu erfolgen, wenn die Zahl der dem Schiedsgerichte zur Verfügung stehenden Sachverständigen durch Ablehnung der Wahl oder durch Ausscheiden auf zwei herabsinkt. Der Vorsitzende ist befugt, von einer Ergänzungswahl abzusehen, wenn der im Absatz 1 erwähnte Fall erst im letzten Viertel des Kalenderjahres eintritt und die noch vorhandenen Sachverständigen dem Bedarfe genügen.

11. Die nach den §. 3 ff. gewählten Sachverständigen sind bei Antritt ihres Amtes eidlich, im Falle der Wiederwahl durch Handschlag an Eidesstatt in Pflicht zu nehmen.

12. Die Berechnung der Gebühren für die ärztlichen Sachverständigen hat unter entsprechender Anwendung der Gebührenordnung für Aerzte u. s. w. bei gerichtlich-medizinischen und medizinal-polizeilichen Verrichtungen vom 19. März 1900 zu erfolgen.

d) Anweisung des Großherzoglich badischen Ministeriums des Innern vom 10. Januar 1901.

Dem Herrn Vorsitzenden der Schiedsgerichte für Arbeiterversicherung in Mannheim erwidern wir auf den Bericht vom 7. d. Mts. No. 61, daß uns weitere Anordnungen zur Durchführung der Bestimmungen in §. 8 Absatz 1 des Mantelgesetzes vom 30. Juni 1900 außer der Vorschrift in §. 7 der Verordnung vom 27. September 1900*) zu den Unfallversicherungsgesetzen nicht als erforderlich erscheinen. Wir bemerken jedoch, daß die gutachtliche Aeußerung des Ausschusses der Aerzte von dem Vorsitzenden des Schiedsgerichts unmittelbar einzuholen ist und daß es sich empfehlen wird, bei der Einholung dieser Aeußerung dem Ausschuß der Aerzte gleichzeitig die Namen derjenigen Aerzte mitzutheilen, welche nach Ansicht des Herrn Vorsitzenden bei dem Vorschlage an das Schiedsgericht besonders in Betracht kommen. Uebrigens ist es dem Vor-

*) Der Vorsitzende des Schiedsgerichts hat die Namen der Aerzte, welche als Sachverständige nach §. 8 des Reichsgesetzes vom 30. Juni 1900 bei den Verhandlungen in der Regel nach Bedarf zuzuziehen sind, dem Schiedsgerichte vorzuschlagen, und zu diesem Zwecke in der Regel rechtzeitig eine gutachtliche Aeußerung des für das Großherzogthum bestellten Ausschusses der Aerzte einzuholen.

sitzenden auch anheim gegeben, sich vom Ausschuß der Aerzte eine Anzahl von Aerzten bezeichnen zu lassen, welche als Vertrauensärzte in Betracht kommen können. Mehr als drei Vertrauensärzte werden für das dortige Schiedsgericht mit Rücksicht auf deren voraussichtliche Inanspruchnahme wohl nicht in Betracht kommen.

Als Vertrauensärzte sollen nicht in Vorschlag gebracht werden diejenigen Aerzte, welche in einem Vertragsverhältniß zu einer Berufsgenossenschaft, Ausführungsbehörde oder der Landesversicherungsanstalt stehen. Sofern sie nachträglich in ein solches Verhältniß eintreten, haben sie aus der Stellung als Vertrauensärzte auszuscheiden. Der Bezirksarzt, der nicht in einem solchen Vertragsverhältniß steht, kann als Vertrauensarzt bestellt werden.

Die Wahl erfolgt in der ersten Sitzung des Schiedsgerichts, in nichtöffentlicher Sitzung, durch Stimmenmehrheit.

Die Gewählten, welche am Sitze des Schiedsgerichts wohnen sollen, sind alsbald zu benachrichtigen. Ihre Namen sind in den amtlichen Verkündigungsblättern im Bezirke des Schiedsgerichts öffentlich bekannt zu machen nnd dem Vorstand der Landesversicherungsanstalt Baden mitzutheilen.

Falls ein Bedürfniß dazu sich herausstellt, kann bestimmt werden, daß ein ständiger Vertrauensarzt allen Sitzungen des Schiedsgerichts anzuwohnen hat; in diesem Falle wird wohl eine besondere Vergütung mit ihm zu vereinbaren und hierwegen mit dem Vorstand der Landesversicherungsanstalt ins Benehmen zu treten sein.

Der Vorsitzende ist selbstverständlich befugt, an Stelle des Verzrauensarztes in besonderen Fällen andere Aerzte zu der Sitzung des Schiedsgerichts oder zur Erstattung von Obergutachten beizuziehen.

Die Vertrauensärzte können ferner selbstverständlich zur Begutachtung bei den Verhandlungen nicht nur in Unfallsrenten, sondern auch bei Fällen aus dem Gebiete der Invalidenversicherung beigezogen werden.

No. 2.

Bekanntmachung des Königlich bayerischen Staatsministeriums des Innern vom 27. Juli 1894,

betr. die Bildung ärztlicher Kollegien zur Erstattung von Obergutachten in Unfallversicherungs-Angelegenheiten. (Amtsblatt 1894 S. 286.)

Beim Vollzuge der Unfallversicherungsgesetze hat sich ergeben, daß in einzelnen Fällen eine der Sachlage entsprechende Entscheidung aus dem Grunde mit Schwierigkeiten verknüpft ist, weil die vorliegenden ärztlichen Zeugnisse und Gutachten, auf welche sich die Entscheidung stützen soll, nicht ausreichend erscheinen oder sich widersprechen, bezw. in einzelnen Punkten auseinandergehen.

Es hat sich hiernach das Bedürfniß fühlbar gemacht, ein Organ zu besitzen, das in solchen Fällen zur Erstattung eines Obergutachtens angegangen werden kann, und es erscheint deshalb die Errichtung von ärztlichen Sachverständigen-Kollegien, welche diesem Zwecke dienen, veranlaßt.

Mit allerhöchster Ermächtigung werden nunmehr nach gutachtlicher Einvernahme des verstärkten Obermedicinal-Ausschusses sowie des Landesversicherungsamtes nachstehende Bestimmungen getroffen:

I. Bildung der Kollegien.

Vom 1. Januar 1895 an wird in jedem Regierungsbezirke am Sitze der Aerztekammer ein „ärztliches Kollegium in Unfallversicherungs-Angelegenheiten“ errichtet.

2. Das Kollegium besteht aus drei Mitgliedern; dieselben wählen aus ihrer Mitte einen Vorsitzenden.

Für die Mitglieder werden sechs Ersatzmänner bestellt.

3. Die Funktionen der Mitglieder und Ersatzmänner währt sechs Jahre und endet mit Ablauf dieser Zeit, mit Wegzug aus dem Bezirke der Aerztekammer oder mit Niederlegung der Funktion, worüber mindestens vier Wochen vorher an das Kollegium Anzeige zu erstatten ist.

Im Falle des Ausscheidens eines Mitgliedes rücken die Ersatzmänner nach ihrer Reihenfolge ein.

4. Die Wahl der Mitglieder des Kollegiums und ihrer Ersatzmänner vollzieht sich in folgender Weise:

Jede Aerztekammer wählt aus der Zahl der in ihrem Bezirke vorhandenen Aerzte zwölf zur Uebernahme der Funktion eines Mitgliedes des ärztlichen Kollegiums geeignete Aerzte aus und benennt dieselben in einer Vorschlagsliste, welche an das Königliche Staatsministerium des Innern einzusenden ist. Der verstärkte Obermedizinal-Ausschuß wählt aus dieser Vorschlagsliste die in das Kollegium zu berufenden Mitglieder und deren Ersatzmänner aus und bestimmt die Reihenfolge der letzteren.

5. Die Namen der Vorsitzenden der Kollegien werden durch das Amtsblatt des Königlichen Staatsministeriums des Innern bekannt gegeben.

II. Wirkungskreis und Verfahren.

6. Die Inanspruchnahme der ärztlichen Kollegien soll nur in besonders wichtigen und zweifelhaft gelagerten Fällen erfolgen.

Die Inanspruchnahme der Kollegien ist dem Ermessen der Berufsgenossenschaften und Ausführungsbehörden, sowie der Schiedsgerichte und des Königlich bayerischen Landesversicherungsamtes anheimgegeben.

7. Die Anträge auf Erstattung von Obergutachten sind unter Anfügung der erwachsenen Verhandlungen an das Kollegium zu richten, in dessen Bezirk der Rentenbewerber zur Zeit der Geltendmachung des Rentenanspruchs sich aufhält.

8. Der Vorsitzende bestellt einen Referenten und beraumt den Berathungstermin an. Erachtet der Vorsitzende oder der Referent vorher eine körperliche Untersuchung des Rentenbewerbers für geboten, so ist dessen Vorladung zu veranlassen.

9. In besonders gelagerten Fällen kann ein Spezialist, sowie der behandelnde Arzt, beziehungsweise einer der behandelnden Aerzte zur Berathung beigezogen werden.

Die bezüglichen Anordnungen trifft der Vorsitzende nach vorherigem Benehmen mit den übrigen Mitgliedern des Kollegiums.

10. Das Gutachten ist auf Grund kollegialer Berathung abzugeben. Die Berathung und Beschlußfassung erfolgt in Abwesenheit des Rentenbewerbers mit Stimmenmehrheit, wobei der zugezogene Spezialist stimmberechtigt ist. Bei Stimmengleichheit entscheidet der Vorsitzende. Das Gutachten ist schriftlich zu erstatten und mit Gründen zu versehen.

III. Kosten.

11. Die für Erstattung des Obergutachtens in Anrechnung zu bringenden Kosten sind in solche für Abgabe des Gutachtens, dann

Kosten für Zeitversäumniß und Reiseauslagen auszuscheiden. Soweit mehrere Fälle bei dem Berathungstermine zur Erledigung gelangen, sind hierbei die Kosten für Reiseauslagen und Zeitversäumniß angemessen auszuscheiden. Die Liquidation der Kosten ist dem Gutachten beizufügen.

12. Die Entscheidung darüber, wer die Kosten des Obergutachtens zu tragen hat, erfolgt auf Grund der nach den Unfallversicherungsgesetzen bezw. den hierzu erlassenen verordnungsmäßigen Vorschriften maßgebenden Bestimmungen.

No. 3.

Rundschreiben des Reichs-Versicherungsamtes, betr. die Feststellung des Maßes der Erwerbsunfähigkeit in Unfall- und Invalidenrenten-Angelegenheiten.

Vom 31. Dezember 1901 (A.N. 1902 S. 178).

Es ist wiederholt, namentlich auch im Reichstage, zur Sprache gebracht worden, daß den über den Grad der Erwerbsunfähigkeit eines Rentenbewerbers abgegebenen Aeußerungen der ärztlichen Sachverständigen bei der Entscheidung der Feststellungsorgane in Unfall- und Invalidenangelegenheiten mitunter ein zu weit gehender Einfluß eingeräumt werde. Das Reichsversicherungsamt nimmt deshalb auf Anregung des Herrn Staatssekretärs des Innern Veranlassung, darauf hinzuweisen, daß die Aufgabe der ärztlichen Begutachtung im Allgemeinen in der Feststellung der physiologischen Folgen des Unfalls oder der eine Invalidität begründenden Gebrechen ihre Begrenzung findet, dagegen die sonstigen ärztlichen Aeußerungen, insbesondere darüber, welchen Einfluß der Befund auf die Erwerbsfähigkeit des Rentenbewerbers ausübt, den in ihrer Entscheidung selbständigen Feststellungsinstanzen zwar werthvolle und bei inneren Krankheiten sogar oft unentbehrliche, aber keineswegs bindende Unterlagen für die Urtheilsfindung bieten (zu vergl. Handbuch der Unfallversicherung Anmerkung 34 am Schlusse zu §. 5 des Unfallversicherungsgesetzes). Hiernach würde es unzulässig sein, wenn — was vorgekommen sein soll — die Feststellungsinstanzen einfach den von dem Arzte angegebenen Prozentsatz der Erwerbsunfähigkeit ihrer

Entscheidung zu Grunde legten, ohne die Frage nach dem Grade der Erwerbsunfähigkeit selbst geprüft zu haben. Ein derartiges Verfahren, durch das eine der wichtigsten Aufgaben der Feststellungsorgane zu einer mechanischen Wiederholung des Ergebnisses der ärztlichen Gutachten herabgedrückt werden würde, entspricht nicht der Absicht des Gesetzes.

Hat im einzelnen Falle der in der Sache gehörte ärztliche Sachverständige auf Ersuchen oder aus freien Stücken auch eine Aeußerung über den Grad der Erwerbsunfähigkeit eines Rentenbewerbers abgegeben, so darf niemals außer Acht gelassen werden, daß die Frage nach dem Grade der Erwerbsunfähigkeit an sich keine rein medizinische, und daß ihre Beantwortung nicht ausschließlich und in erster Linie Sache des Arztes ist, sondern in der Hauptsache eine der vornehmsten Aufgaben der mit der Rentenfestsetzung betrauten Instanzen bildet.

Außerdem ist es vorgekommen, daß vielfach, obgleich sachlich gegen den oben bezeichneten Grundsatz nicht verstoßen worden ist, doch die Begründung der Entscheidungen im Wortlaute so ungeeignet gefaßt wurde, daß sie den Vorwurf einer mechanischen Handhabung des Entschädigungsverfahrens rechtfertigen könnte. Die Feststellungsorgane werden daher ergebenst ersucht, auch auf die Fassung der Bescheide besondere Sorgfalt zu verwenden, damit derartige irrthümliche Auffassungen über das Verfahren der Berufsgenossenschaften und Versicherungsanstalten nicht entstehen können.

Für die Sektionsvorstände der Berufsgenossenschaften sind Abdrucke des vorstehenden Rundschreibens beigefügt.

Nr. 4.

Auszug aus den in Preußen, Bayern, Kgr. Sachsen, Württemberg und Baden für gerichtsärztliche Verrichtungen geltenden Gebührenordnungen.[1])

	a) Tagegelder b) Reisekosten	Abwartung eines Termins	Befundschein	Ausführliches begründetes Gutachten	a) Vorbesuche im Hause des zu Begutachtend. b) Voruntersuchung im Hause des Arztes
Preußen. Ges. vom 9. 3. 1872 in der Fassung der Kgl. Verordn. vom 17.9.1876; [3]) Ges. v. 21. 6. 1897; Min.-Verf. vom 10.5.1901.	a) 9 Mk. b) 50 Pf. pro Kilom. Landweg, und 9 Pf. pro Kilom. Eisenbahn oder Dampfschiff, nebst 3 Mk. für Zu- und Abgang.	6 Mk. für die ersten drei (zwei) [2]) Stunden, einschließl. der während d. Termins erfolgt. Untersuchg. u. mündl. Begutachtg.; 1,50 Mk. (1 Mk.) für jede angefangene ganze (halbe) Stunde.	3 Mk.	6—24 Mk. (10—30 Mk.)	a) 3 Mk. (5 Mk.) b) 1,50 Mk. für jede zur Untersuchung erforderliche angefangene Stunde. (3 Mk. für die Untersuchung.)
Bayern. Kgl. Verordn. vom 10. 12. 1875 (Bayr. ärztl. Intelligenzbl. XXIII S. 47.)	a) Amtlichen Aerzten: 11 Mk. bei Entfernungen von mindestens 3 Kilom. vom Wohnorte; nicht beamteten Aerzten: 1½ Mk. für jede angefangene halbe Stunde bis zu 20 Mk. pro Tag bei Entfernungen von 2 Kilom. vom Wohnorte. b) Amtlichen Aerzten gemäß der Kgl. Verordn. vom 11. 2. 1875, nichtbeamteten Aerzten: Vergütung der gehabten Auslagen.	3 Mk. für jede angefangene Stunde bis 20 Mk. pro Tag.	3—6 Mk.	5—18 Mk. (50—100 Mk. für ein Gutachten des Medicinalkomitees, wenn eine Partei die Kosten zu tragen hat.)	a) und b) nach der Gebührenordnung vom 17. 10. 1901 (auch für beamtete Aerzte, wenn es sich um Voruntersuchg. bezw. Vorbes. im Auftrage d. Schiedsgerichte für Arbeiterverf. oder Rekursgerichte handelte.)
Sachsen. Verordn. vom 14. 3. 1872; Ges. vom 15. 3. 1880.	a) 3 Mk. für den halben, 6 Mk. für den ganzen Tag. b) Fuhrkosten und 3 Mk. Meilengebühr als Versäumnißgebühr für jede Meile der Hinreise.	2—24 Mk., einschl. des mündlich. Gutachtens. Das Gericht kann für die Vorbereitung zur Begutachtung ein besond. Honorar bewillig.	2—9 Mk.	6—45 Mk.	a) 3—9 Mk. b) 2—6 Mk.

Württemberg. Kgl. Verordn. vom 17. 3. 1899 (Beilage zu No. 17 des Med. Corresp.-Blattes des Württ. ärztl. Landesvereins Bd. 69).	a) Beamteten Aerzten: bei Verrichtungen innerhalb des Amtsbez. 15 Mk. für den ganzen und 10 Mk. für den halben Tag, bei Verr. auß. d. Amtsb. 9 Mk. Tagegelder u. außerdem 10 Mk. Versäumnißgebühr, falls die Verricht. einen vollen Tag, 6 Mk., falls sie weniger als 8 und mehr als 2 Stunden beansprucht; nicht beamteten Aerzten: eine Versäumnißgebühr von 2 Mk. pro Std. bis 10 Mk. pro Tag. b) Beamtete Aerzte erhalten für Verrichtg. innerh. d. Amtsbez. keine Reiseentschädigung, für solche außerh. dess. eine Vergütung nach dem Regul. vom 2. 6. 1875; nicht beamtete Aerzte erhalten Ersatz der Auslagen (II. Kl. bei Eisenbahn, I. Kl. bei Dampfboot, Fahrtaxe d. Post) u. außerdem die halbe Taxe für ein Billet II. Kl. eines gewöhnl. Eisenbahnzuges oder eines Platzes I. Kl. des Dampfbootes oder der halben Taxe des Postplatzes. Ist die Benutz. der Eisenbahn, des Dampfb. oder d. Post nicht möglich, 40 Pf. für jeden angefangenen Kilom.	Für Versäumniß der Zeit zwischen Abgang von und Rückkehr zur Wohnung 2 Mk. für jede angefangene Stunde bis 12 Mk. pro Tag und außerdem 4—10 Mk. für Mühewaltung oder 6—16 Mk., wenn ein von demselben Sachverständigen ausgearbeitetes schriftliches Gutachten nicht vorliegt.	4—6 Mk.	8—25 Mk. Das Gutachten darf im Termin nicht zu Protokoll gegeben sein. Ausnahmsweise darf über den Höchstsatz bis zum 1½fachen hinausgegangen werden, wenn die Leistung einen außerordentlichen Aufwand an Zeit, Mühe und Fleiß erforderte.	a) und b) 2—4 Mk. Für Untersuchung einer Person bezügl. ihrer Körperbeschaffenheit im Allgemeinen oder zur Constatirung eines äußeren Gebrechens oder einer Verletzung ohne weitläufige gutachtliche Ausführung 4—6 Mk.
Baden. Verordn. vom 23. 12. 1874 und 17. 11. 1887 und 5. 12. 1891 (nach Th. v. Langsdorf: Medicinalwesen im Grh. Baden. 4. Aufl.)	a) Bei auswärtigen Geschäften — 1 Kilom. vom Wohnorte — erhalten Bezirksärzte 10 Mk., Bezirksassistenzärzte und pract. Aerzte 8 Mk. pro vollen Tag, und in der Zeit vom 1. Oct. bis 1. April einen Zuschlag von 10 pCt. Bei einer Geschäftsdauer bis 4 Std. werden 4/10, bis 9 Std. 7/10, darüber die Gesammtgebühr gezahlt. b) Für den vollen Tag 7 Mk., für 4 Std. 4/10, bis 9 Std. 7/10 dieser Summe.	8—16 Mk. einschließlich der Gebühr für Erstattung eines mündlichen Gutachtens.[4])	2—5 Mk. Forderungen über die Mindestgebühr hinaus müssen bei Befundschein. über Unfallverletzte, die auf Ersuchen der landw. B.G. verlangt werden, besonders begründet werden.	6—12 Mk.	a) und b) 1 Mk.

[1]) Eine vollständige tabellarische Uebersicht der in den einzelnen Bundesstaaten geltenden Gebührensätze für die am häufigsten vorkommenden gerichts- und sonst. amtsärztl. Geschäfte findet sich bei Rapmund und Dietrich, Aerztliche Rechts- und Gesetzkunde (Leipzig 1899, Verlag von Georg Thieme).

[2]) Dem preuß. Abgeordnetenhause ist im März 1902 der Entwurf eines Gesetzes über die Gebühren der Medicinalbeamten zugegangen, nach dessen Annahme auch die gerichtsärztlichen Gebühren verändert werden. Die beabsichtigten Veränderungen sind in Klammern beigefügt.

[3]) Nach der Entsch. des R.V.A. vom 4. 10. 1893 (A. N. 1893 S. 472) gelten in Preußen für die Berechnung der Gebühren, Reisekosten und Tagegelder der im schiedsgerichtlichen Verfahren als Sachverständige zugezogenen Aerzte, sowohl der beamteten als auch der nichtbeamteten, das Gesetz vom 9. 3. 1872 in der Fassung der Kgl. Verordn. vom 17. 9. 1876. Da der §. 8 H.G. für die Honorirung der ständigen ärztlichen Sachverständigen nichts besagt, so gilt auch für diese das Gleiche (§. 17 der Kais. Verordn. vom 6. 12. 1899 und §. 18 der Kais. Verordn. v. 22. 11. 1900). Es kann deshalb der Vorstand der Landesversicherungsanstalt diese Honorirung nicht beliebig festsetzen, wie es nach Ziffer 7 der „Anw. des preuß. Handelsministers vom 29. 12. 1900 über die Wahl der ärztl. Sachverständigen bei den Schiedsgerichten“ den Anschein haben könnte.

[4]) Die Aerzte, die als Sachverständige bei dem Schiedsgerichte in Karlsruhe i. B. fungiren, erhalten 10 Mk. für jedes einzelne Gutachten, auch wenn in einem Termine mehrere Gutachten abgegeben werden, einschließl. der Gebühr für Aktenstudium und sonstige Vorarbeiten. Bei dem Schiedsgerichte in Mannheim ist die Gebühr hierfür auf 8 Mk., bei dem in Freiburg i. B. auf 6 Mk. festgesetzt.

Nr. 5.
Unfall-Anzeige.

Berufsgenossenschaft: ....

Sektion: .... Vertrauensmann: ....

Betriebsunternehmer: (Name, Stand, Firma, Betriebssitz [Ort. Straße, Hausnummer]) ....

.... Genossenschaftskataster Nr. .... (vergl. Mitgliedsschein)

Unfall-Anzeige

an*) die Ortspolizeibehörde zu ....

Kreis, (Amt 2c.) ....

*) In der Anzeige an das Genossenschaftsorgan ist dessen Adresse an die Stelle zu setzen.

Zur Beachtung.

Bei Vermeidung der gesetzlichen Strafe ist von jedem in einem versicherten Betriebe vorkommenden Unfall, durch welchen eine in demselben beschäftigte Person getödtet wird oder eine Körperverletzung erleidet, welche eine völlige oder theilweise Arbeitsunfähigkeit von mehr als drei Tagen oder den Tod zur Folge hat, von dem Betriebsunternehmer Anzeige zu erstatten:

1. bei der Ortspolizeibehörde, in deren Bezirk sich der Unfall ereignet hat oder — bei Unfällen auf der Reise — der erste Aufenthalt nach dem Unfalle genommen wird und
2. bei dem durch das Statut bestimmten Genossenschaftsorgane (Genossenschafts-, Sektionsvorstand, Vertrauensmann).

Die Anzeige muß binnen drei (für das Gebiet der Seeunfallversicherung binnen zwei) Tagen nach dem Tage erfolgen, an welchem der Betriebsunternehmer von dem Unfall Kenntniß erlangt hat.

Für den Betriebsunternehmer kann Derjenige, welcher zur Zeit des Unfalls den Betrieb oder den Betriebstheil, in welchem sich der Unfall ereignete, zu leiten hatte, die Anzeige erstatten; im Falle der Abwesenheit oder Behinderung des Betriebsunternehmers ist er dazu verpflichtet.

Für jede verletzte oder getödtete Person ist ein besonderes Anzeigeformular auszufüllen.

1. Wochentag, Datum, Tageszeit und Stunde des Unfalls	
2. a. Bezeichnung (Gegenstand) des Betriebes und	a.
b. Betriebstheil (Betriebszweig, in welchem der Verletzte den Unfall erlitt — möglichst nach der Bezeichnung (Ziffer) des Gefahrentarifs, wo ein solcher vorhanden ist —.	b.
c. Unfallstelle (Ort, Straße, Hausnummer 2c.)	c.
3. a. Vor- und Zuname, Wohnort, Wohnung der getödteten oder verletzten Person (bei minderjährigen Personen auch des Vaters oder Vormundes)	a.
b. Im Betriebe beschäftigt als (Art der Beschäftigung, Arbeitsposten)?	b.
c. Tag, Monat, Jahr der Geburt (wenn unbekannt, ungefähre Angabe des Lebensalters)?	c.
d. Ledig, verheirathet, verwittwet?	d.

Wenn möglich, nach den Angaben des Arztes.

4. a. Genaue Bezeichnung der Art der Verletzung und der verletzten Körpertheile (rechts und links zu unterscheiden)	a. ....
b. Ist der Verletzte durch den Unfall getödtet?	b. ....
c. wird die Verletzung voraussichtlich den Tod, oder	c.
d. eine (irgendwelche) Beeinträchtigung der Erwerbs-(Arbeits-)fähigkeit von mehr als 13 Wochen zur Folge haben?	d. ....
5. a) Ist für die Heilung gesorgt durch Aufnahme in ein Krankenhaus (genaue Bezeichnung desselben)? oder durch anderweitige ärztliche Behandlung (zu Hause ꝛc.)?	a. ....
Name, Wohnort, Wohnung } I. des behandelnden,	I. ....
II. des zuerst zugezogenen Arztes	II. ....
b) Arbeitet der Verletzte trotz der Verletzung weiter?	b. ....
6. a) Gehört der Verletzte einer Krankenkasse an? (Genaue Bezeichnung und Sitz der Kasse)	a. ....
b) Bezieht der Verletzte schon Unfall-, Invaliden- oder Altersrente?	b. ....

7. Veranlassung und Hergang des Unfalls. Hier ist eine möglichst eingehende Schilderung des Unfalls zu geben. Insbesondere ist die Arbeitsstelle (zum Beispiel: Werkstätte, Wald, Feld, Stall u. s. w.), wo, sowie die Arbeit (Maschine 2c.), bei welcher sich der Unfall ereignet hat, genau zu bezeichnen geeigneten Falls unter Beifügung einer erläuternden Zeichnung.		
8. a. Augenzeugen des Unfalls b. Anderweitige Personen, die zuerst von dem Unfall Kenntniß erhalten haben	Vor- und Zuname, Stand, Wohnort, Wohnung	a. .... b. ....
9. Etwaige Bemerkungen (z. B. Angabe von Vorkehrungen zur Verhütung ähnlicher Unfälle. War der Verletzte schon vor dem Unfalle ganz oder theilweise erwerbsunfähig? und Anderes mehr).		....

Name des die Anzeige erstattenden Unternehmers oder Betriebsleiters

(Ort) ...., den ....ten .... 19....

....

Nr. 6.

Muster eines Protokolls einer ortspolizeilichen Unfalluntersuchungsverhandlung.*)

......................., den ......ten............ 190 .

Zur Untersuchung des Unfalles, welcher den .... im Betriebe von .... am ......ten............ betroffen haben soll, war auf heute Termin anberaumt.

Von den rechtzeitig in Kenntniß gesetzten Betheiligten waren erschienen:

Der (die) Verletzte ....

Der Betriebsunternehmer ....

Der Sektionsvorstand ....

Der Vertrauensmann

Der Gewerbe-Inspektor...

Der Bevollmächtigte der Krankenkasse

Die Zeugen

a)

b)

c)

d)

e) ....

---

*) Dieses Muster ist bei den polizeilichen Unfalluntersuchungen in Berlin im Gebrauch, ein anderes, viel gebrauchtes, das etwas verschieden ist, ist in dem „Taschenkalender 1902 zum Gebrauch bei Handhabung der Arbeiterversicherungsgesetze" von Götze und Schindler (Verlag der Liebel'schen Buchhandlung in Berlin) enthalten.

Es wurde Nachstehendes ermittelt und zu Protokoll genommen:

A. Zur Person.

Fragen.	Antworten.
1. a) Vor- und Zuname des Verletzten:	
b) Datum und Ort der Geburt:	
c) Wohnung:	
d) Gegenwärtiger Verbleib:	
e) Beschäftigungsart, welche die hauptsächlichste Erwerbsquelle des Verletzten war bezw. ist:	
f) war im Betriebe beschäftigt seit:	
g) Beschäftigung, zu welcher er angenommen war:	
h) Besondere Beschäftigungsart des Verletzten beim Eintritte des Unfalls:	
i) Name und Wohnung des gesetzlichen Vertreters (Vater, Vormund), sofern der Verletzte noch minderjährig ist:	
2. Ist der (die) Verletzte verheirathet?	
Wenn ja: a) Seit wann?	
b) Wie heißt die Ehefrau? (der Ehemann?)	
c) Wo wohnt dieselbe?	
d) Wann und wo ist sie geboren?	
3. Hat der Verletzte eheliche leibliche resp. denselben gesetzlich gleichberechtigte Kinder, welche das 15. Lebensjahr noch nicht zurückgelegt haben? Wenn ja: Name, Geburtstag u. Aufenthalt ders.	1. geb. d. 18 2. „ d. 18 3. „ d. 18 4. „ d. 18 5. „ d. 18
4. Hat der Verletzte Verwandte der aufsteigenden Linie — Ascendenten — bezw. elternlose Enkel unter 15 Jahren, deren Lebensunterhalt ganz oder überwiegend von ihm (ihr) bestritten worden ist? (Bezeichnung derselben unter genauer Angabe der Vor- und Zunamen und des Aufenthalts.)	

B.

B. Zur Sache.

Fragen.	Antworten.
5. Zeit des Unfalls.	Wochentag: Datum 190 Tageszeit: Stunde
6. Betrieb, in welchem sich der Unfall ereignet hat.	
7. Art der Verletzung: (Möglichst genaue Angabe der beschädigten Köpertheile.)	
8. Falls der Verletzte gestorben sein sollte, ist festzustellen: a) auf wie hoch sich die Gesammtkosten der Beerdigung des Verunglückten belaufen haben,	
b) wie viel Sterbegeld die Krankenkasse gezahlt hat,	
c) wer den etwaigen Mehrbetrag der Beerdigungskosten gedeckt hat.	
9. Bezieht der Verletzte bereits auf Grund der Unfallversicherungsgesetze oder des Invalidenversicherungsgesetzes eine Rente? Eventl. in welcher Höhe?	
10. Veranlassung und Hergang des Unfalls.	

Sachregister.

(Die Zahlen weisen auf die Seiten hin.)

B.

C.

D.

E.

F.

M.

N.

O.

P.

Q.

R.

S.

T.

FSC
www.fsc.org
MIX
Papier | Fördert
gute Waldnutzung
FSC® C083411

Kolibri 360 GmbH
Ferdinand-Jühlke-Straße 7
99095 Erfurt, Deutschland
produktsicherheit@kolibri360.de